25 Hz 相敏轨道电路

(第四版)

安海君　主编

中国铁道出版社

2018年·北京

内容简介

本书介绍了25 Hz相敏轨道电路的工作原理、25 Hz分频器和电源屏、交流二元轨道继电器、扼流变压器、防护盒等专用器材的特性。同时介绍了97型25 Hz相敏轨道电路的种类、与电码化的结合、工程设计、现场调整测试和维修的有关问题及计算等内容。

本书在第三版内容的基础上，增加了25 Hz相敏轨道电路分路不良区段3V化和UI型的应用，存在迂回回路时高阻电抗器的应用，轨道电路实施电码化时一送多受区段和相邻不发码区段的防护，25 Hz高频开关电源等内容。

本书可供从事铁路信号研究、设计、现场维修等工作的工程技术人员及专业院校师生阅读、参考。

图书在版编目(CIP)数据

25 Hz相敏轨道电路/安海君主编．—4版．—北京：中国铁道出版社，2018.2 (2018.6重印)
ISBN 978-7-113-24093-6

Ⅰ.①2… Ⅱ.①安… Ⅲ.①相敏轨道电路 Ⅳ.①U284.23

中国版本图书馆CIP数据核字(2017)第304225号

书　　名：25 Hz相敏轨道电路(第四版)
作　　者：安海君　主编

责任编辑：崔忠文　**编辑部电话：**010-51873146　**邮箱：**dianwu@vip.sina.com
封面设计：崔　欣
责任校对：苗　丹
责任印制：高春晓

出版发行：中国铁道出版社(100054，北京市西城区右安门西街8号)
网　　址：http://www.tdpress.com
印　　刷：三河市宏盛印务有限公司
版　　次：1991年11月第1版　2001年10月第2版　2004年11月第3版
2018年2月第4版　2018年6月第2次印刷
开　　本：880 mm×1 230 mm　1/32　印张：10.75　插页：1　字数：304千
书　　号：ISBN 978-7-113-24093-6
定　　价：40.00元

前　言

轨道电路是铁路信号系统的基础设备，通过轨道电路，可以检测轨道上有无列车（车辆）占用；轨道电路能发送关于轨道是否空闲与是否完整的信息，起着一个信息发送器的作用；同时还起着通过信号机之间，以及地面设备与机车设备之间信息发送与接收传输通道的作用。因而它是铁路列车运行实现自动控制和远程控制的基础设备之一。

我国 25 Hz 相敏轨道电路于 1978 年开始研制，1982 年通过铁道部技术鉴定，批准推广使用。97 型 25 Hz 相敏轨道电路的研制工作是在 1993 年由铁道部下达研制的。该任务由中国铁路通信信号总公司研究设计院负责系统研究设计，并负责 25 Hz 电源及配套器材的研制，西安器材研究所负责研制交流二元继电器，西安、北京、天津、沈阳信号工厂及郑州铁路局西安电务器材厂分别负责产品试制，1996 年在郑州铁路局襄樊铁路分局管内的花果站进行了试点，同年在郑州铁路局进行了扩大试验。1997 年经铁道部鉴定，决定用“97 型 25 Hz 相敏轨道电路”（简称 97 型）替代原“25 Hz 相敏轨道电路”（简称旧型）在全路推广使用。在近期修建的车站，其轨道电路已采用“97 型 25 Hz 相敏轨道电路”。97 型除保留旧型 25 Hz 相敏轨道电路工作稳定可靠、维修简单和故障率低的优点外，还提高了抗冲击干扰能力（由原来 10 A 提高到 60 A），并延长了极限长度（可达 1 500 m）。

在本书编写过程中，以《97 型 25 Hz 相敏轨道电路》（通号〔99〕0047）标准图为依据，以相关的规范、标准和现行的技术条件为基础，从电路原理、设计原则、维护标准等方面，对 25 Hz 相敏轨道电路进行了详细的叙述。

本书第一版（1991 年 11 月出版）介绍的是旧型 25 Hz 相敏轨道电路。第二版（2001 年 10 月出版）、第三版（2004 年 11 月出版）介绍的是 97 型 25 Hz 相敏轨道电路。

随着铁路运输的发展,新技术的应用,新规范、新标准的实施,我们又对第三版进行了修编。本次修编除保留了第三版的内容并对不妥之处进行修改,还增加了 25 Hz 相敏轨道电路分路不良区段 3V 化和 UI 型的应用,存在迂回回路时高阻电抗器的应用,轨道电路实施电码化时一送多受区段和相邻不发码区段的防护,25 Hz 高频开关电源的内容。书中所采用的有关数据和参数取自研制报告或测试记录。书中还介绍了运用中发现的问题及解决的措施。由于我们的水平有限,错误之处,敬请读者不吝赐教,予以指正。

本书第一、二、三、八、十、十二章由安海君编写,第四章由吴宝英、韩秋月编写,第五、六章由陈海康编写,第七、九、十一章由李建清编写,全书由安海君主编。俞涵昇同志对全书进行了文字整理和校对,在此表示深切的感谢。

在本书的编写过程中,得到了全路不少单位和同仁的支持和帮助,这本书的编成也凝聚着他(她)们的辛勤劳动。在此对所有关心并为之付出艰辛工作的同志表示深切的感谢。

作　者

2017 年 9 月于北京

前　　言
（第三版）

截止2005年底，中国铁路营业里程已达到74 000 km以上，复线率达到30%左右，电气化率达到25%左右。目前在两万多公里的电气化铁路上，有近98%的车站采用25 Hz相敏轨道电路，因此，该制式成为电气化区段铁路站内轨道电路的首选。“九五”电务装备政策规定：电气化区段站内采用25 Hz相敏轨道电路。

我国25 Hz相敏轨道电路于1978年开始研制，1982年通过铁道部技术鉴定，批准推广使用。新型25 Hz相敏轨道电路的研制工作是在1993年由铁道部下达研制的。该任务由中国铁路通信信号总公司研究设计院负责系统研究设计，并负责25 Hz电源及配套器材的研制，西安器材研究所负责研制二元二位继电器，西安、北京、天津、沈阳信号工厂及郑州铁路局西安电务器材厂分别负责产品试制，1996年在郑州铁路局襄樊铁路分局管内的花果站进行了试点，同年在郑州铁路局进行了扩大试验。1997年经铁道部鉴定，决定用“97型25 Hz相敏轨道电路”替代原“25 Hz相敏轨道电路”在全路推广使用。在近期修建的电气化区段车站，其轨道电路已采用“97型25 Hz相敏轨道电路”。97型25 Hz相敏轨道电路除保留原25 Hz相敏轨道电路工作稳定可靠、维修简单和故障率低的优点外，还提高了抗冲击干扰能力（由原来10 A提高到60 A），并延长了极限长度（可达1 500 m）。

本书第一版（1991年11月出版）介绍的是1982年通过铁道部技术鉴定的系统和产品。本书第二版（2001年10月出版）介绍的是97型25 Hz相敏轨道电路的原理、设计、施工和维修。

随着铁路运输的发展和新技术和新标准的实施，我们又对第二版进行了修编。本次修编（第三版）除保留了第二版的内容并对错误之处进行修改外，还增加了电子25 Hz电源和25 Hz相敏轨道电路叠加ZPW-2000 A移频电码化、闭环电码化等内容。书中所采用的有关数据和参数取自研制报告或测试记录。书中还介绍了运用中发现的问题及解决的措施。由于我们的水平有限,错误之处,敬请读者不吝赐教,予以指正。

本书第一、二、三、五、六、十、十二章由安海君编写,第四章由吴宝英编写,第七、八、九、十一章由李建清编写。俞涵升同志对全书进行了文字整理和校对,在此表示深切的感谢。

25 Hz 相敏轨道电路在研制过程中,得到了铁道部相关司局的大力支持,同时中国铁路通信信号总公司及其所属工厂(北京、天津、西安、沈阳等信号工厂)、郑州铁路局、北京铁路局等单位的很多同志参加了这项工作,这本书的编成也凝聚着他(她)们的辛勤劳动。在此对所有关心并为之付出艰辛工作的同志表示深切的感谢。

作　者

2004 年 9 月于北京

前　　言
（第二版）

截止到2000年底，中国铁路总营业里程已达到68 000km以上，复线率达到30%左右，电气化率达到20%左右。目前在一万多公里的电气化铁路上，有近90%的车站采用25 Hz相敏轨道电路（大同至秦皇岛的区间也采用），因此，该制式成为电气化区段铁路站内轨道电路的首选。“九五”铁路电务装备政策还作出规定：电气化区段站内采用25 Hz相敏轨道电路。

我国25 Hz相敏轨道电路于1978年开始研制，1982年通过铁道部技术鉴定，批准推广使用。新型25 Hz相敏轨道电路的研制工作是在1993年由铁道部下达研制的。该任务由中国铁路通信信号总公司研究设计院负责系统研究设计，并负责25 Hz电源及配套器材的研制，西安器材研究所负责研制二元二位继电器，西安、北京、天津、沈阳信号工厂及郑州铁路局西安电务器材厂分别负责产品试制，1996年在郑州铁路局襄樊铁路分局管内的花果站进行了试点，同年在郑州铁路局进行了扩大试验。1997年经铁道部鉴定，决定用“97型25 Hz相敏轨道电路”替代原“25 Hz相敏轨道电路”在全路推广使用。在近期修建的电气化区段的车站，其轨道电路已采用“97型25 Hz相敏轨道电路”。97型25 Hz相敏轨道电路除保留原25 Hz相敏轨道电路工作稳定可靠、维修简单和故障率低的优点外，还提高了抗冲击干扰能力（由原来10 A提高到60 A），并延长了轨道电路的极限长度（可达1 500 m）。

本书第一版（1991年11月出版）介绍的是1982年通过铁道部技术鉴定的系统和产品。为了能对97型25 Hz相敏轨道电路的设计、施工和维修工作有所帮助，我们编写了此书。书中所采用的有关数据和参数取自研制报告或测试记录。书中还介绍了运用中发现的问题及解决的措施。由于我们的水平有限，错误之处，敬请读者不吝赐教，予以指正。

本书第一、二、三、五、六、十、十二章由安海君编写,第四章由吴宝英编写,第七、八、九、十一章由李建清编写。俞涵昇同志对全书进行了文字整理与校对,在此表示深切的感谢。

97 型 25 Hz 相敏轨道电路在研制过程中,得到了铁道部相关司局的大力支持,同时中国铁路通信信号总公司及其所属工厂(北京、天津、西安、沈阳等信号工厂)、郑州铁路局、北京铁路局等单位的很多同志参加了这项工作,这本书的编成也凝聚着他(她)们的辛勤劳动。在此对所有关心并为之付出艰辛工作的同志表示深切的感谢。

作　者

2001 年 3 月于北京

前　言
（第一版）

25 Hz相敏轨道电路的研制工作是在1978年由铁道部下达研制的。该任务由通信信号公司所属研究设计院负责系统设计，并负责25 Hz电源的研制，西安器材研究所负责研制除电源外的全部专用器材，西安、天津信号工厂分别负责产品试制，并在西安分局及北京局分别进行了试点和扩大试验。1982年，经铁道部鉴定批准，决定将25 Hz相敏轨道电路推广使用，在近期修建的电气化区段车站，其轨道电路已大量采用这个制式。25 Hz相敏轨道电路具有抗干扰性能强、工作稳定可靠、维修简单和故障率低的优点，深受现场欢迎。为了能对25 Hz相敏轨道电路的设计、施工和维修工作有所帮助，我们编写了此书。书中所采用的有关数据和参数取自研制报告或测试记录。书中还介绍了运用中发现的问题及解决的措施。由于我们的水平有限，错误之处，敬请读者不吝赐教，予以指正。

本书除第三章由吴保英编写外，其余各章由江汝廉、俞涵昇编写，并经电务局信号处孙素华同志审阅。

25 Hz相敏轨道电路在研制过程中，很多同志参加了这项工作，这本书的编成也凝聚着他（她）们的辛勤劳动。

作　者

1990年5月于北京

目　录

第一章　概　　述 …… 1

第一节　25 Hz 相敏轨道电路的组成 …… 1
第二节　25 Hz 相敏轨道电路的特点和主要技术指标 …… 11
第三节　97 型 25 Hz 相敏轨道电路的特点和主要技术指标 …… 15

第二章　25 Hz 相敏轨道电路的工作原理 …… 20

第一节　选用 25 Hz 的原因及其优越性 …… 21
第二节　交流二元继电器的动作原理和相位选择性 …… 23
第三节　交流二元继电器的频率选择性 …… 30
第四节　防护盒在电路中的作用 …… 36

第三章　97 型 25 Hz 相敏轨道电路 …… 42

第一节　97 型 25 Hz 相敏轨道电路的研制内容 …… 42
第二节　97 型 25 Hz 相敏轨道电路的改进方案 …… 45
第三节　轨道电路传输性能的计算和室内试验 …… 69
第四节　97 型 25 Hz 相敏轨道电路的进一步完善 …… 74

第四章　25 Hz 电源 …… 87

第一节　25 Hz 分频器 …… 87
第二节　25 Hz 电源屏 …… 94
第三节　25 Hz 分频器、电源屏测试维修及调整方法 …… 99
第四节　25 Hz 高频开关电源 …… 105

第五章　97 型 25 Hz 相敏轨道电路系统配套器材 …… 111

第一节　$JRJC_1$-70/240 型交流二元继电器 …… 111

第二节 JWXC-H310 型缓动继电器 …………………………… 127
第三节 扼流变压器…………………………………………… 129
第四节 轨道变压器…………………………………………… 142
第五节 HF-25 系列防护盒 ………………………………… 152
第六节 固定抽头式电阻器…………………………………… 160
第七节 补偿防护器…………………………………………… 165
第八节 等 阻 线……………………………………………… 166
第九节 电源屏及轨道组合…………………………………… 171

第六章 专用仪器仪表的研制开发…………………………… 174

第一节 选频电压表和相位表的研制………………………… 174
第二节 25 Hz 相敏轨道电路测试盘 ……………………… 180

第七章 25 Hz 相敏轨道电路的种类 ……………………… 183

第一节 一送一受轨道电路…………………………………… 183
第二节 一送多受轨道电路…………………………………… 190

第八章 电码化区段的轨道电路……………………………… 192

第一节 电码化的有关规定…………………………………… 192
第二节 8、18 信息移频电码化 …………………………… 193
第三节 ZPW-2000(或 UM)系列移频电码化预发码技术 …… 196
第四节 闭环电码化…………………………………………… 207
第五节 一送多受区段和相邻不发码区段的防护…………… 210

第九章 25 Hz 相敏轨道电路的调整和测试 ……………… 215

第一节 25 Hz 相敏轨道电路的调整 ……………………… 215
第二节 电气化区段道砟电阻阻值的测试…………………… 219
第三节 电气化区段轨道电路相位交叉的检查……………… 221
第四节 现场调整和测试方法参考…………………………… 227

第十章　工程设计和现场维护…… 236

第一节　有交叉渡线的轨道电路…… 236
第二节　25 Hz 电源屏和电缆线路的使用 …… 239
第三节　停电监督电路…… 241
第四节　25 Hz 电源屏输入总电流的确定 …… 243
第五节　有关设计的其他问题…… 253

第十一章　25 Hz 相敏轨道电路的计算 …… 255

第一节　参数的选定…… 255
第二节　计算举例…… 258
第三节　一送多受或带无受电分支时轨道电路的计算…… 267

第十二章　97 型 25 Hz 相敏轨道电路图册 …… 269

第一节　编制说明…… 271
第二节　原理图说明…… 280
第三节　调整表说明…… 289
第四节　轨道组合布置…… 311

附录一　轨道电路通用技术条件…… 313

附录二　轨道电路系统 25 Hz 相敏轨道电路…… 318

附录三　铁路车站电码化技术条件…… 324

参考文献…… 330

第一章　概　　述

第一节　25 Hz 相敏轨道电路的组成

一、轨道电路定义

轨道电路是钢轨线路和连接于其始端及终端的器械总称。

中华人民共和国铁道行业标准《轨道电路通用技术条件》TB/T 2852—2015 中轨道电路定义为：利用铁路线路的钢轨作为导体传递信息，实现区段空闲和占用检查的电路系统。

通过轨道电路，可以检测轨道上有无列车（车辆）占用；轨道电路能发送关于轨道是否空闲与是否完整的信息，起着一个信息发送器的作用；同时还起着通过信号机之间，以及地面设备与机车设备之间信息发送与接收传输通道的作用。因而轨道电路是铁路列车运行实现自动控制和远程控制的基础设备之一。

与轨道电路相关的有以下几个概念：

1. 轨道电路调整状态

轨道电路范围内，无轮对占用时的状态。

2. 轨道电路分路状态

轨道电路范围内，有轮对占用时的状态。

3. 轨道电路最不利条件

当轨道电路各电气参数在规定范围内，受电端所得电压在调整状态下为最低、分路状态下为最高、而发送的机车信号信息的入口电流为最小时，与之相应的供电电压和一次参数的总称。

4. 轨道电路一次调整

在最不利条件下，每段轨道电路内，可变环节的电气参数经首次调整后，能满足调整、分路、机车信号三种状态的要求，无须随外界参数的变化再次进行调整。

5. 轨道电路极限长度

当轨道电路能实现一次调整时,其所能达到的最大长度。

6. 轨道电路调整余量

进行轨道电路计算时,为使其能安全、正常、可靠地使用,在满足调整状态时,送电端所需供出的最小电压 U_T,及在最不利地点分路时,所允许供出的最大电压 U_F 之间的相互关系,称为调整余量,调整余量系数以 K 表示。则

$$K=\frac{(U_F-U_T)}{(U_F+U_T)}\times 100\%$$

7. 轨道电路标准分路电阻

轨道电路分路的规定电阻。

8. 轨道电路横向连接

两条及以上线路钢轨间的等电位连接。

9. 轨道电路绝缘破损

轨道电路区段边界机械绝缘节两侧钢轨间短路。

二、轨道电路的分类

1. 按钢轨绝缘分

按钢轨绝缘分类可分为有绝缘式和无绝缘式。

2. 按构成方式分

按构成方式分类可分为开路式和闭路式。

3. 按供电方式分

按供电方式分类可分为连续式和脉冲式。

4. 按信号电流分

按信号电流分类可分为直流式和交流式。

5. 按归线方式分

按归线方式分类可分为双轨条式和单轨条式。

6. 按频率方式分

按频率方式分类可分为 25 Hz、50 Hz、75 Hz、移频等。

三、25 Hz 相敏轨道电路设备的组成

25 Hz 相敏轨道电路设备的基本组成如图 1—1 所示。

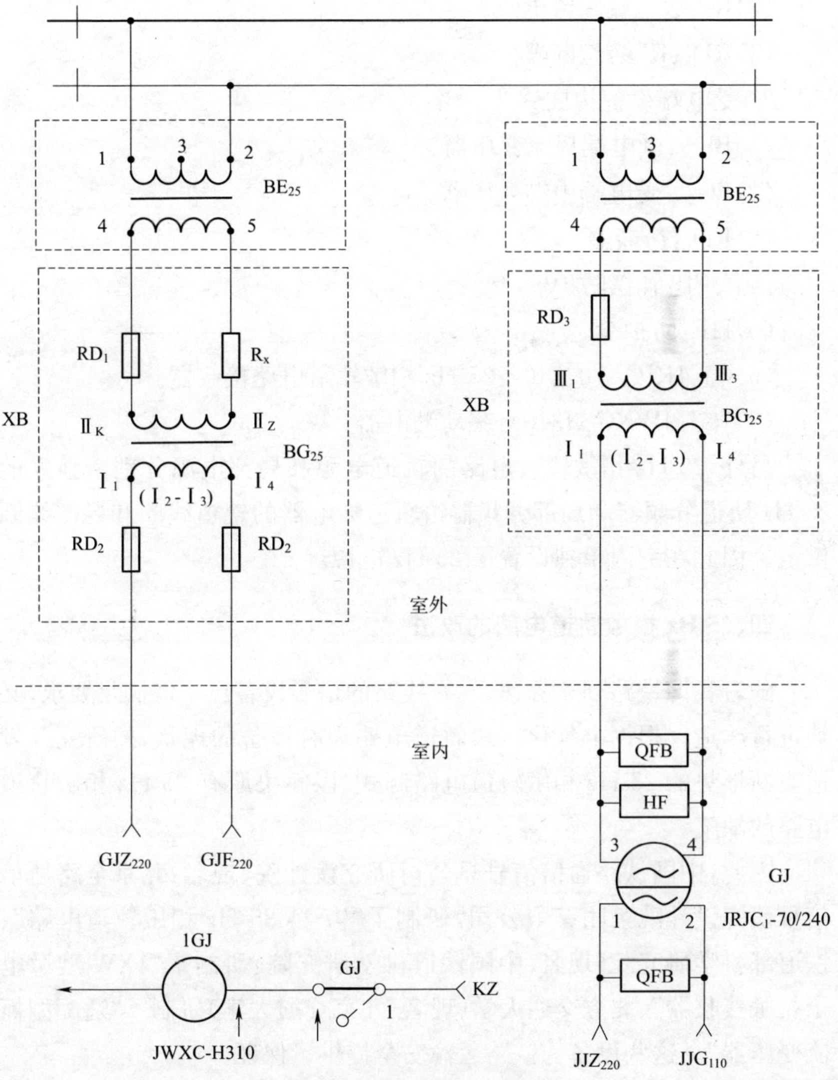

图 1—1　25 Hz 相敏轨道电路设备的基本组成

1. 送电端设备构成

(1)BE_{25}:送电端扼流变压器。

(2)BG_{25}:送电端电源变压器。

(3)R_x:送电端限流电阻。

(4)RD_1、RD_2:熔断器。

2. 受电端设备构成

(1)BE_{25}:受电端扼流变压器。

(2)BG_{25}:受电端中继变压器。

(3)RD_3:熔断器。

(4)QFB:补偿防护器。

(5)HF:防护盒。

(6)GJ(JRJC$_1$-70/240):25 Hz 相敏轨道电路接收器。

(7)1GJ(JWXC-H310):缓动继电器。

另外,25 Hz 相敏轨道电路的轨道电源和局部电源分别由独立的 25 Hz 轨道分频器和局部分频器给轨道继电器的轨道线圈和局部线圈供电。因此在室内单独设置了 25 Hz 电源屏。

四、25 Hz 相敏轨道电路的改进

随着我国铁路列车提速,既有线路的信号设备已不能满足要求,必须进行改造。根据电气化区段轨道电路现有设备的现状,须研究开发适应新形势的 25 Hz 相敏轨道电路制式,以解决原有 25 Hz 相敏轨道电路的缺陷。

因此,中国铁路通信信号总公司研究设计院(现名:北京全路通信信号研究设计院集团有限公司)研制了“97 型 25 Hz 相敏轨道电路”、铁道部科学研究院(现名:中国铁道科学研究院)研制了“JXW 型微电子相敏接收器”、北方交通大学(现名:北京交通大学)研制了“适配型扼流变压器”。这些设备为铁路运输安全提供了保证。

1. JXW-25 型微电子相敏轨道电路接收器工作原理

JXW-25A 型微电子相敏轨道电路接收器工作原理如图 1—2 所

示。JXW-25B 型微电子相敏轨道电路接收器工作原理如图 1—3 所示。

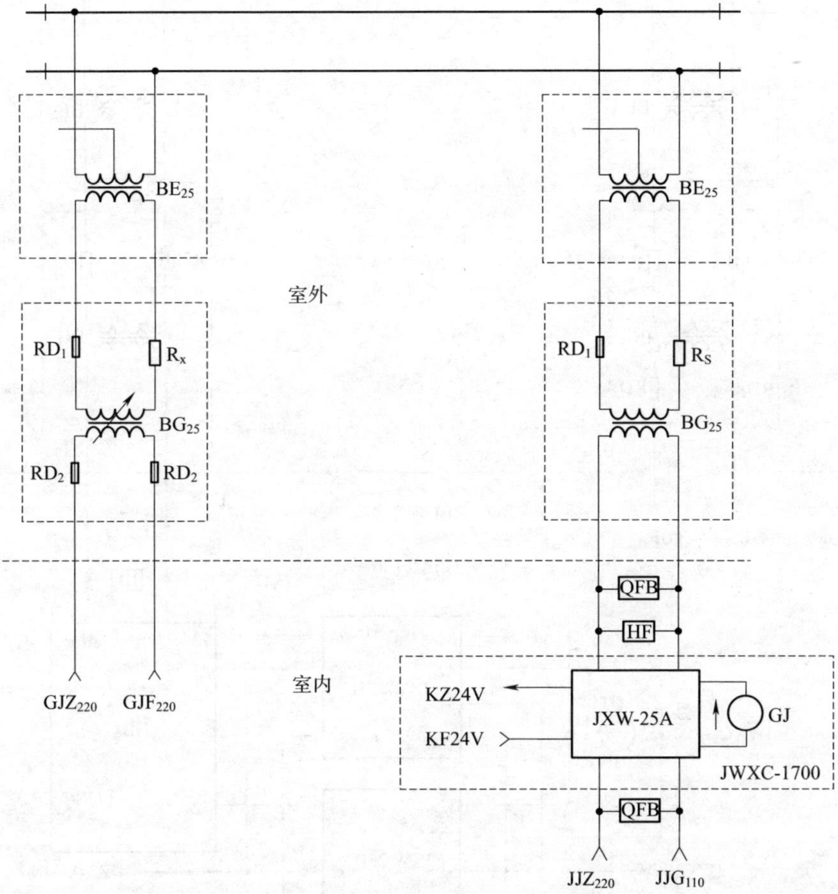

图 1—2 JXW-25A 型微电子相敏轨道电路原理

(1)JXW-25 型接收器的技术指标与原相敏轨道电路所用轨道继电器 JRJC-66/345 型插入式交流二元继电器基本一致。JXW-25 型接收器的最后执行继电器为 JWXC-1700 安全型继电器。

(2)JXW-25 型接收器的工作电源电压为直流 24 V,电压波动应小于±15%。满载时最大纹波电压有效值不大于 1 V。

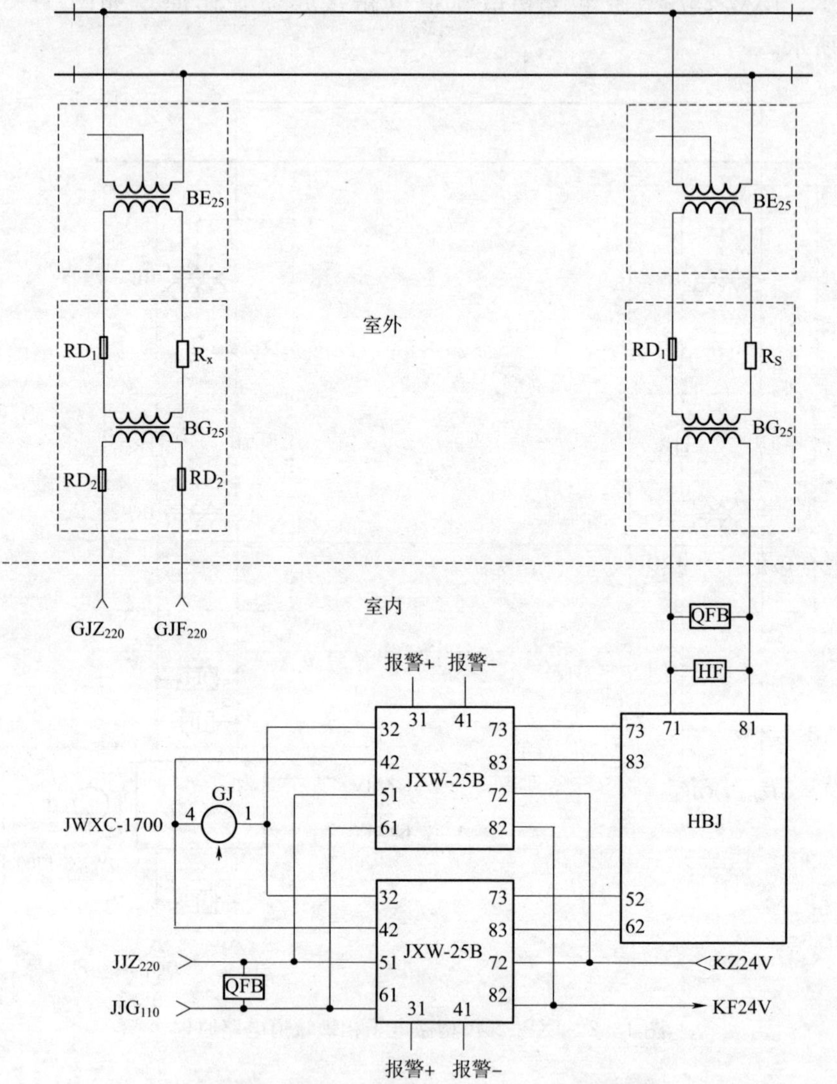

图 1—3　JXW-25B 型微电子相敏轨道电路原理

HBJ—接收变压器盒。

(3)JXW-25 型接收器的电气特性见表 1—1。

(4)JXW-25 型接收器的应变时间为 0.3～0.5 s。

表 1—1

序号	测试内容	技术指标	备 注
1	电源电流(DC)	≤100 mA	含执行继电器吸起
2	轨道接收阻抗	$\|Z\|=400\ \Omega\pm20\ \Omega,\theta=72°\pm10°$	—
3	工作值(25 Hz,AC)	12.5 V±0.5 V	理想相位角条件下调机和测试
4	返还系数	≥90%	理想相位角
5	输出电压(DC)	20～30 V	24 V 电源

(5)电子接收器的外形结构有两种:JRJC 型交流二元继电器结构(JRJC-66/354 型)和安全型继电器结构。前者适用于对既有 25 Hz 相敏轨道电路的改造,后者适用于新建 25 Hz 相敏轨道电路。JXW-25A 型为单套,安全型继电器结构;JXW-25A1 型为单套,JRJC 型交流二元继电器结构;JXW-25B 型为双套,安全型继电器结构。接收器在正线区段一般设置双套。

(6)JXW-25 型接收器的端子分配如图 1—4 所示。

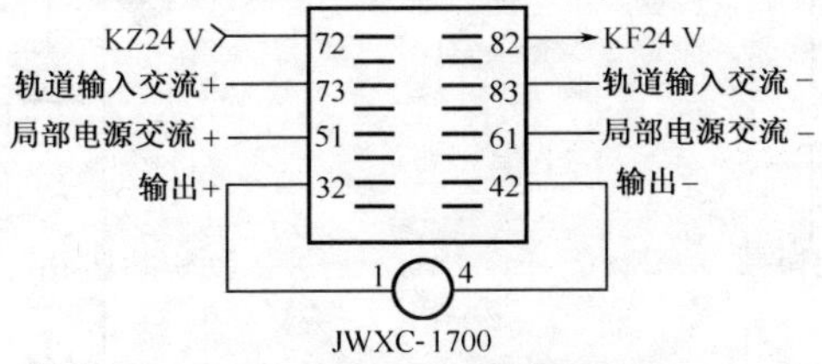

(a) JXW-25A 型电子接收器端子图

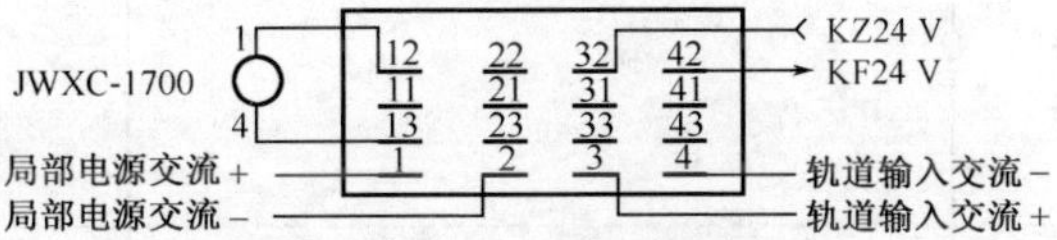

(b) JXW-25A1型电子接收器端子图

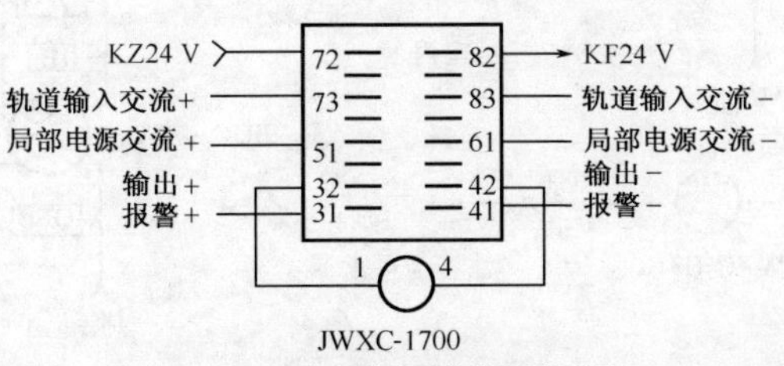

(c) JXW-25B 型电子接收器端子图

图 1—4 JXW-25 型微电子相敏轨道电路接收器端子图

(7)JXW-25 型微电子相敏轨道电路接收器在一送多受时,每个分支用一个微电子相敏接收器和执行继电器,在主接收器的执行继电器的吸起回路中串接其他分支执行继电器的前接点,如图 1—5 所示。

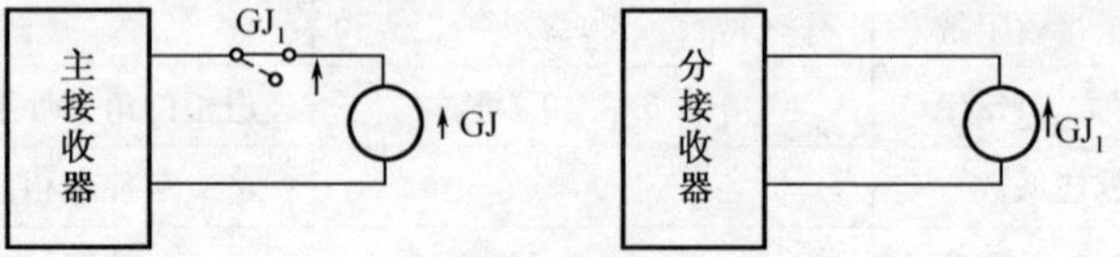

图 1—5　一送多受时各分支的控制方法

2. BES 型适配扼流变压器的原理和使用

(1)适配扼流变压器的原理图如图 1—6 所示。

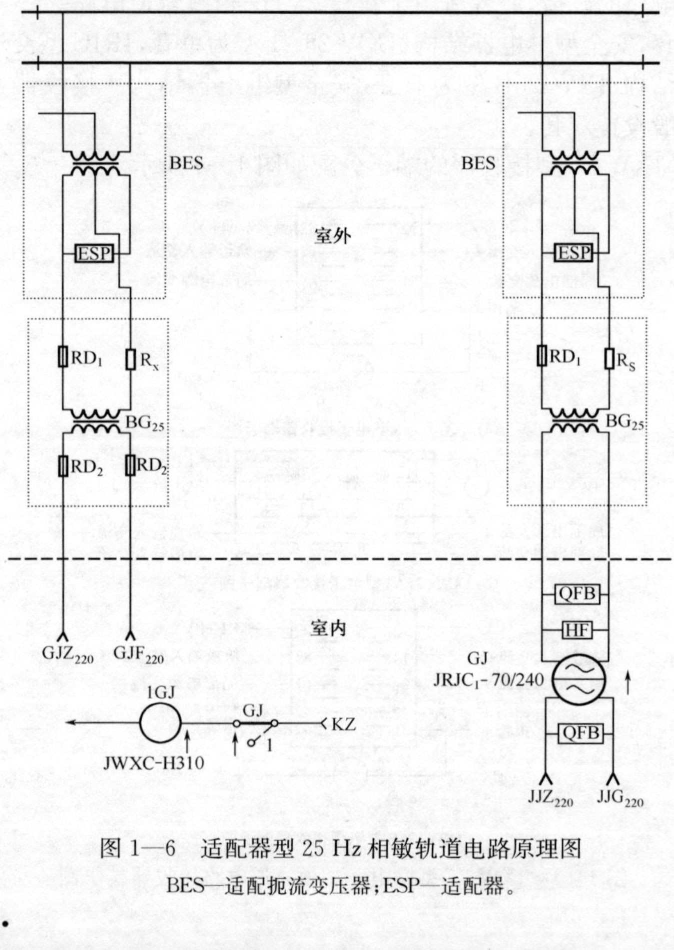

图 1—6　适配器型 25 Hz 相敏轨道电路原理图

BES—适配扼流变压器;ESP—适配器。

早期的适配扼流变压器需要根据 25 Hz 相敏轨道电路的长度适度调整适配扼流变压器的气隙大小，满足相敏轨道继电器轨道线圈和局部线圈上电压的相位差等于 90°。这一工作由现场来做很困难，为此采用适配扼流变压器的气隙固定，用适配扼流变压器的抗干扰圈抽头的方法代替原适度调整气隙的方法。

根据 25 Hz 相敏轨道电路的长度调整适配扼流变压器的抽头，使相敏轨道继电器的轨道线圈和局部线圈的电压相位差满足 90°±4.5°的要求。

(2)适配扼流变压器技术特性

①50 Hz 串联谐振电路阻抗反射到扼流变压器牵引圈约为 0.01 Ω，相当于对 50 Hz 短路，抗电气化不平衡脉冲电流指标：15%～30%。

②显著提高 25 Hz 阻抗，25 Hz 谐振阻抗可达 2～3 Ω，有利于信号传输。

③牵引圈不平衡干扰电压小于 2 V，减小干扰电压，不增加信号功率。

④可进行 25 Hz 轨道电路相位调整，使电路相位角接近 90°。

⑤适配扼流变压器满足 25 Hz 相敏轨道电路叠加各种制式的电码化。

(3)扼流变压器、适配器的选用原则

适配扼流变压器由扼流变压器和适配器两部分组成，扼流变压器与适配器只有正确配合，轨道电路才能正常工作。扼流变压器容量分别为：400 A、600 A、800 A、1 000 A、1 200 A、1 600 A。适配器型号主要与扼流变压器容量、电码化类型有关。

①ESP1 型的应用：与 400 A 型扼流变压器配用，适用于各种电码化电路，相应扼流适配器型号分别为 BES1-400/25、BES2-400/25。

②ESP2 型的应用：与 600 A、800 A、1 000 A 型扼流变压器配用，适用于无电码化 25 Hz 轨道电路及 25 Hz 交流计数电码化电路，相应适配扼流变压器型号为：BES1-600/25、BES2-600/25、BES1-800/25、BES2-800/25、BES1-1000/25、BES2-1000/25。

③ESP3 型的应用:适用于国产移频电码化区段,适配扼流变压器型号为:BES1-600/25、BES2-600/25、BES1-800/25、BES2-800/25、BES1-1000/25、BES2-1000/25。

④ESP4 型的应用:适用于 ZPW-2000(UM)系列电码化区段。其中 1 700/2 000 Hz、2 300/2 600 Hz 通用型,可用于需要反向接车的轨道电路中两种载频频率,对于不需反向接车的区段,使用单频的适配器。适配扼流变压器型号为:BES1-600/25、BES2-600/25、BES1-800/25、BES2-800/25、BES1-1000/25、BES2-1000/25。

⑤ESP3-1 型的应用:与 1 200 A 扼流变压器配用,可用各种制式的电码化区段。

⑥ESP5 型的应用:与 1 600 A 扼流变压器配用,可用各种制式的电码化区段。

⑦适配扼流变压器也可与 JXW-25 型微电子相敏轨道电路接收器配套使用。

注:当空扼流变压器采用适配扼流变压器时必须配置适配器,适配扼流变压器变比固定(1∶26.5)。

BES1、BES2 型适配扼流变压器接线如图 1—7 所示,BES-600/25、BES1-800/25 型适配扼流变压器接线如图 1—8 所示。

3. 97 型 25 Hz 相敏轨道电路

97 型 25 Hz 相敏轨道电路详见本章第三节。

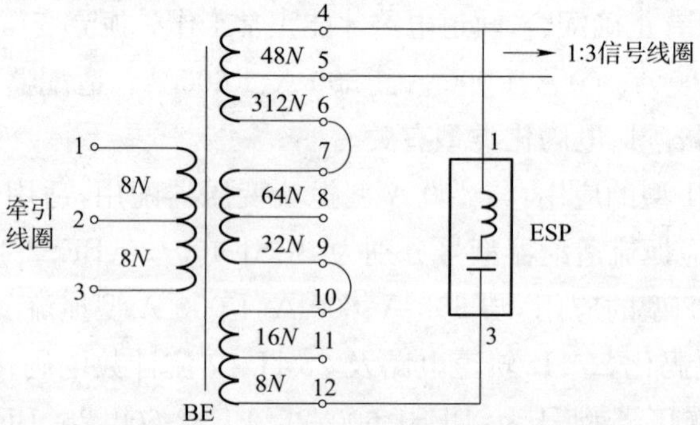

图 1—7 BES1、BES2 型适配扼流变压器接线

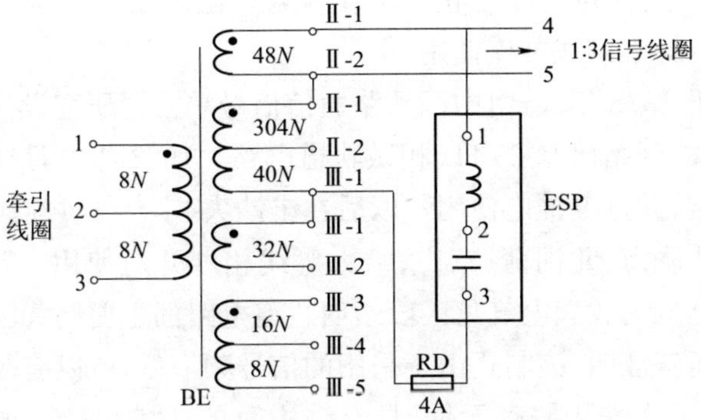

图 1—8　BES-600/25、BES1-800/25 型适配扼流变压器接线

第二节　25 Hz 相敏轨道电路的特点和主要技术指标

在铁路牵引动力实行交流电气化以后，工频牵引电流会对轨道电路产生干扰影响，因此，要求轨道电路除完成检测轨道上有无列车（车辆）占用的功能外，还必须具有抗牵引电流干扰的功能。那么，采用什么方法来实现这一要求呢？一般情况下，采用轨道电路的信号电流频率与牵引电流的频率（包括其谐波）不同的方法，使轨道电路的接收设备只有接收到由发送设备发出的信号时才能工作。而 25 Hz 相敏轨道电路就是一种适应铁路电气化抗干扰要求的轨道电路。

原苏联和日本于 20 世纪 60 年代初几乎在相同的时间，根据变参数振荡原理，研制成了基本采用铁磁元件的铁磁分频器，这样就可从工频电源经分频后直接获得 25 Hz 信号电源，且具有频率和工作稳定、维修周期长、能长期连续工作和就地变频的特点。原苏联从 1967 年起在工频电气化区段的站内，采用 25 Hz 相敏轨道电路，接收端采用交流二元继电器，并从 1970 年起决定在今后做新设计时，站内一律采用该制式。近年来在区间自动闭塞中，也有采用 25 Hz 相敏轨道电路的。日本研制的铁磁分频器，在结构上基本与原苏联相同，也采用交流二元继电器，但称为分频轨道电路（也有在受电端加以倍频的分频轨道电路）。日本从 1963 年起正式使用分频（分、倍频）轨道电路以来，截止到 1982 年，将近 20 年，这种轨道电路（包括分、倍频）约占日本轨道电路总里程数的 25%以上。分频轨道电路在日本电气化区段已经作为一种站内轨道电路的标准制式推广使用。

我国于 1978 年底,由中国铁路通信信号总公司研究设计院参考国外同类制式,开始研制 25 Hz 相敏轨道电路。1982 年 2 月铁道部进行了技术鉴定,并批准推广使用。以后在丰沙大(丰台—沙城—大同)、京秦、贵昆、西陇海、北同蒲、京广、哈大等线相继开通使用。25 Hz 相敏轨道电路已成为我国电气化区段站内轨道电路的主要制式。

实际运营证明:该制式由于采用的信号频率低,所以有较好的传输特性;由于基本采用铁磁元件,具有结构简单、故障率低、防雷性能优良、便于维修和易于实现一次调整的特点;由于它具有可靠的频率选择性和相位选择性,有较强的抗干扰能力和可靠的绝缘破损防护的能力,可以顺利地与交流计数电码机车信号结合;应用其具有频率选择性的特性,可以达到叠加移频机车信号的目的,根据国产(4 信息、8 信息、18 信息)移频和 UM71 移频机车信号的需要,能在确保"故障—安全"的前提下实施电码化,并能实现预叠加发码方式的电码化;同时区间也可采用 25 Hz 相敏轨道电路叠加移频机车信号的自动闭塞制式,其安装于我国第一条运行单元重载列车的大同至秦皇岛区段,并投入使用,效果良好。由于 25 Hz 相敏轨道电路具有以上优点,因此,深受现场欢迎,并大面积投入使用。

一、25 Hz 相敏轨道电路的特点

经过实践考验,该制式轨道电路具有以下特点:

1. 相敏轨道电路由于采用交流二元继电器,其具有可靠的相位选择性和频率选择性,因而对轨端绝缘破损和外界牵引电流或其他频率电流的干扰能可靠地进行防护。无论不平衡连续牵引电流有多大,都不能使轨道继电器错误动作,故可采用连续式供电,使之应变速度快,便于电码化时迅速发送机车信号信息,并且工作稳定,维修周期长。

2. 轨道电路采用 25 Hz 频率后,与其他工频连续式轨道电路比较,在相同的条件下,受道砟电阻变化的影响较小,因而改善了传输特性。

3. 25 Hz 电源是运用分频的原理构成的，由于 50 Hz 工频稳定，所以它也有频率稳定的特性，其频率恒等于工频的一半。

4. 由于 25 Hz 分频器的固有特性，当两分频器的输入端反相连接时，则其输出电压相差 90°，易于做成局部电源电压恒超前轨道电源电压 90°，因而可以采用集中调相方式。

5. 25 Hz 分频器具有不可逆性。虽然 50 Hz 不平衡牵引电流通过扼流变压器、轨道变压器流入轨道分频器的输出回路，但在其输入端不可能有 100 Hz 电流。即局部分频器的输入端得不到 100 Hz 电流，在局部分频器的输出端也就不可能有 50 Hz 电流。同时轨道继电器的局部线圈是由室内独立的分频器供电，它既不与钢轨或轨道分频器的输出相连，又不经过室外的电缆线路，不受接触网电流感应产生的 50 Hz 干扰电压的影响，保证了轨道继电器不致受牵引电流干扰而错误吸起。

6.“田”字型分频器的两线圈呈 90°位置放置，输入线圈的交流电产生的磁通不与谐振线圈完全相交，因此原则上排除了在输入线圈间有局部短路时输入线圈 50 Hz 电流向分频器输出电路的变换，大大降低输出 25 Hz 回路中 50 Hz 成分(在 1%～2.5%之间变化)。虽然由于磁路不完全平衡，其输出回路中会有一定的偶次谐波，即在 25 Hz 回路中含有 50 Hz 成分，但限制在不大于 4%的范围内，保证了即使在防护盒断线的情况下，轨道继电器也不会误动。

7. 分频器具有稳压特性，当输入的 50 Hz 电源电压在 220^{+33}_{-44} V，负载由空载至满载的范围内变化时，分频器的输出电压仅在 220 V±6.6 V 范围内变化，因而提高了轨道电路工作的稳定性。

8. 25 Hz 相敏轨道电路由于采用了连续式供电方式，就可对整个轨道电路的技术性能和指标用一般的原理和数学方法进行理论分析或计算，从而较方便地找出其工作的最不利条件和极限指标，更便于通过试验手段对理论计算加以验证。

这是因为轨道电路内含有较多的变量，如不能用理论方法做分析和估算，而完全靠试验，则不但费事，而且由于受种种限制，也不可能把遇到的各种情况(指电路内各元件参数的变化)均逐一试验，即很难通过试验就能断言最不利的情况已做过试验。另外单纯靠试验决定的参数,无从评价该参数值是否选择得当。

对 25 Hz 相敏轨道电路能做到理论分析或计算与室内、外试验三者进行对比,因而可以认为:凡三者结论均一致时而得出的总结论应属较为可靠。

二、旧型 25 Hz 相敏轨道电路主要技术指标

1. 本制式适用于钢轨连续牵引总电流不大于 400 A、不平衡电流不大于 20 A(不平衡系数不大于 5%)交流电气化区段的站内和预告区段的轨道电路。其中无扼流变压器的轨道电路也可用于非电气化区段的站内和预告区段。

2. 在 50 Hz 电压为 200^{+33}_{-44} V 范围内,钢轨阻抗不大于 0.62∠42° Ω/km,道砟电阻不小于 0.6 Ω·km,在规定长度的范围内能可靠地满足调整和有分路检查的要求,并能实现一次调整。

3. 一送一受时轨道电路若不带无受电分支和为连接吸上线而增设的扼流变压器(简称空扼流,以下同),其允许长度为:

双扼流	≤1.2 km
送端单扼流	≤1.0 km
受端单扼流	≤1.2 km
无扼流	≤1.2 km

4. 一送一受时轨道电路可以有三个以下无受电分支,并允许在其中一个分支末端为沟通牵引电流而设空扼流变压器,或一个为连接吸上线而设空扼流变压器。

5. 一送两受和一送三受时轨道电路内允许设扼流变压器的总数不多于三台(包括送电端)。一送三受时允许带一个无受电分支。一送两受时在扼流变压器总数不大于两台时,允许带一个无受电分支,并可在其末端设空扼流,但在特定条件下,可以在岔前设三个无受电分支。

6. 凡允许附带的无受电分支,自岔尖到分支末端轨端绝缘的距离应不大于 65 m。

7. 一送多受时轨道电路以标准的 0.06 Ω 分路电阻,在区段内任

意地点分路时，保证至少有一个轨道继电器可靠释放。

8. 仅双扼流轨道电路同侧的两个扼流变压器均呈断线故障时，本制式不能确保有可靠的分路检查。其他故障均有可靠的分路检查。

第三节 97 型 25 Hz 相敏轨道电路的特点和主要技术指标

25 Hz 相敏轨道电路采用交流二元继电器作为接收器。交流二元继电器属于交流感应式继电器，它是利用电磁铁所建立的交变磁场与金属转子中感应电流之间相互作用的原理而动作的。故其具有可靠的频率选择性和相位选择性，满足了轨道电路抗电气化干扰的要求。

目前我国电气化区段车站内大量采用的 25 Hz 相敏轨道电路是 1978 年年底开始研制的，经室内外试验、现场试点、工程扩大试验后，于 1982 年 2 月通过铁道部鉴定。因其设备简单耐用、便于掌握、故障率低等优点，故至今已在数千公里电气化区段车站采用，并在“八五”电务装备政策中，被定为推广的制式之一。但随着国内现场大量运用，逐步暴露出一些急待克服的技术缺陷，对于现场产生的新情况，作为一个适用性广和实用性强的制式就必须考虑和满足这些新要求，故对其系统进行改进研制是十分必要的。

一、主要特点

1. 提高了绝缘破损防护性能

钢轨牵引引接线改用焊接方式，减小接触电阻，以提高了绝缘破损防护性能。

2. 取消不设扼流变压器的送、受电端

在运营中发现，送、受电端不设扼流变压器时，轨道继电器所受的干扰远大于设双扼流变压器的区段，产生误动的机会也较多，同时不易于轨道电路调整，为此将有回归电流的轨道区段（不包括其上无接触网的区段）原不设扼流变压器的单扼流送、受电端轨道电路的类型一律取消。

3. 扼流变压器经等阻线与钢轨连接

除将扼流变压器的牵引引接线改为焊接外，还将连向钢轨的一长一短引接线设计成等阻线,另外增加了扼流变压器中点对称度小于或等于 1%的指标要求,使由扼流变压器内部和外部连接方式造成的不平衡系数控制在 1%以内,从而使牵引电流回归系统的不平衡系数得以降低。

4. 电源屏的配置

改进后的轨道电路,每一区段的平均传输功率为 20 W,每个继电器局部线圈加并电容补偿后的功率为 6.5 W。考虑单受和多受区段的比例,一个车站的轨道区段数和轨道继电器数,按 1∶2 计算,这样就相当于轨道分频器和局部分频器供给每一段轨道电路分别耗电 20 W 和 13 W。

新分频器的容量由原 300 W、600 W、1 400 W 改为 400 W、800 W、1 200 W。组成Ⅰ(PXT-800/25)、Ⅱ(PZT-1600/25)、Ⅲ(PZT-2000/25)、Ⅳ(PDT-4000/25)型四种电源屏,分别适用于 20 个区段以内、20~40 个区段、40~60 个区段、60~120 个区段的车站使用。

5. 交流二元继电器

经优化磁路设计和提高工艺设计水平后,新型交流二元继电器有以下提高:

(1)后接点压力由原 0.147 N 增到 0.196 N。

(2)返还系数由原 0.5 增至 0.57。

(3)消除了因翼片碰撞外罩而造成卡阻的可能故障。

6. 增加扼流变压器的类型

由原来的仅 400 A 一种类型,增加了 600 A 和 800 A 两种。400 A、600 A、800 A 分别供侧线、正线和靠近牵引变电所的区段。

7. 极限长度延长

(1)优化受电端接收器即交流二元继电器的工艺设计,把它的返还系数由原 0.5 增加到 0.57。

(2)提高送电端的视入阻抗,将送电端限制电阻由原 2.2 Ω 增加到 4.4 Ω;将受电端匹配变压器的变比由原 16.67 降为 13.89。

(3)改进分频器的设计,将 25 Hz 分频器的 25 Hz 输出电压的允许波动范围,由原来的±5%减少到±3%。

通过以上几项改进措施，最终能将极限长度由原制式的 1 200 m 提高到 1 500 m。

8. 系统抗干扰能力大大提高

采取综合治理的方式对该制式进行改进。首先设法尽可能减少干扰电流的侵入量，其次在干扰电流侵入后，设法使其少起一些干扰作用。另外，侵入的干扰电流若能造成轨道继电器误动，则设法让其误动的后果不能影响其他信号设备或电路。这样达到在系统上提高抗冲击干扰的目的。

二、主要技术指标

1. 适用于钢轨连续牵引总电流不大于 1 600 A、不平衡电流不大于 160 A 的交流电气化区段的站内和预告区段的轨道电路。不设扼流变压器时，也可用于电气化区段内无电力机车行驶和非电气化区段的站内和预告区段的轨道电路。

2. 50 Hz 电压为 220^{+40}_{-60} V 范围内、钢轨阻抗不大于 0.62∠42°km/Ω、道砟电阻不小于 0.6 Ω · km，在极限长度范围内，能可靠地满足调整和分路的要求，并能实现一次调整。

3. 单受的轨道电路若不带无受电分支和为增设非轨道电路用的扼流变压器时，极限长度为：

带双扼流变压器和无扼流变压器的轨道电路均为 1.5 km。

4. 一送多受的轨道电路，以标准的 0.06 Ω 分路电阻在区段内任意点分路时，保证至少有一个轨道继电器可靠落下。

5. 每段轨道电路最多可设四个扼流变压器(包括空扼流变压器)。

6. 能实现叠加或预叠加电码化。

7. 在无迂回回路的条件下，任何故障均有可靠的分路检查。

三、专用仪表

随着电气化铁路的发展，列车全面提速及重载列车的开行，使 25 Hz 相敏轨道电路被广泛采用在站内和区间，它为保证行车安全起到了应有的作用。但目前，在采用 25 Hz 相敏轨道电路的现场，由于无相应的精确可靠的测试工具,给 25 Hz 相敏轨道电路的日常维护和测试带来许多不便,甚至会因此影响设备的正常工作。因此现场急需能“在线”动态测试 25 Hz 相敏轨道电路的仪表,以下仪表是为此开发的专用仪表。

1. ME25 型相敏轨道电路测试表技术指标

(1)电压真有效值测量范围 0～450 V。

(2)电压真有效值显示分辨力:1 mV、0.01 V、0.1 V。

(3)电压真有效值测量误差:±1.0%+1 d。

(4)相角测量显示分辨力:0.1°。

(5)相角测量误差:±0.5°+1 d。

(6)轨道电压有效值:25 Hz 时等于轨道电压×sin(相角);50 Hz 时等于轨道电压×cos(相角)。

2. CT268A 型轨道电路相位、极性交叉检查仪

CT268A 型轨道电路相位、极性交叉检查仪适用于 25 Hz 相敏轨道电路相位角的检查,25 Hz 相敏轨道电路和交流连续式轨道电路邻接区段极性交叉的检查。

3. CT267-C 型 25 Hz 相敏轨道电路测试盘

根据站内轨道电路区段数量,分为 26 位、48 位 CT267-C 型 25 Hz 相敏轨道电路测试盘。测试盘上区分不同测试对象(轨道区段)的按钮选用带 LD 指示的电子开关。按下某轨道区段的按钮,该按钮亮灯;表示该轨道区段的电气参数已传到测试仪上。

测试仪能同时显示该轨道区段 25 Hz 轨道电压值、该区段局部电压与轨道电压之间的相位差。如果轨道继电器选用 JXW-25 型微电子相敏接收器,测试仪直流 LED 将显示接收器供给执行继电器的直流电压值。

CT267-C 型试盘是一种能直接显示 25 Hz 交流电压、相位、直流电压等参数,测量一次性完成的 25 Hz 相敏轨道电路测试盘。测试盘仪表采用大规模集成电路和微处理器等先进技术,具有测量精度高、安装操作方便等特点。

四、小　结

97 型 25 Hz 相敏轨道电路系统及其配套器材，是针对原 25 Hz 相敏轨道电路抗干扰能力差，传输距离短等问题的基础上进行研制的。经襄渝线花果站和黄家营站试用，以及陇海线华山站和宝成线徽县站的扩大试用，97 型 25 Hz 相敏轨道电路比原 25 Hz 相敏轨道电路主要技术指标明显提高。

(1)该系统抗不平衡电流冲击干扰由原来的 10 A 提高到 60 A。

(2)轨道电路的极限长度由原来的 1 200 m 提高到 1 500 m，可适应重载发展的要求。

(3)97 型 25 Hz 相敏轨道电路配套器材指标确定合理，满足系统要求。

(4)每段轨道电路最多可设置 4 个扼流变压器。

(5)研制的 25 Hz 相敏轨道电路专用仪表能满足日常维护和测试的要求。

“97 型 25 Hz 相敏轨道电路”系统于 1997 年 10 月 20 日在十堰通过铁道部鉴定，在全路推广使用。

第二章　25 Hz 相敏轨道电路的工作原理

25 Hz 相敏轨道电路采用交流 25 Hz 电源连续供电。其受电端采用交流二元轨道继电器。从电网送入 50 Hz 电源，经专设的 25 Hz 分频器分频作为轨道电路的专用电源。由于交流二元轨道继电器具有可靠的频率选择性，故该轨道电路不仅可用于交流电气化区段，而且可用于非电气化区段。25 Hz 相敏轨道电路的原理如图 2—1 所示。

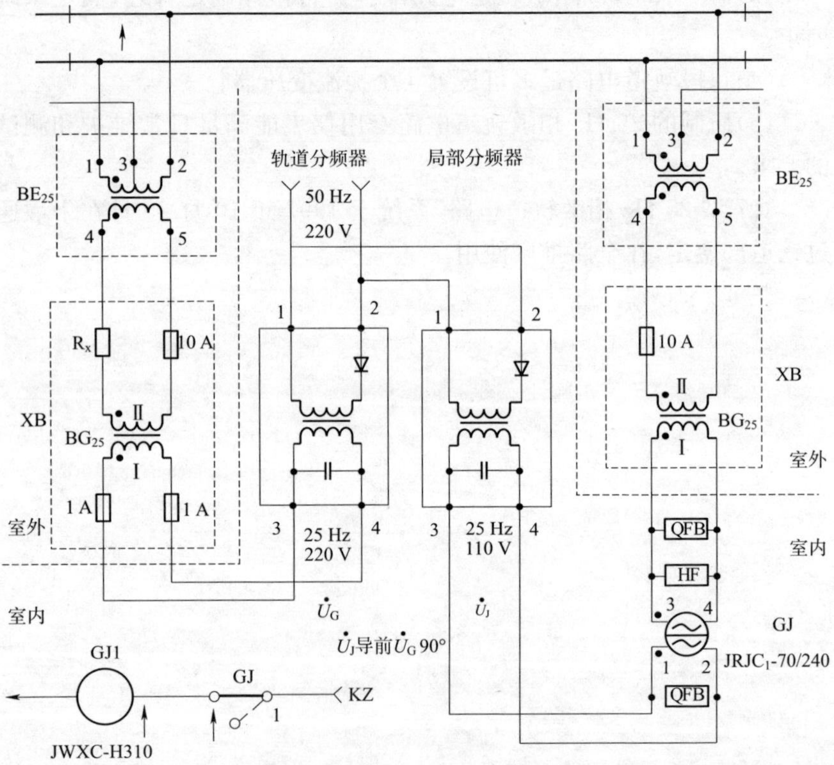

图 2—1　25 Hz 相敏轨道电路原理图

在图 2—1 中，25 Hz 电源屏（轨道分频器和局部分频器）由室内分别供出 25 Hz 轨道电源和局部电源。轨道电源由室内供出，通过电缆供向室外，经由送电端 25 Hz 轨道电源变压器（BG_{25}）、送电端限流电阻（R_x）、送电端 25 Hz 扼流变压器（BE_{25}）、钢轨线路、受电端 25 Hz 扼流变压器（BE_{25}）、受电端 25 Hz 轨道中继变压器（BG_{25}）、电缆线路，送回室内，经过防雷硒堆（Z，耐压值大于 100 V）、25 Hz 防护盒（HF）给交流二元轨道继电器（GJ）的轨道线圈供电。局部线圈的 25 Hz 电源由室内供出，当轨道线圈和局部线圈所得电源满足规定的相位和频率要求时，交流二元继电器 $JRJC_1$-70/240 吸起，轨道电路处于工作状态；反之交流二元继电器 $JRJC_1$-70/240 落下，轨道电路处于不工作状态。输出给联锁的轨道继电器（1GJ）为 JWXC-H310。

第一节　选用 25 Hz 的原因及其优越性

一、选择 25 Hz 的原因

铁路上现代化自动控制设备和远程控制设备能使列车运行安全和提高铁路通过能力，首先是由于轨道电路的保证。

在《铁路信号设计规范》TB 10007—2017（以下简称《信号设规》）4.2.1 条中明确规定："CTCS-2 级、CTCS-3 级区段的复杂车站，正线及到发线的股道部分宜采用 ZPW-2000 系列轨道电路，其他区段可采用 25 Hz 相敏轨道电路……其他车站、线路所以及动车段、动车运用所、存车场宜采用 25 Hz 相敏轨道电路……"在《重载铁路设计规范》TB 10625—2017（以下简称《重载设规》）14.5.3 条中明确规定："双线铁路站内宜采用 25 Hz 相敏轨道电路……单线铁路站内应采用 25 Hz 相敏轨道电路，……"

在交流电力牵引区段上只能采用一种在频率上与牵引电流和牵引电流的主要谐波不同的电流，频率防护是消除牵引电流对轨道电路发生危险影响和干扰影响的基本手段。在电气化区段内的轨道电路应具有防护牵引电流干扰的能力，使之在调整状态时不会因干扰电流或电压而使轨道继电器错误落下，或者在分路状态时不致因干扰电流或电压而使轨道继电器错误吸起。因此，交流电力牵引时，轨道电路供电电源必须采用与牵引电流及其谐波频率不同的信号电流。

25 Hz 相敏轨道电路频率为 25 Hz,与牵引电流工频 50 Hz 不同,且其轨道接收器采用交流二元交流感应式继电器,具有故障—安全的相位和频率选择;因此,有较好的绝缘破损和可靠的免受牵引电流干扰的防护性能。交流二元继电器的频率选择性,是由其本身具有可靠的机械滤波的性能实现的,所以不需考虑补充的防护而直接采用。因此25 Hz 相敏轨道电路是交流电力牵引区段站内轨道电路的标准制式,选用 25 Hz 相敏轨道电路符合《信号设规》《重载设规》规定。

二、选择 25 Hz 的优点

我国在铁路电气化建设初期曾采用了不同于牵引电流频率的 75 Hz 轨道电路,在受电端接入滤波器,使正常信号电流畅通无阻地流过轨道继电器,并使之动作,而干扰电流则被滤波器所阻,使加于其上的干扰电压或电流很小,不能使轨道继电器动作。但这也有问题,即当滤波器的元件故障后,很难保持原有的功能,并危及行车安全。为了解决这个问题,75 Hz 轨道电路采用了脉冲供电方式,使滤波器因故障失效后,仍能对连续的牵引电流干扰进行防护。

而 25 Hz 相敏轨道电路采用了交流二元轨道继电器,该继电器具有可靠的频率选择性和相位选择性,故不需设滤波器,就能满足“故障—安全”要求,因而可以设计成连续供电式轨道电路,做到设备简单、工作稳定、应变速度快、便于维修、防雷性能良好。

25 Hz 相敏轨道电路分别由独立的 25 Hz 轨道分频器和局部分频器给轨道继电器的轨道线圈和局部线圈供电。由于 25 Hz 分频器的固有特性,当两分频器的 50 Hz 输入端反相连接时,则其 25 Hz 输出电压间呈 90°相差。由于在继电器室内的 25 Hz 轨道电源屏中设有专门的局部和轨道分频器的定相电路,因此,由电源屏输出的局部电压恒超前于轨道电压 90°。同时又由于受电端并接防护盒,可大大减少轨道电路传输中的衰耗和相移,所以经轨道传输后加在继电器上的局部电压和轨道电压(或电流)间的相角,仍可比较接近理想相位角。

在采用这种集中调相方式以后，则不需要再考虑轨道电路的相位个别调整，轨道电路设计和施工、维修大为简化。25 Hz 相敏轨道电路（见图 2—1），由于采用集中调相，除对轨道电路供电电压根据轨道电路长度进行必要调整外，其他则无须进行调整。

交流二元轨道继电器分别由轨道电源和局部电源供电，工作时仅需从轨道电路取得较小功率(0.6 VA)，而大部分功率是通过局部线圈取自局部电源(6.5 VA)。在双扼流轨道电路区段平均消耗功率 20 VA，无扼流轨道电路区段平均消耗功率 30 VA。由于轨道电源消耗的功率较小，再加之 25 Hz 时钢轨阻抗值较低，所以不论功率消耗或轨道电路的传输长度来说，都具有一定优越性。

第二节　交流二元继电器的动作原理和相位选择性

一、交流二元继电器的动作原理

用于 25 Hz 相敏轨道电路的接收器采用交流二元继电器，属于交流感应式继电器，是根据电磁铁所建立的交变磁场与金属转子中感应电流之间相互作用的原理而动作的。原 JRJC-66/345 型交流二元继电器由于结构设计不合理造成卡阻，故研制了新型的 $JRJC_1$-70/240 型继电器，该继电器由带轴翼板、局部线圈、轨道线圈和接点组四大部件组成，安装在压铸铝合金支架内。活动部分采用滚珠轴承，双重防护，可靠性更高，使翼板转动灵活、耐久。

图 2—2、图 2—3 是 $JRJC_1$-70/240 型继电器的结构和接点示意图。

当该继电器通以规定频率的电流，且局部线圈电压超前轨道线圈电压的角度为 $0° < \theta < 180°$ 时，翼板抬起，使继电器的前接点闭合；当相角差为理想角时，处于最佳吸起状态；当局部线圈或轨道线圈断电时，依靠翼板和附件的重量使接点处于落下状态。

二、交流二元继电器的相位选择性

该继电器的磁系统如图 2—4 所示，它与电度表相似，局部线圈和轨道线圈相当于电度表中的电压线圈和电流线圈。

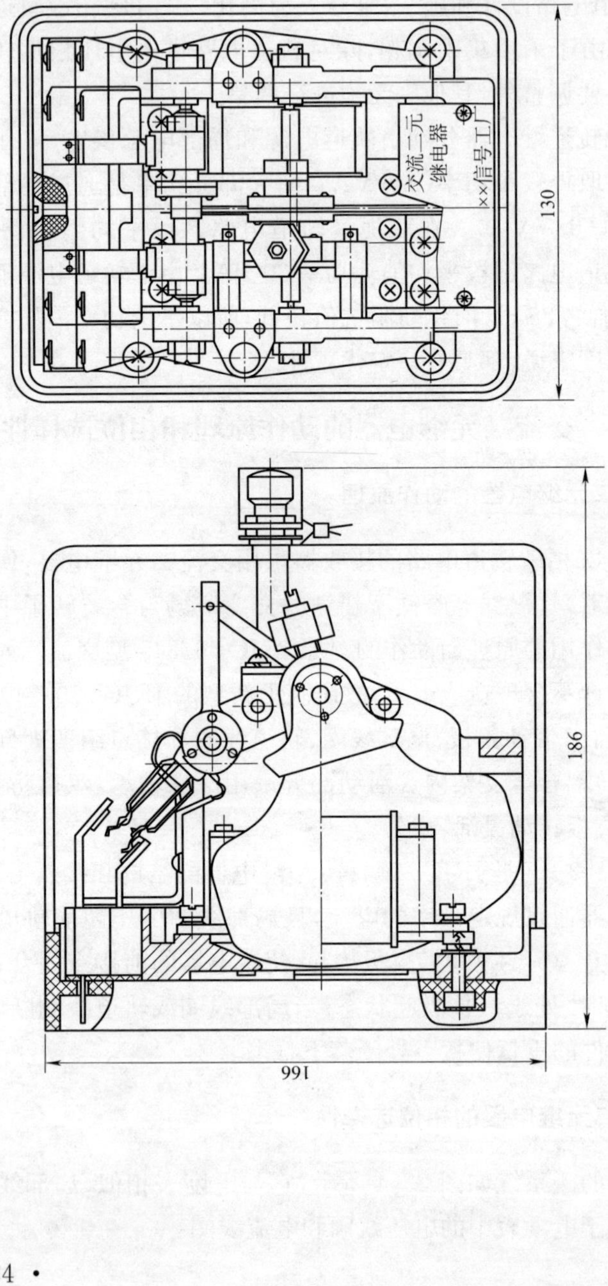

图 2—2 $JRJC_1$-70/240型继电器结构示意图（单位：mm）

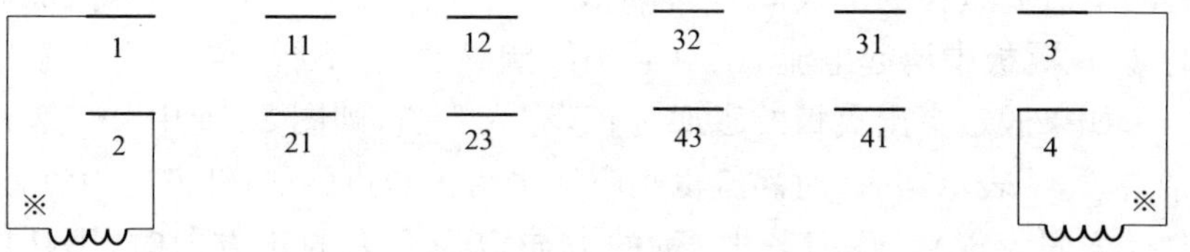

图 2—3　JRJC$_1$-70/240 型继电器接点示意图

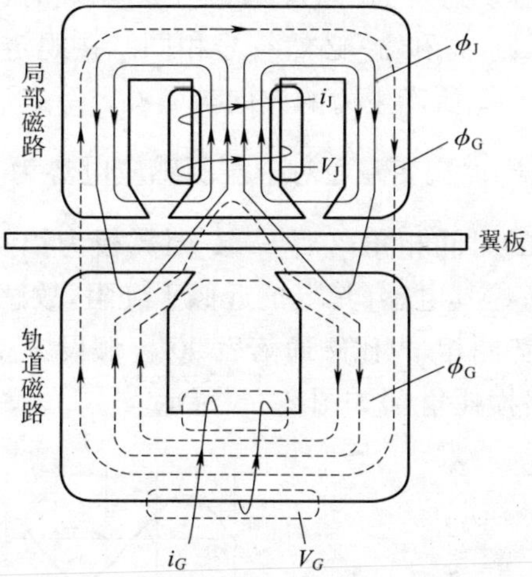

图 2—4　JRJC$_1$-70/240 型继电器的磁系统

当局部线圈和轨道线圈分别通以具有一定相差的交变电流形成交变磁通 ϕ_J 和 ϕ_G 时，磁通穿过翼板时就形成磁极 J 和 G，在翼板中分别产生感应电流，这可以看作是许多环绕磁通的电流环所组成，故可称为涡流，以 i_{wJ} 和 i_{wG} 表示，如图 2—5 所示。我们知道载流导体在磁场中所受的电磁力 F 与电流 I 和磁感应强度 B 成正比，即 F 正比于 BI，而 $B=\phi/S$，故电磁力 F 或转矩 M 与电流和磁通成正比。按左手法则，涡流 i_{wG} 和 i_{wJ} 在磁极 J 和 G 下将产生电动力 F_1 和 F_2，即轨道线圈的磁通 ϕ_G 在翼板中诱

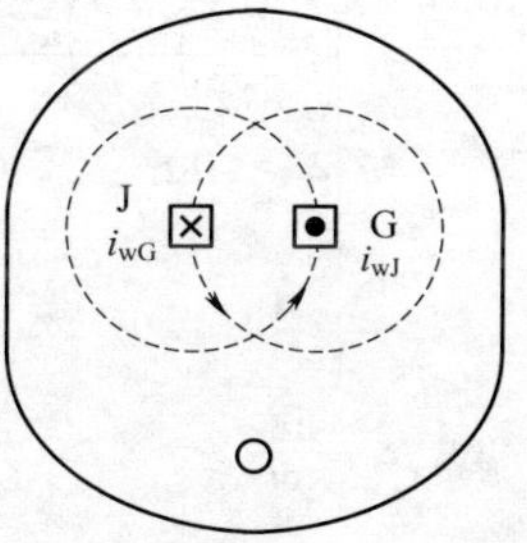

图 2—5　涡流在磁极下产生的电动力 F_1 和 F_2

起的电流 i_{wG}，在局部线圈磁通 ϕ_J 下所产生的力 F_1，和由局部线圈磁通 ϕ_J 在翼板中诱起电流 i_{wJ}，在轨道线圈磁通 ϕ_G 下所产生的力 F_2。

如果假定穿出翼板的磁通为正，穿入为负，则图 2—5 中“·”表示穿出，“×”表示穿入，对涡流也相应地定为正和负(顺时针方向为负，逆时针方向为正)。我们若把 F_1 的方向定为合力的正方向时，则从图 2—5 可以看出，若欲使 F_1 和 F_2 同方向，则必须要求 ϕ_J 和 ϕ_G 符号相反(正或负)，而两涡流方向相同，即 i_{wG} 与 i_{wJ} 均顺时针环流，或者当两涡流符号相反时，则 ϕ_J 和 ϕ_G 必然符号相同。在规定同样的正负号意义情况下，$+\phi_J$、$+i_{wG}$ 所产生力的方向与 $+\phi_G$、$-i_{wJ}$ 所产生力的方向一致，故 $\sum F=F_1-F_2$。交变磁通对单匝所感应电势为 $e=-\dfrac{d\phi}{dt}$，电势的时间相角比磁通的时间相角落后 90°。因翼板为铝质，在频率很低的情况下，可以不考虑其电感，其阻抗近似于纯阻，故感应电势所产生的涡流可视为与电势同相，也比磁通落后 90°。假设 ϕ_J 超前 ϕ_G 90°，其矢量图和曲线(忽略损耗角 α)如图 2—6 所示。

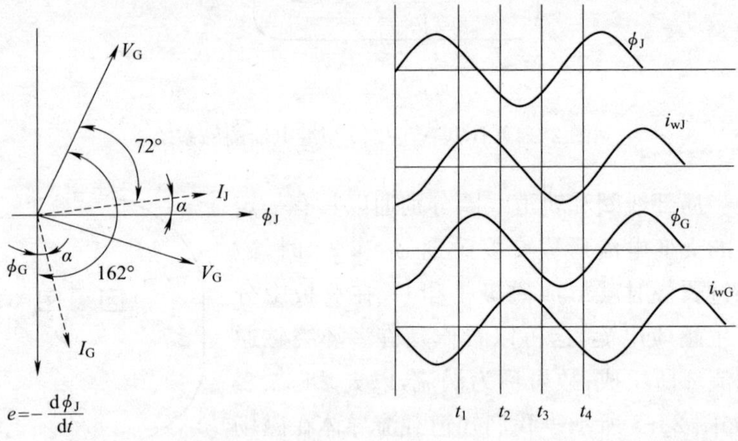

图 2—6　ϕ_J 和 ϕ_G 的矢量图和曲线

在曲线中 t_1、t_2、t_3、t_4 的瞬间，翼板受力情况如图 2—7 所示。从图中可以看出，ϕ_J 和 ϕ_G 在相差 90°的条件下，任何瞬间翼板总是受一个方向转动力的作用。

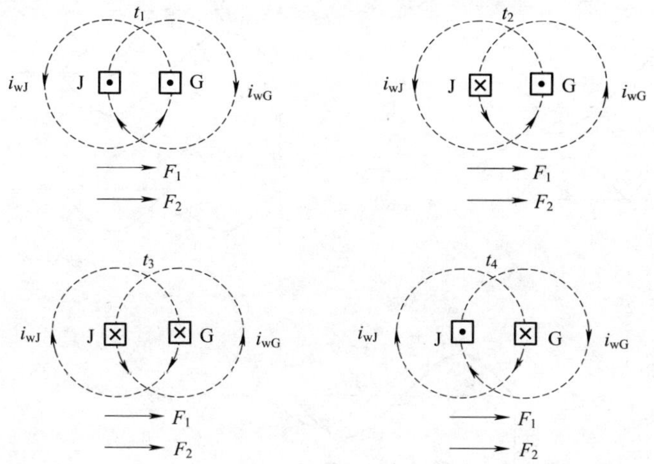

图 2—7　翼板的受力情况

当 ϕ_J 超前 ϕ_G 90°时，则在翼板上得正方向转矩；而当 ϕ_J 滞后 ϕ_G 90°时，则在翼板上得反方向转矩。如果 ϕ_J 超前 ϕ_G 不是 90°而是有一失调角（如 45°），则在翼板上正方向的转矩一部分被负方向的转矩所抵消，即在有失调角的情况下，如要得到与理想相位角时相同的转矩，则应提高轨道线圈上的供电电压。ϕ_J 与 ϕ_G 间的相差与翼板转矩关系的曲线如图 2—8 所示（仅指 i_{wJ} 在 ϕ_G 磁极下受力，而 i_{wG} 在 ϕ_J 磁力下受力未示出）。

现将有关翼板受力情况说明如下：

当局部和轨道线圈的交变磁通为同频率按正弦变化时，它们之间的相位差为 θ，设 $\phi_J=\Phi_J\sin\omega t$，$\phi_G=\Phi_G\sin(\omega t-\theta)$，则 ϕ_J 和 ϕ_G 在翼板内产生的感应电势分别为：

$$e_J=-\frac{\mathrm{d}\phi_J}{\mathrm{d}t}=-\frac{\mathrm{d}}{\mathrm{d}t}(\Phi_J\sin\omega t)=-\omega\Phi_J\cos\omega t$$

$$=\omega\Phi_J\sin\left(\omega t-\frac{\pi}{2}\right)$$

$$e_G=-\frac{\mathrm{d}\phi_G}{\mathrm{d}t}=-\frac{\mathrm{d}}{\mathrm{d}t}\left[\Phi_G\sin(\omega t-\theta)\right]$$

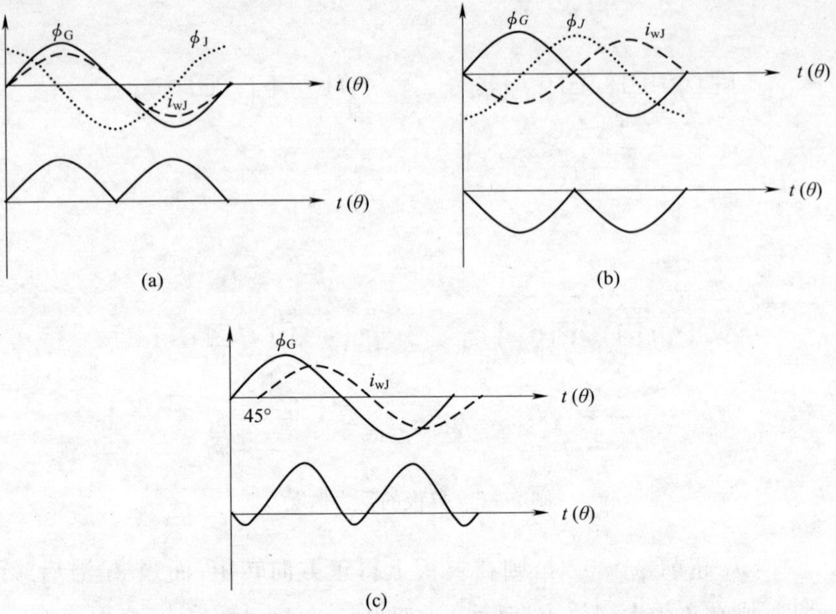

图 2—8　ϕ_J 与 ϕ_G 间的相差与翼板转矩关系

$$=-\omega\Phi_G\cos(\omega t-\theta)$$

$$=\omega\Phi_G\sin\left(\omega t-\theta-\frac{\pi}{2}\right)$$

翼板内感应电势所产生的涡流为：

$$i_{wJ}=\frac{e_J}{r}=\frac{\omega\Phi_J}{r}\sin\left(\omega t-\frac{\pi}{2}\right)$$

$$i_{wG}=\frac{e_G}{r}=\frac{\omega\Phi_G}{r}\sin\left(\omega t-\theta-\frac{\pi}{2}\right)$$

式中　r——翼板电阻。

按照安培定律：

$$F_1\ 正比于\ \phi_J i_{wG}=\frac{\omega\Phi_G\Phi_J}{r}\sin\omega t\cdot\sin\left[\omega t-\left(\theta+\frac{\pi}{2}\right)\right]$$

$$F_2\ 正比于\ \phi_G i_{wJ}=\frac{\omega\Phi_G\Phi_J}{r}\sin(\omega t-\theta)\cdot\sin\left(\omega t-\frac{\pi}{2}\right)$$

即

$$F_1 = K_1 \Phi_G \Phi_J \sin\omega t \sin\left[\omega t - \left(\theta + \frac{\pi}{2}\right)\right]$$

$$= -\frac{1}{2} K_1 \Phi_G \Phi_J \left[\cos\left(2\omega t - \frac{\pi}{2} - \theta\right) - \cos\left(\frac{\pi}{2} + \theta\right)\right]$$

同理

$$F_2 = K_2 \Phi_G \Phi_J \sin(\omega t - \theta) \sin\left(\omega t - \frac{\pi}{2}\right)$$

$$= -\frac{1}{2} K_2 \Phi_G \Phi_J [\sin(2\omega t - \theta) - \sin\theta]$$

K_1、K_2 是与继电器翼板的几何形状和材质以及角频率 ω 有关的某固定系数，一般 $K_1 = K_2 = K$。

故合力：

$$\sum F = F_1 - F_2 = -\frac{1}{2} K \Phi_G \Phi_J \cdot 2\sin\theta = -K \Phi_G \Phi_J \sin\theta$$

在一个周期内合力的平均值为：

$$F = \frac{1}{T} \int_0^T (F_1 - F_2) \mathrm{d}t = -\frac{K \Phi_G \Phi_J}{T} \int_0^T \sin\theta \mathrm{d}t$$

$$= -K \Phi_G \Phi_J \sin\theta$$

当继电器磁路不饱和并忽略磁路的铁损时，可看作电流与磁通同相位，则转矩 $M = C I_G I_J \sin\theta$。不难看出，翼板内的涡流，在产生该涡流的磁极下所产生转矩（如局部磁通在翼板中产生的涡流，在局部磁极下受局部磁通作用的力）的平均值为 $M = C I^2 \sin\theta$，因为同一电流 I，无相位差 $\theta = 0$ 故 $M = 0$。由此可知，交流二元轨道继电器的两个线圈必须接入两个具有一定相位差的同频率电源，才有可能动作。如果仅在任一线圈通电，或两线圈接入同一电源，则不论电压多高，翼板均不能产生转矩而动作。

上述转矩公式也说明：如选定图 2—7 中力 F 的方向为正方向，即 $\theta = +90°$，能使翼板转动带动接点组接通前接点；而当 $\theta = -90°$时，力 F 的方向将使翼板向反方向转动，使后接点更加闭合；当 θ 为 0°或 180°时，F 均为零。这就是交流二元继电器具有可靠的相位选择性的特点，由此可解决轨端绝缘破损防护问题。

第三节　交流二元继电器的频率选择性

一、交流二元继电器频率选择性的作用

25 Hz 相敏轨道电路用于交流电气化区段的一项重要特性，即能防止工频牵引电流的干扰。由原理图可知，轨道线圈经轨道中继变压器和扼流变压器与钢轨相连，如两根钢轨上的牵引电流不平衡，则将有 50 Hz 电压加在轨道线圈上，在有列车占用轨道电路时，该 50 Hz 电压不应使轨道继电器错误动作。

二、交流二元继电器频率选择性的实现

设局部电源的角频率为 ω，而轨道电源为 2ω，这相当于局部线圈供以 25 Hz 电流，而轨道线圈混入 50 Hz 电流，这时所产生转矩力的曲线，如图 2—9 所示，则在一个周期($T=\dfrac{2\pi}{\omega}$)内转矩力的平均值为：

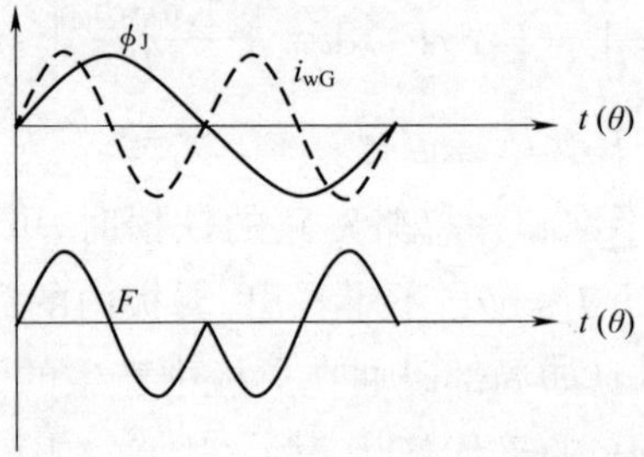

图 2—9　继电器转矩力曲线图

$$F=\frac{1}{T}K\Phi_G\Phi_J\omega\left[\int_0^T 2\sin\omega t\sin\left(2\omega t-\theta-\frac{\pi}{2}\right)dt-\int_0^T \sin(2\omega t-\theta)\sin\left(\omega t-\frac{\pi}{2}\right)dt\right]=0$$

这说明交流二元继电器的两个线圈分别供以 25 Hz 和 50 Hz 两种不同频率的电流，在一个周期(40 ms)内的平均转矩力为零。即轨道线圈混入干扰电流(在电气化区段永远存在)，与固定的 25 Hz 频率局部

电流相作用，翼板不产生转矩，不能使继电器误动。这一结论和混入的干扰磁通 ϕ_G 的大小及它的初相角 θ 无关，即无论牵引电流的波形和局部电流波形处于任何交错位置，并且混入的连续牵引电流有多大，均不能使设备误动。只有当轨道线圈流入与局部电源相同频率的电流时，翼板上的平均转矩力才能有某一固定值。

上述轨道线圈通以 50 Hz 电流，局部线圈通以 25 Hz 电流时，在一个周期内翼板的平均转矩力为零，但并非指任何瞬间均无转矩。例如前半个周期的平均转矩力为：

$$
\begin{aligned}
F'_1 &= \frac{2}{T}\int_0^{\frac{T}{2}}(F_1 - F_2)\,\mathrm{d}t \\
&= \frac{K\omega^2\Phi_G\Phi_J}{\pi}\left[\frac{3}{2}\int_0^{\frac{\pi}{\omega}}\sin(\omega t - \theta)\,\mathrm{d}t - \frac{1}{2}\int_0^{\frac{\pi}{\omega}}\sin(3\omega t - \theta)\,\mathrm{d}t\right] \\
&= \frac{8K\omega\Phi_G\Phi_J\cos\theta}{3\pi}
\end{aligned}
$$

后半个周期的平均转矩力为：

$$
\begin{aligned}
F'_2 &= \frac{2}{T}\int_{\frac{T}{2}}^{T}(F_1 - F_2)\,\mathrm{d}t \\
&= \frac{K\omega^2\Phi_G\Phi_J}{\pi}\left[\frac{3}{2}\int_{\frac{\pi}{\omega}}^{\frac{2\pi}{\omega}}\sin(\omega t - \theta)\,\mathrm{d}t - \frac{1}{2}\int_{\frac{\pi}{\omega}}^{\frac{2\pi}{\omega}}\sin(3\omega t - \theta)\,\mathrm{d}t\right] \\
&= \frac{-8K\omega\Phi_G\Phi_J\cos\theta}{3\pi}
\end{aligned}
$$

从上两式可以看出，$F'_1 = -F'_2$，前、后半个周期的数值相等，但方向相反。转矩力的变化时间为 $T/2 = 1/(2f) = 20$ ms，而惯性较大的翼板，使继电器的缓动时间约在 100 ms 以上，由于翼板的惯性跟不上转矩力变化的速率，而保持原来的位置，使继电器不致因干扰而错误动作。图 2—9 的转矩力曲线也与上述证明相符。

由于交流二元继电器具有上述频率选择性，不仅可以防止连续牵引电流的干扰，而且对于其他频率也有同样作用，当轨道线圈流入电流的频率为局部线圈电流频率 n 倍时：

$$\phi_J = \Phi_J \sin\omega t$$

$$\phi_G = \Phi_G \sin(n\omega t - \theta)$$

则：

$$e_{\rm J}=-\frac{{\rm d}\phi_{\rm J}}{{\rm d}t}=\omega\Phi_{\rm J}\sin\left(\omega t-\frac{\pi}{2}\right)$$

$$e_{\rm G}=-\frac{{\rm d}\phi_{\rm G}}{{\rm d}t}=\omega\Phi_{\rm G}\sin\left(n\omega t-\theta-\frac{\pi}{2}\right)$$

$$\begin{aligned}F_1&=Kn\omega\Phi_{\rm G}\Phi_{\rm J}\sin\left(n\omega t-\theta-\frac{\pi}{2}\right)\\&=-\frac{Kn\omega\Phi_{\rm G}\Phi_{\rm J}}{2}\left\{\cos\left[\frac{\pi}{2}-(n+1)\omega t+\theta\right]-\right.\\&\qquad\left.\cos\left[\frac{\pi}{2}-(n-1)\omega t+\theta\right]\right\}\\&=\frac{Kn\omega\Phi_{\rm G}\Phi_{\rm J}}{2}\{\sin[(n+1)\omega t-\theta]-\sin[(n-1)\omega t-\theta]\}\end{aligned}$$

$$\begin{aligned}F_2&=K\omega\Phi_{\rm G}\Phi_{\rm J}\sin(n\omega t-\theta)\sin\left(\omega t-\frac{\pi}{2}\right)\\&=-\frac{K\omega\Phi_{\rm G}\Phi_{\rm J}}{2}\left\{\cos\left[\frac{\pi}{2}-(n+1)\omega t+\theta\right]-\right.\\&\qquad\left.\cos\left[\frac{\pi}{2}+(n-1)\omega t+\theta\right]\right\}\\&=\frac{K\omega\Phi_{\rm G}\Phi_{\rm J}}{2}\{\sin[(n+1)\omega t-\theta]+\sin[(n-1)\omega t-\theta]\}\end{aligned}$$

$$\begin{aligned}F_1-F_2=\frac{K\omega\Phi_{\rm G}\Phi_{\rm J}}{2}&\{(n+1)\sin[(n-1)\omega t-\theta]-\\&(n-1)\sin[(n+1)\omega t-\theta]\}\end{aligned}$$

在一个周期(40 ms)内，在翼板上产生的合成转矩力的平均值为：

$$\begin{aligned}F'&=\frac{1}{T}\int_0^T(F_1-F_2){\rm d}t\\&=\frac{K\omega\Phi_{\rm G}\Phi_{\rm J}}{2T}\left\{(n+1)\int_0^T\sin[(n-1)\omega t-\theta]{\rm d}t-\right.\\&\qquad\left.(n-1)\int_0^T\sin[(n+1)\omega t-\theta]{\rm d}t\right\}\\&=0\end{aligned}$$

上式证明：当 n 为大于 1 的正整数时，则在一个周期内合成转矩力的平均值为零。即当轨道电流频率为局部线圈电流频率的 n 倍时，不能使翼板产生转矩力。

前半个周期合成转矩力的平均值为：

$$F'_1=\frac{K\omega\Phi_G\Phi_J}{T}\left\{(n+1)\int_0^{\frac{T}{2}}\sin[(n-1)\omega t-\theta]\mathrm{d}t-(n-1)\int_0^{\frac{T}{2}}\sin[(n+1)\omega t-\theta]\mathrm{d}t\right\}$$

后半个周期合成转矩力的平均值为：

$$F'_2=\frac{K\omega\Phi_G\Phi_J}{T}\left\{(n+1)\int_{\frac{T}{2}}^{T}\sin[(n-1)\omega t-\theta]\mathrm{d}t-(n-1)\int_{\frac{T}{2}}^{T}\sin[(n+1)\omega t-\theta]\mathrm{d}t\right\}$$

当 n 为偶数时：

$$F'_1=\frac{K\Phi_G\Phi_J}{T}\left\{\frac{(n+1)}{(n-1)}(\cos\theta+\cos\theta)-\frac{(n-1)}{(n+1)}(\cos\theta+\cos\theta)\right\}$$
$$=\frac{8n}{T(n^2-1)}K\Phi_G\Phi_J\cos\theta$$

$$F'_2=\frac{K\Phi_G\Phi_J}{T}\left\{\frac{(n+1)}{(n-1)}(-\cos\theta-\cos\theta)-\frac{(n-1)}{(n+1)}(-\cos\theta-\cos\theta)\right\}$$
$$=\frac{8n}{T(n^2-1)}K\Phi_G\Phi_J\cos\theta$$

上式证明：当 n 为偶数时，前后半个周期的合成转矩力的平均值大小相等，方向相反，故也不能使继电器误动。

同理，当 n 为奇数时：

$$F'_1=\frac{K\Phi_G\Phi_J}{T}\left\{\frac{(n+1)}{(n-1)}(-\cos\theta+\cos\theta)-\frac{(n-1)}{(n+1)}(-\cos\theta+\cos\theta)\right\}$$
$$=0$$

$$F'_2=\frac{K\Phi_G\Phi_J}{T}\left\{\frac{(n+1)}{(n-1)}(-\cos\theta+\cos\theta)-\frac{(n-1)}{(n+1)}(-\cos\theta+\cos\theta)\right\}$$
$$=0$$

即当 n 为奇数时，前、后半个周期的合成转矩力的平均值均为零，只有在前、后 1/4 周期内的平均转矩力有一固定值。

$$F''_1=\frac{K\omega\Phi_G\Phi_J}{2}\left\{(n+1)\int_0^{\frac{T}{4}}\sin[(n-1)\omega t-\theta]\mathrm{d}t-\right.$$

$$(n-1)\int_0^{\frac{T}{4}}\sin[(n+1)\omega t-\theta]\mathrm{d}t\Big\}$$

$$=\frac{(n-1)K\Phi_G\Phi_J\cos\theta}{n+1}$$

$$F''_2=\frac{K\omega\Phi_G\Phi_J}{2}\Big\{(n+1)\int_{T/4}^{T/2}\sin[(n-1)\omega t-\theta]\mathrm{d}t-$$

$$(n-1)\int_{T/4}^{T/2}\sin[(n+1)\omega t-\theta]\mathrm{d}t\Big\}$$

$$=\frac{(n-1)K\Phi_G\Phi_J\cos\theta}{n+1}$$

上式证明:前、后 1/4 周期的合成转矩力的平均值大小相等,方向相反。因此,可以说明当轨道线圈的电流频率为局部线圈的电流频率 n 倍时,则不论电压有多高,翼板均不能产生转矩,使继电器误动。

三、交流二元继电器频率选择性便于实施电码化

目前轨道电路的研究必须满足电码化的实施,国内研制的移频轨道电路的中心频率为 550 Hz、650 Hz、750Hz、850 Hz,分别为 25 Hz 的 22 倍、26 倍、30 倍、34 倍(ZPW-2000 系列、UM71 系列轨道电路的中心频率为 1 700 Hz、2 000 Hz、2 300 Hz、2 600 Hz,分别为 25 Hz 的 68 倍、80 倍、92 倍、104 倍)。从上述分析可知,当在相敏轨道电路上叠加移频机车信号信息时,即在电码化电路采用受电端发码时,当轨道电路被列车分路,一方面向轨道发送移频信号,同时也将移频信号加在轨道线圈上,由于局部线圈电流频率为 25 Hz 和交流二元继电器具有可靠的频率选择性,在轨道线圈注入移频电流时,不能使轨道继电器误动。

因相敏轨道电路叠加移频机车信号信息设备简单,工作稳定,这样就避免了电码化电路由于采用切换方式而降低轨道电路本身应具备的技术标准。同时也给在区间采用相敏轨道电路叠加移频机车信号的自动闭塞制式奠定了技术基础。国铁和地方铁路线的站内也采用了此方式。

四、交流二元继电器频率选择性可克服分频器的缺陷

交流二元轨道继电器的局部线圈和轨道线圈必须通以同频率并具

有一定相差的电流时，才能使之动作。分频器的铁芯磁路不可能完全平衡，因而磁路饱和深度不可能做到完全一致，因此在其输出回路中会有一定的偶次谐波，即在 25 Hz 回路中会含有 50 Hz 成分。而在工频交流电气化区段的轨道中，两根钢轨内的 50 Hz 牵引电流因横向、纵向阻抗不平衡而不可能相等，因此在继电器的轨道线圈中不可避免有 50 Hz 电流。翼板的转矩力 $P=K\phi_{G}\phi_{J}\sin\theta$，可化简为：

$$F=\frac{c}{f}U_{G}U_{J}\cos\beta$$

式中　c——继电器翼板的形状、材质和器材结构所决定的系数；

f——电流频率；

β——失调角；

U_{G}——轨道线圈电压；

U_{J}——局部线圈电压。

从上式可以看出，转矩力和 U_{G}、U_{J} 的乘积成正比，与电流频率成反比。当 50 Hz 时 U_{G}、U_{J} 的乘积比 25 Hz 时的 U_{G}、U_{J} 的乘积大一倍时，即可得相等转矩力。如果局部分频器的输出回路中有 50 Hz 电流，虽然数值较小，而轨道线圈中 50 Hz 电流达到一定数值时，翼板将产生转矩力，也能使前接点吸合。该继电器 25 Hz 时的工作值(均指理想相位角时，以下同)$U_{J}=110$ V、$U_{G}\leqslant15$ V，50 Hz 时 $U_{J}=220$ V，$U_{G}\leqslant15$ V。根据室内测试，当扼流变压器牵引线圈的全线圈通以 50 Hz、30 A 电流，相当于不平衡牵引电流 60 A，并且防护盒断线时，加在轨道线圈上的电压将达 280～290 V。若局部线圈供以50 Hz、7.5～8 V电压，轨道线圈供以 270～300 V并处于理想相位时，继电器的前接点刚吸合，若局部电压小于7 V，轨道电压为 0～300 V，继电器前接点不能吸合。“口”字型铁芯分频器的指标规定：25 Hz 回路中的50 Hz成分不大于 4%。局部电压为110 V时，则50 Hz成分不大于4.4 V。从上述测试结果可知，局部分频器中的50 Hz成分，能满足交流二元轨道继电器频率选择性的要求，并从指标上对其数量加以限制，且有较大余量。当采用“田”字型铁芯分频器后，25 Hz 回路内的50 Hz成分不大于 2.5%，则余量更大，两者均能保证相敏轨道电路安全可靠地工作。

第四节　防护盒在电路中的作用

HF_1-25 型防护盒是由电感和电容串联而成,并接在轨道继电器的轨道线圈上,对50 Hz呈串联谐振,相当于20 Ω电阻;对干扰电流起着减小轨道线圈上的干扰电压作用。对 25 Hz 信号电流相当于16 μF 电容,起着减少轨道电路传输衰耗和相移的作用。

一、减少 25 Hz 信号在传输中的衰耗

为了减少 25 Hz 信号电流在轨道电路传输中的衰耗,在保证轨道电路正常工作的条件下,取自轨道电路的功率应最小。如轨道线圈并联防护盒呈并联谐振时,则其总电流最小。

当轨道线圈的工作电压和工作电流分别为15 V和0. 04 A,并联防护盒时线圈阻抗角为 70°,如图 2—10 所示的向量图,有如下关系:

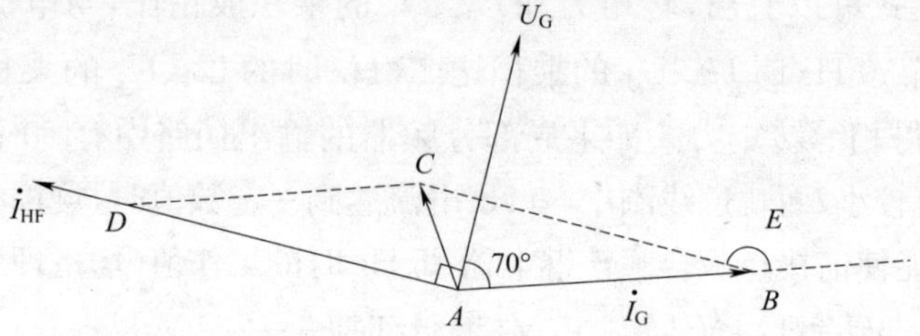

图 2—10　轨道电路的向量图

以 $\dot{I}_G$ 为相角参考点($\dot{I}_G = I_G\angle 0°$),则有 $\dot{U}_G = 15\angle 70°$,$\dot{I}_{HF}$在相位上恒导前 $\dot{U}_G$ 90°,即 $\dot{I}_{HF} = I_{HF}\angle 160°$,总电流 $\dot{I}_Z = \dot{I}_G + \dot{I}_{HF}$,$BC$ 为自 B 点平行于 $\dot{I}_{HF}$的平行线;□$ABCD$ 的对角线 AC 即 I_Z。不难看出,C 点的轨迹永远在平行线 BC 及其延长线上。图中 $\theta = 90° + 70° = 160°$,按余弦定理有:

$$I_Z^2(AC) = I_G^2(AB) + I_{HF}^2 + 2I_G I_{HF}\cos 160° = f(I_{HF})$$

上式以 I_{HF}施以微分并使其为零时,求得的 I_{HF}值即可使 I_Z 最小。

$$\frac{\mathrm{d}(I_Z^2)}{\mathrm{d}I_{HF}} = 2I_{HF} + 2I_G\cos 160° = 0$$

$$I_{HF} = -I_G\cos160°$$

从几何原理知：一个点至某直线的最短距离，即至该线的垂直距离，结合本例应是 $I_G\sin160°$，而 I_{HF} 应是 $|I_G\cos160°|$。

因为 $I_{HF}=U_G \cdot \omega C = 15\omega C$

所以 $C=\dfrac{-0.04\cos160°}{15\times2\pi\times25}=15.95\ \mu F$

因此，设计防护盒的电气参数对于 25 Hz 应接近15.59 μF。防护盒内的 0.845 H 电感与 12 μF 电容串联时的阻抗值为：

$$\dot{Z}_{HF}=j\left(\omega L-\frac{1}{\omega C}\right)=-j397.78=397.78\angle-90°\ \Omega$$

该容抗值相当于电容为：

$$C=\frac{1}{\omega\times397.78}=16.004\approx15.95\ \mu F$$

实测： $\dot{Z}_{HF}=400\angle-88°\ \Omega$

防护盒电流： $\dot{I}_{HF}=\dfrac{15\angle72°}{400\angle-88°}=0.0375\angle160°\ A$

并联后总电流：

$$\dot{I}_{总}=0.04\angle0°+0.0375\angle160°=0.0137\angle67.54°\ A$$

所以若轨道线圈不并联防护盒，轨道电路必须对轨道继电器端供给 0.04 A 电流，而并联防护盒后：该电流可减少到0.0137 A，减小了66%，就能保证正常工作，无疑轨道电路供电端送出电流随之减少，消耗功率以及传输过程中的电压衰耗也就减少。因此，并联防护盒对于 25 Hz 相敏轨道电路的任何一种类型其作用都是明显的。

二、减小 25 Hz 信号在传输中的相移

25 Hz 轨道电源屏已将轨道和局部分频器的输出进行了定相，使局部电压导前轨道电压 90°。如果轨道电路传输无相移，则加在轨道线圈上的电压与轨道分频器的输出电压同相，使继电器处于理想工作状态。如有 β 度的相移，即有 β 度失调角。为便于分析，将变压器视为理想变压器(即无铁损、铜损和不需激磁磁通)，并且用集中漏泄表示道砟电阻，无扼流轨道电路可视为图 2—11 所示的等效电路。

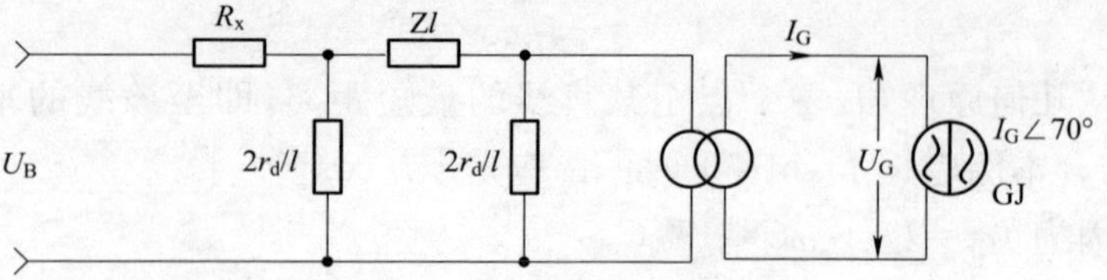

图 2—11　无扼流轨道电路的等效电路示意图

如 R_x、Z、r_d 均为感性阻抗,且幅角等于轨道线圈的阻抗角 70°时,则 U_G 与 U_B 同相,无相移。实际上 R_x 和 r_d 都是纯阻,Z 虽是感性,但较弱,约在 42°～52°范围内,所以不并接防护盒,U_G 必然要大大导前于 U_B 造成负相移。并接防护盒后,Z_G 和 Z_{HF} 的并联阻抗近似纯阻,如果 R_x、Z、r_d 又均为纯阻时,则又有 U_G 与 U_B 同相,无相移。上面已谈到 R_x、r_d 是纯电阻,而 Z 是感性阻抗,并接防护盒后将出现正相移,U_G 滞后 U_B,相移的性质及大小,可通过计算求出,它与轨道电路器材、钢轨和漏泄等特性直接有关。选用不同的器材和轨道参数,计算出的相移也不同。例如前苏联采用的参数:$Z=0.5\angle 52°\ \Omega/\text{km}$、$r_d=1.0\ \Omega\cdot\text{km}$、$R_0=2.2\ \Omega$,约在800 m长的双扼流轨道电路时,调整状态无相移。我们根据对国产器材和轨道的实测结果,所选定的参数:$Z=0.62\angle 42°\ \Omega/\text{km}$、$r_d=0.6\ \Omega\cdot\text{km}$、$R_0=4.4\ \Omega$,计算出约在1 500 m长的双扼流轨道电路时无相移。计算表明并联防护盒对相移有不同程度减少。

现以双扼流和无扼流轨道电路为例加以说明。

当 $Z=0.62\angle 42°\ \Omega/\text{km}$、$r_d=0.6\ \Omega\cdot\text{km}$、$R_0=4.4\ \Omega$(双扼流)、$l=1.5$ km时,其他器材按样机实测,用戴维南定理可分别求得双扼流化简后的等效电路,如图 2—12 所示。

当不加防护盒时,$U_G=15\angle 72°$ V、$I_G=0.04\angle 0°$ A,计算图 2—11 所示电路,可分别求得:

$$U_B=12.72\angle 30.67°\ \text{V}(双扼流)$$

$$U_B=5.73\angle 41.7°\ \text{V}(无扼流)$$

负相移为:

$$72°-30.67°=41.33°(双扼流)$$

$$72°-41.7°=30.3°(无扼流)$$

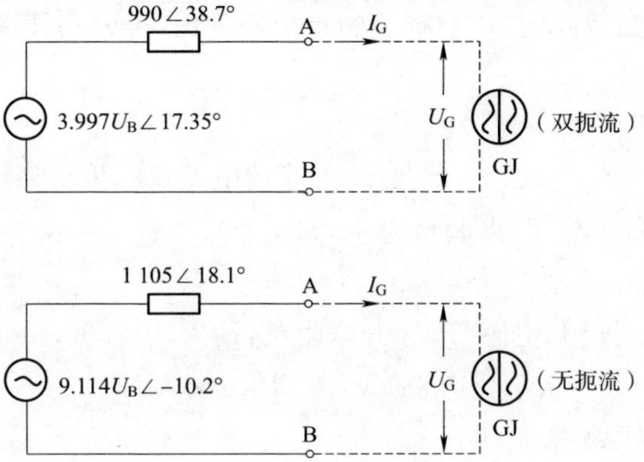

图 2—12　轨道电路的戴维南等效电路

考虑失调角后供电电压调整为：

$$U_B = 16.9\ \text{V}(\text{双扼流})$$

$$U_B = 6.6\ \text{V}(\text{无扼流})$$

并接防护盒后，以 $U_G = 15\angle 72°$ V、$I_{总} = 0.01307\ \angle 75.68°$ A代入，分别求得：

$$U_B = 6.515\angle 74.3°\ \text{V}(\text{双扼流})$$

$$U_B = 3.17\angle 92.98°\ \text{V}(\text{无扼流})$$

正相移为：

$$74.3° - 72° = 2.3°(\text{双扼流})$$

$$92.98° - 72° = 20.98°(\text{无扼流})$$

考虑失调角后供电电压调整为：

$$U_B = 6.52\ \text{V}(\text{双扼流})$$

$$U_B = 3.39\ \text{V}(\text{无扼流})$$

从上面两种情况的计算结果（继电器参数以原有器材考虑）可以看出：

① 并接防护盒后，相移减小，尤其是双扼流效果最为明显，相移从 41.33°减小到 2.3°。

② 并接防护盒后，供电电压均有显著减小，分别减小到原来的 41.33％和 51.4％。

当防护盒故障时,以双扼流轨道电路为例,可分别计算出轨道线圈上的电压:

①断线时

以 $Z_{AB}=Z_G=395\angle 72°\ \Omega$代入等效电路($U_B$ 取$6.52\angle 0°$ V)求得 $U_G=7.7\angle 41.33°$ V,失调角为 41.33°。

②电容击穿时

Z_{AB}为0.845 H电感与 Z_G 并联阻抗,约为$101\angle 85.5°\ \Omega$,代入等效电路可求出 $U_G=2.5\angle 60.28°$ V,失调角为 60.28°。

③电感短路时

Z_{AB}为12 μF电容与 Z_G 并联阻抗,约为$1\,068\angle 33.6°\ \Omega$,代入等效电路可求出 $U_G=13.5\angle 15°$ V,失调角为 15°。

$Z=0.5\angle 52°\ \Omega$/km、$r_d=1.0\ \Omega\cdot$km、$l=1.2$ km的有双扼流变压器的轨道电路进行防护盒故障试验,其试验结果列于表 2—1。

表 2—1

故障性质	继电器轨道线圈电压 V		故障时翼板状态
	故障前	故障后	
断　　线	15	6.8	↓
电容击穿	15	2.3	↓
电感短路	15	13	↑

$Z=0.62\angle 42°\ \Omega$/km、$r_d=0.6\ \Omega\cdot$km、$l=1.2$ km的计算与表 2—1 的试验结果对比,其规律是相符的。

三、减少 50 Hz 干扰电压

钢轨中50 Hz不平衡牵引电流按60 A考虑。它流过半个牵引线圈(8 匝)时所产生的干扰电压,与30 A流过全线圈时的效果相同。这是在50 Hz、30 A电流流过牵引全线圈做的试验。不并接防护盒时,交流二元轨道继电器轨道线圈上的50 Hz干扰电压可达120 V,虽不产生固定转矩,不会破坏交流二元轨道继电器的正常工作,但翼板产生颤动,对交流二元轨道继电器工作不利,也不利于测试交流二元轨道继电器上的25 Hz电压。并接防护盒后，交流二元轨道继电器上50 Hz干扰电压由120 V降低到4 V左右，这对继电器的工作和25 Hz测试影响较小，如U_G的25 Hz电压为20 V，加上50 Hz的4 V电压后，其合成电压为$\sqrt{20^2+4^2}=20.4\approx 20$ V。这是因为防护盒相当于20 Ω的短路线，它起到两个作用：一是该电阻反射到扼流变压器的牵引线圈侧的阻抗大大减小，对于恒流源性质的牵引电流来说，使输入阻抗减小到只有原来的1/4(根据实际测试)，感应到信号线圈侧的电压也小到原来的1/4；二是并在交流二元轨道继电器两端的20 Ω电阻大大小于前方匹配变压器线圈的有效电阻(包括线圈电阻和铁损造成的附加电阻)，使已经减小了的50 Hz电压绝大部分降在有效电阻上，最终加在交流二元轨道继电器两端的电压就所剩无几。

从上述防护盒的作用可以看出，当防护盒发生任何故障时，对25 Hz信号的传输衰耗和相移均加大，减小了交流二元轨道继电器翼板的吸起转矩，不可能使原来有分路检查的轨道电路，因防护盒故障而失去分路检查。同时交流二元轨道继电器有可靠的频率选择性，对50 Hz连续干扰电压不论达到多高也不能使翼板产生转矩，所以被分路的交流二元轨道继电器不会错误吸起。这在室内外的试验中已得到证明。所以防护盒可以并联方式接入电路。

第三章 97 型 25 Hz 相敏轨道电路

第一节 97 型 25 Hz 相敏轨道电路的研制内容

通过现场电气化区段站内的运营,25 Hz 相敏轨道电路逐渐暴露出一些问题,影响了铁路的日常运营;同时还存在着不能适应提速、重载运输、股道有效长延长的要求等等不足。

对于现场产生的新情况,作为一个适用性广和实用性强的轨道电路制式,就必须考虑和满足新形势下的新要求。故对它进行系统的改进研制是十分必要。为此,原铁道部科技司以 93X02B 合同号,项目名称为"25 Hz 相敏轨道电路的改进"(1997 年铁道部鉴定时更名为"97 型 25 Hz 相敏轨道电路")下达了改进研制任务,由中国铁路通信信号总公司研究设计院组织实施。

25 Hz 相敏轨道电路需改进的内容及采用的方法和措施,国内及国外均提供了大量的技术素材。北方交通大学以前所承担的"提高 25 Hz 相敏轨道电路抗干扰能力"部定课题时,已做了大量有效的工作。日、俄两国近年来对同类制式轨道电路的改进也做了不少工作,并在公开刊物上有所介绍。所有这些对该项目开展极为有利,如能对其充分利用,则改进研制工作就能做到事半功倍。在收集整理日、俄和原北方交通大学的有关资料和已取得的有关科研成果,前往北京铁路局、郑州铁路局管内实地调查运用中曾发生过的问题以及所采取相应的改进措施的基础上,采用理论和实践相结合的方法,将收集到的上述资料进行消化、分析、比较,再进行改进,即首先在理论上理解存在问题的根源,并初步分析出结果,然后辅以室内试验,通过测试数据和有关试验结果对理论分析加以证实或纠正原有的错误理解,然后根据国内外目前的运用情况,将原制式存在的技术问题和适应新情况需满足的新要求,分门别类加以统计和整理,作为改进研制的目标和重点,归纳如下:

一、冲击干扰引起轨道继电器错误动作

1. 电力机车升降弓、过电分段（即带载通过接触网的站内分区绝缘节）、开关其主断路器及其驶过结有冰凌的接触网时，都能造成对轨道电路的冲击干扰。尤其是个别区段，在现场已发现较短的道岔区段，其轨道继电器在无车占用时可能因此瞬间落下（理论分析和室内实验发现轨道继电器在落下状态由于冲击干扰也可造成其错误吸起，但现场未发生过），控制台的轨道表示灯便闪红灯，更有甚者能将已开放的信号顶回（点红灯）。以上问题在我国和原苏联现场均发生过。

2. 20 世纪 80 年代初期，北方交通大学有关部门为大秦工程做室外干扰试验时，专供试验用的电力机车在升降弓的过程中，曾试出过轨道电路失去分路检查。

二、绝缘破损防护失效造成轨道电路失去分路检查

俄罗斯某铁路局曾发现扼流变压器的牵引引接线因接触不良，当造成某一定范围值的接触电阻时，绝缘破损的防护功能便被破坏，造成轨道电路失去分路检查。

三、原设计、施工标准和器材生产中存在的不足

1. JRJC-66/345 型交流二元轨道继电器设计不合理危及行车安全

JRJC-66/345 型交流二元轨道继电器由于翼片和继电器罩的工艺设计欠妥，曾出现过有车占用时因翼片卡阻而不落下的危险情况。

2. 受电端不设扼流变压器影响轨道电路正常工作

据俄罗斯有关资料介绍和我国现场的反映，在受电端不设扼流变压器时，牵引电流对轨道继电器的干扰要比设扼流变压器时大得多。

3. 设置空扼流引起电码化工作不稳定

当轨道电路送电端实施移频电码化时，如果股道的中部设有专供车站接馈电用的扼流变压器时，机车驶过此扼流变压器之前，因钢轨内移频电流不够而发生机车信号闪灯的现象。

4. 电源屏配置不合理造成浪费

原 25 Hz 电源屏内的局部和轨道分频器的容量不配套,即局部容量过小、而轨道容量偏大,其结果是不但给工程设计选用电源屏的型号带来不便(因无法提出统一、简明的适用轨道区段数指标的设计资料),而且常出现局部容量不够,而轨道容量有富裕,只得升级选用更大型的电源屏,造成浪费。

5. 不平衡引起的问题

我国电气化铁路的钢轨接续线多采用双套塞钉式,其接触电阻值不稳定;因而设计和生产扼流变压器时,对其中点对称性均无指标要求,故产品的对称性差异很大,不对称度甚至高达 2%~3%,仅此一项便造成牵引电流的不平衡系数相当于增加 2%~3%。再加上扼流变压器引至钢轨的两根引接线一长一短,其电阻值也不相等。

综合以上各因素,造成了牵引不平衡系数的增大。北方交通大学和郑州铁路局的测试统计表明,我国大部分区段的不平衡系数超过 5%,一般为 7%~10%,有的道岔区段高达 15%~20%,有的甚至更高。这致使牵引电流侵入轨道电路设备的干扰量增大,严重时极易误动轨道继电器。

四、适应新要求需采取的措施

1. 延长股道有效长度

目前,我国铁路站内线路区段已开始将股道有效长由原来的 850 m增至1 050 m,受梯形道岔的影响,站内正线股道的实际长度已增加,可达 1 300~1 400 m,故原制式极限长度1 200 m,已不再适应新形势的需要。

2. 提速和大功率电力机车采用的需要

近年来大功率电力机车在我国被愈来愈多地采用,而且单机牵引的定数和速度也在增加,铁路列车的全面提速和某些线路区段组织开行了重载列车,致使接触网网流不断增大,流经扼流变压器的回归电流相应地也随之增大,不少区段的正线已大大超过 400 A,尤其在靠近牵引变电所附近、接吸上线的扼流变压器中点处流过的电流更大。经有关单位在襄渝线实测后，发现分别为560 A和860 A。原制式的扼流变压器只有 400 A 一种类型，显然已不能满足实际需要。

在本项目正式进行研制时，为了能最大限度地满足现场的需要和解决现场在运用过程中出现的问题，改进方案的初步设想提出后，1994 年夏季由铁道部科技司、安监司、建设司、电务局在京组织召开了方案审查会，并由北方交通大学、铁科院、北京铁路局、郑州铁路局的专家成立评审组，对上述改进方案进行了评审。最终会议通过了专题组提出的改进方案。

改进方案通过后，本着既能满足轨道电路系统指标的总要求，又要考虑便于工厂生产、为结合工程中利旧要求与原器材体积变化不能太大和造价不能过高等因素，经全面分析比较及平衡后，对器材阻抗的模值及幅角、变压器的变比等，通过计算机大量的验证计算，把计算出的可选范围值一一列出，再经优化选择，然后把最终选定的各单项技术指标的具体值交由各工厂试制。

为判别各工厂生产的器材是否符合所提指标要求，又为生产同一类型器材的不同工厂制定了统一的测试方法并分发各工厂。

原预计试点站在 1995 年一季度开通，但受多种客观因素的影响，故推迟到 1996 年 7 月才正式开通。

当为试点站使用的器材试制完成后，曾分别将各品种少量器材运到北方交通大学抗干扰研究中心，统一对扼流变压器的“对称度”及整个轨道电路的系统抗冲击干扰能力进行了试验和测试。其中，“对称度”的测试是经北方交通大学抗干扰中心认可后，由其组织进行测试；系统抗冲击干扰的试验和测试则完全按北方交通大学抗干扰中心提供的方法进行，与以往有所不同的是，这次试验本着“从严要求”原则，将系统的冲击试验改在最不利条件下进行，同时又增加了“分路状态”时的冲击试验。

第二节　97 型 25 Hz 相敏轨道电路的改进方案

一、提高绝缘破损防护性能

前面提到俄罗斯铁路曾出现因扼流变压器牵引引接线接触不良，

呈一定范围值的接触电阻时,绝缘破损的防护性能失效,轨道电路失去分路检查。他们提出用以下两个措施加以解决:

一个是将两段轨道电路在钢轨绝缘两侧分别设置双送或双受电端;另一个是轨道电路的变压器由原接扼流变压器改为直接接钢轨。

我们对此进行了综合考虑和分析,认为上述故障在我国数千公里、近 20 年的运营中尚未出现过,俄罗斯的两项改进措施给其他方面又带来不利,而且未必能彻底解决问题。

双受配置仅是将相邻轨道串过来与本区段相位相同的电压或电流的数值减少,以期最终小于落下值以达到目的,当接触电阻不增大并本区段无车占用时,仅绝缘破损一项故障时,串过来的信号电压的相位与本区段相位相反,不会产生错误的吸起转矩,只有再加上一个故障即接触电阻增大,并本区段距该绝缘超过一定距离,又有车占用时,串过来的相位经迂回后才变得和本区段相同。但如果相邻区段为一长一短,短者有车占用,当道床良好时,长区段的漏泄功率损失大大减少,所以有较大的富余功率传到受电端,故仍有可能将相邻的轨道继电器错误吸起或错误地保持不落,而且还增加了工程设计时配置送、受电端的难度。

轨道变压器一次侧直接接钢轨的方案,的确能彻底解决绝缘破损防护性能失效的问题。但我们都知道信号的安全设备应具有"故障—安全"的保证。此原则意味着要考虑公认的可能发生的故障。我们假定故障情况是扼流变压器断线,而绝缘并未破损,不难看出,原来消耗传输功率的扼流变压器不再消耗功率了,从而恶化了分路,为保证此时仍应有分路检查,在系统设计时,这势必要缩短其极限长度,而这与我们要增加极限长度的愿望显然相背,故此方案不可取。

综上所述,俄罗斯的两项措施均未被采纳。但适当采取一些改进措施仍有必要,为此,将牵引引接线改用焊接方式接向钢轨,以克服因接触电阻增大而造成绝缘破损防护性能的失效。

二、取消送或受电端不设扼流变压器的单扼流轨道电路

我国和俄罗斯铁路在运营中都发现不设扼流变压器时,轨道继电

器所受的干扰远大于设扼流变压器的区段，从而产生误动的机会也较多。为此，我们将有回归电流的轨道区段（不包括其上无接触网的区段），原不设扼流变压器的送、受电端的类型一律取消。

三、改变扼流变压器的连接方式

除将扼流变压器的牵引引接线改为焊接外，还将连向钢轨的一长一短引接线设计成等阻线，另外增加了扼流变压器中点对称度小于或等于 1%的指标要求，使由扼流变压器内部和外部连接方式造成的不平衡系数控制在 1%以内，从而使牵引电流回归系统的不平衡系数得以降低。

四、优化电源屏的配置

改进后的轨道电路，每一区段的平均传输功率为20 W，每个继电器局部线圈加并电容补偿后的功率为6.5 W，在综合单受和多受区段的比例后，一个车站的轨道区段数和轨道继电器数，按 1∶2 考虑，这样就相当于轨道分频器和局部分频器供给每一段轨道电路分别耗电20 W和13 W。将新分频器的容量由原300 W、600 W、1 400 W改为400 W、800 W、1 200 W。组成Ⅰ（PXT-800/25）、Ⅱ（PZT-1 600/25）、Ⅲ（PZT-2 000/25）、Ⅳ（PDT-4 000/25）型四种电源屏，分别适用于 20 个区段以内、20～40 个区段、40～60 个区段、60～120 个区段的车站使用。

五、改进交流二元继电器

经优化磁路设计和提高工艺设计水平后，新型交流二元继电器有三点提高：

（1）后接点压力由原0.147 N增到0.196 N。

（2）返还系数由原 0.5 增至 0.57。

（3）采取改进措施后，在结构上排除了因翼片碰撞外罩而造成卡阻的可能。

六、增加扼流变压器的类型

由原来的仅 400 A 一种扼流变压器,增加了 600 A 和 800 A、1 000 A 和 1 600 A 四种扼流变压器。400 A 供侧线区段,600 A 供正线区段,800 A 供靠近牵引变电所的区段,1 000 A 和 1 600 A 在重载区段使用。

七、增大送电端移频电码化的入口电流

固定送电端供电变压器的变比,使之与受电端匹配变压器的变比相同,由于此变比比原变比大大减少,从而改善了移频发送时的匹配特性。原供电变压器的变比高达 220/7～220/4,现改为固定变比 220/15.84。此方法除克服了原移频机车信号工作有时不稳定的缺点外,而且在不增加器材数量的基础上,将室内原变比为 1∶1 的隔离变压器,改为兼有隔离和供电双重功能的 BMT-25 变压器,调整它的输出电压可进行轨道电路的调整,调整输出的电压范围为 5～180 V。它使 25 Hz 移频电码化轨道电路的调整和测试均能集中在室内进行,便于现场调整测试和维修。

若受电端串接 4.4 Ω 的电阻,虽可提高电码化的移频入口电流,但这个电阻增加后不但增加轨道电路的传输功率,而且可能会相应地引起轨道变压器、25 Hz 电源屏的容量增大等问题。如果送电端不相应增大电阻,则由于送电端分路灵敏度的降低,与本项目延长轨道电路极限长度的要求相悖;如果送电端同时增大电阻,则所需传输功率增大,在经济上不合理,另外它还有副作用,即会使扼流变压器受冲击干扰电流的直流磁化更严重,抗干扰能力下降。

八、提高极限长度

1. 影响极限长度的主要因素

具有“一次调整”性能的轨道电路,其有关电气参数在规定的变化范围内,调整状态、分路状态、机车信号入口电流、器材过负荷等四项要求均能满足时,所能达到的最大长度称为轨道电路的极限长度。如果

超出这个极限长度，则意味着上述四项要求中至少有一项不能满足。

25 Hz 相敏轨道电路的极限长度受分路状态所限制。因分路灵敏度在不同的国家是有不同标准的，我国定为大于或等于0.06 Ω，若实际的分路灵敏度小于此值，则不能保证可靠的分路。故欲增加极限长度，首先就要优化选择有关参数，使之在原极限长度时的分路灵敏度提高到大于0.06 Ω，提高得愈多，则极限长度增加量也会愈多。

根据计算和分析可知，当其他参数不变时，分路灵敏度随长度增加而减小。当采取相应措施后，可将原极限长度时的分路灵敏度由0.06 Ω增加到大于0.06 Ω，则在原极限长度的基础上，如增加一定长度后，分路灵敏度将由大于0.06 Ω减小到等于0.06 Ω，这就是轨道电路受分路状态限制时，提高极限长度的方法。

由此可见，采取以“提高分路灵敏度”的方法，达到“提高极限长度的”目的是可行的。因为影响极限长度的主要因素就是影响分路灵敏度的主要因素。在轨道电路长度一定的情况下，分路灵敏度的大小与有关参数的关系，下面用无道床漏泄的直流轨道电路这个特例做定性分析(因未考虑道床漏泄的变化，不能做与长度的关系分析)。电路原理如图 3—1 所示。

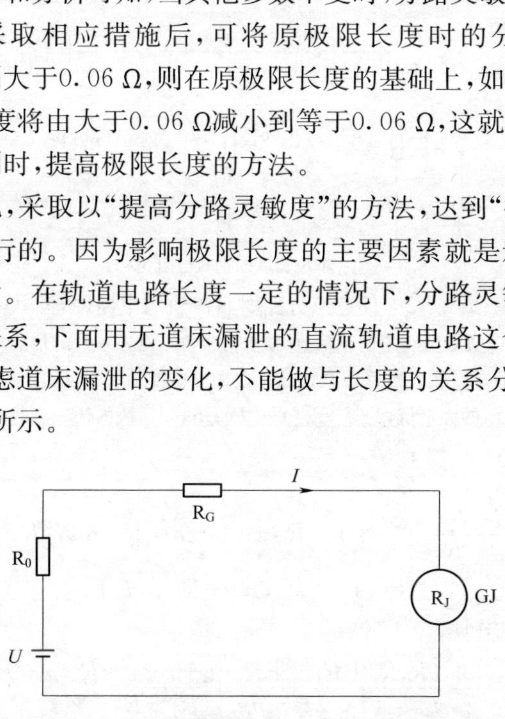

图 3—1　无道床漏泄的直流轨道电路原理图

R_0—送电端限制电阻；R_J—受电端接收器电阻；

R_G—钢轨电阻，$R_G=r\cdot l$；I—接收器工作电流；U—所需的电源电压。

为保证在区段内任一点分路时均应使接收器可靠停止工作，故要求区段内分路最不利处的分路灵敏度 R_F 大于或等于0.06 Ω，即区段的分路灵敏度 R_F 应是区段内各点分路灵敏度中的最小值。另外，为留有一定分路余量，又规定了计算轨道电路的返还系数时，一般取接收器返还系数小于 1 的倍数 n(本制式为了在最不利条件下仍有可靠的分路保证,将 n 由原制式的 0.9 减少为取 0.8)。在电源电压负波动条件下,仍应保证轨道电路空闲时接收器正常工作,而电源电压正波动条件下,也应保证有车占用时轨道电路能可靠分路,故分析计算时分路的电源电压约为调整时的$(1+2P)$倍。

区段内各点的分路灵敏度 R_{FX} 是不同的,最小的分路灵敏度所在处,可用数学分析法判明。分路灵敏度的普遍式由图 3—2 可得。

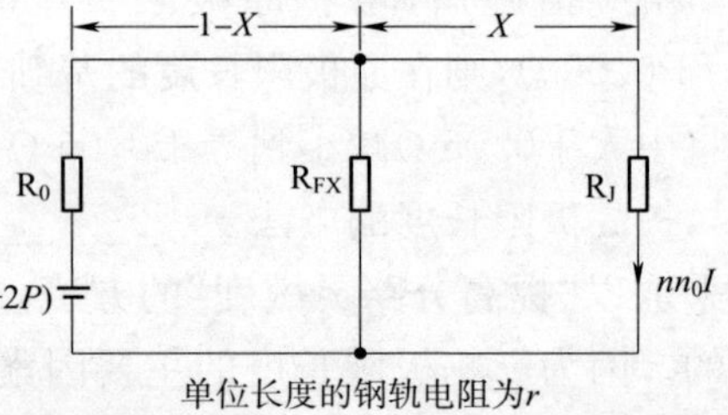

图 3—2　任意点分路时直流轨道电路原理图

n—轨道电路的返还系数(要求为接收器返还系数的倍数);

n_0—接收器返还系数;P—电源电压波动系数,$P \geqslant 0$;

U_0—电源电压的额定值,约等于 $U(1+2P)$;R_{FX}—区段内任一点的分路灵敏度。

因为有:

$$nn_0\left[\frac{I(R_J+rx)}{R_{FX}}+I\right][R_0+(1-x)r]+nn_0I(R_J+rx)$$
$$=(1+2P)(R_0+R_J+rl)I$$

经整理后可求出:

$$R_{FX}=\frac{nn_0(R_0R_J+R_Jrl+R_0rx+r^2lx-R_Jrx-r^2x^2)}{(1+2P-nn_0)(R_J+R_0+rl)}$$
$$=f(x)$$
$$\frac{dR_{FX}}{dx}=\frac{nn_0(R_0r+r^2l-R_Jr-2r^2x)}{(1+2P-nn_0)(R_J+R_0+rl)}=0$$

当 $x=\frac{R_0-R_J}{2r}+\frac{l}{2}$时,$R_{FX}$有一个极点。该极点是 R_{FX}的极大值还是极小值,可由下式判断。

$$f''(x)=\frac{d^2R_{FX}}{dx^2}=\frac{nn_0(-2r^2)}{(1+2P-nn_0)(R_J+R_0+rl)}<0$$

$f''(x)<0$ 说明 $f(x)$ 是一条凸曲线，R_{FX} 有极大值，位于 $\frac{l}{2}$ 和视入阻抗较大一端之间，R_{FX} 的曲线图形如图 3—3 所示。

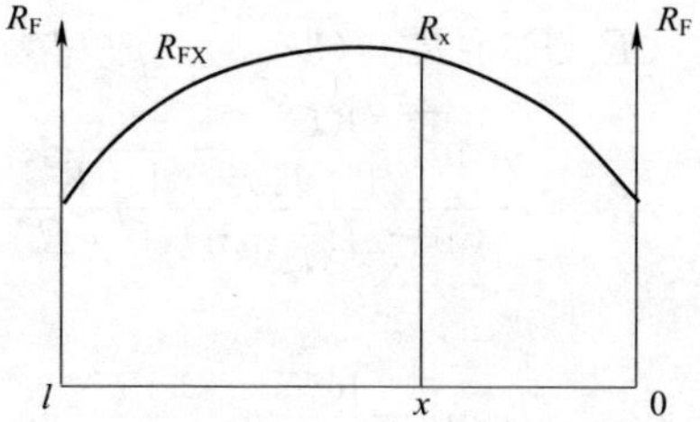

图 3—3　轨道电路的分路灵敏度曲线图

由 R_{FX} 的曲线可知，最小的 R_{FX} 必是两个端点之一（即送电端或受电端）。

为满足调整状态，有：

$$U=I(R_0+R_G+R_J) \tag{3—1}$$

受电端分路时电压方程为：

$$\left(\frac{nn_0 IR_J}{R_{FJ}}+nn_0 I\right)(R_G+R_0)+nn_0 IR_J$$
$$=(1+2P)I(R_J+R_0+R_G)$$

整理后得受电端分路灵敏度：

$$R_{FJ}=\frac{nn_0(R_J R_0+R_J R_G)}{(1+2P-nn_0)(R_0+R_J+R_G)} \tag{3—2}$$

同理，可得送电端分路灵敏度：

$$R_{F0}=\frac{nn_0(R_J R_0+R_0 R_G)}{(1+2P-nn_0)(R_J+R_0+R_G)} \tag{3—3}$$

由式(3—2)和式(3—3)可知：

$R_0>R_J$ 时，$R_{F0}>R_{FJ}$，$R_F=R_{FJ}$

$R_0<R_J$ 时，$R_{F0}<R_{FJ}$，$R_F=R_{F0}$

$R_0=R_J$ 时，$R_{F0}=R_{FJ}$，$R_F=R_{F0}$

设送、受电端视入阻抗之和为某固定值 C，$R_0=KR_J$

则有　　$R_0=\frac{KC}{1+K}$，$R_J=\frac{C}{1+K}$

当 $K=1$ 时，$R_0=R_J$，$R_F=R_{F0}=R_{FJ}$，此时的 R_F 为：

$$R_F=\frac{n_0 n\left(\frac{C^2}{4}+\frac{C}{2}R_G\right)}{(1+2P-n_0 n)(C+R_G)} \tag{3—4}$$

当 $K<1$ 时，$R_0<R_J$，$R_F=R_{F0}$，(3—3)式改写为：

$$R_F=R_{F0}=\frac{n_0 n\left[\frac{KC^2}{(1+K)^2}+\frac{KC}{1+K}R_G\right]}{(1+2P-n_0 n)(C+R_G)} \tag{3—5}$$

当 $K>1$ 时，有：

$$R_F=R_{FJ}=\frac{n_0 n\left[\frac{KC^2}{(1+K)^2}+\frac{C}{1+K}R_G\right]}{(1+2P-n_0 n)(C+R_G)} \tag{3—6}$$

令式(3—4)、(3—5)、(3—6)的 R_F 分别为 R_{F1}、R_{F2}、R_{F3}，则有：

$$R_{F1}-R_{F2}=\frac{n_0 n}{(1+2P-n_0 n)(C+R_G)}\times\left(\frac{(1-K)[C^2(1-K)+2CR_G(1+K)]}{4(1+K)^2}\right)>0$$

$$R_{F1}-R_{F3}=\frac{n_0 n}{(1+2P-n_0 n)(C+R_G)}\times\left(\frac{(1-K)[C^2(1-K)-2CR_G(1+K)]}{4(1+K)^2}\right)>0$$

由上述结果可知，当 R_0+R_J 固定时，$R_0=R_J$ 能得到最大的 R_F。为取得较好的分路效果，故一般将轨道电路送、受电端的视入阻抗选成相近似的值。

则此时的分路灵敏度：

$$\begin{aligned}R_F&=\frac{n_0 n}{(1+2P-n_0 n)(C+R_G)}\left(\frac{C^2}{4}+\frac{C}{2}R_G\right)\\&=f(n_0,P,C)\end{aligned}$$

现进一步分析 R_F 与 n_0、P、C 三者的关系，则有

$$\frac{\partial R_F}{\partial n_0}=\frac{n(1+2P)\left(\frac{C^2}{4}+\frac{C}{2}R_G\right)}{(1+2P-n_0 n)^2(C+R_G)}>0 \tag{3—7}$$

$$\frac{\partial R_F}{\partial P}=\frac{-2n_0 n\left(\frac{C^2}{4}+\frac{C}{2}R_G\right)}{(1+2P-n_0 n)^2(C+R_G)}<0 \tag{3—8}$$

$$\frac{\partial R_F}{\partial C}=\frac{n_0 n\left(\frac{C^2}{4}+\frac{R_G{}^2}{2}+\frac{C}{2}R_G\right)}{(1+2P-n_0 n)(C+R_G)^2}>0 \qquad (3—9)$$

从式(3—7)至式(3—9)可知：R_F 是 n_0 和 C 的增函数；R_F 是 P 的减函数。即 n_0 和 C 增大时，R_F 也增大；P 减小时，R_F 却增大。

2. 采用的技术措施

有了上一节的分析结果，便能准确、有效地采取相应措施，从提高分路灵敏度的方法入手，以达到提高极限长度目的。我们采取了以下几项措施，现分述如下：

(1)优化受电端接收器即交流二元继电器的工艺设计，把它的返还系数由原 0.5 增加到 0.55。

(2)提高送电端的视入阻抗，将送电端限制电阻由原2.2 Ω增加到4.4 Ω；将受电端匹配变压器的变比由原 16.67 降为 13.89。

(3)通过分频器的设计改进，将 25 Hz 分频器的 25 Hz 输出电压的允许波动范围，由原来的±5%减少到±3%。

采取上述第(2)项措施有如下两个目的：

①改善轨道电路的分路效果，使 $R_{F0}\approx R_{FJ}$，从而能提高 R_F。

②在 R_{F0} 接近 R_{FJ} 的基础上，将相应的视入阻抗值增大，以期取得更大的分路灵敏度。如原来扼流变压器信号侧的送、受电端视入阻抗值分别为2.2 Ω和3.68 Ω，两阻抗值之和为5.88 Ω，两阻抗值相差 67%，改进后送、受电端的视入阻抗值分别为4.4 Ω和5.05 Ω，两阻抗值之和增加到9.45 Ω，而送、受电端两视入阻抗值相差减少到 15%。

通过以上几项改进措施，最终能将极限长度由原制式的1 200 m提高到1 500 m。

九、提高系统抗干扰能力

以往在做 25 Hz 相敏轨道电路的有关试验时，已证实加上稳定的干扰电流时，其抗干扰能力很强，曾以 50 Hz 不平衡电流100 A加在相应的试验电路中时，交流二元轨道继电器不误动。但当进行 50 Hz 电流接通、断开的冲击干扰试验时，不平衡电流只有 5～10 A时，就能使调整状态的轨道继电器瞬间落下,电流再增大也能使分路状态的轨道继电器离开后接点,甚至瞬间吸起。经分析抗干扰能力相差悬殊的根本原因在于其性质不同。一个是处于稳态状态,而另一个却存在过渡过程。冲击干扰时,回路状态分别是从无电到有电(接通接触网)和从有电到无电(断开接触网),在牵引回路和继电器回路内均产生过渡电流。欲提高抗冲击干扰能力,应对可能产生误动的原因、方式以及牵引电流的过渡过程进行较全面的分析,并辅以试验手段加以证实。为此先将轨道电路的电原理图和变压器铁芯有直流磁化时的影响介绍于下。将各种变压器以铁芯损失和理想变压器(忽略铜损)表示的方式等效后,25 Hz 相敏轨道电路的电原理可如图 3—4 所示。

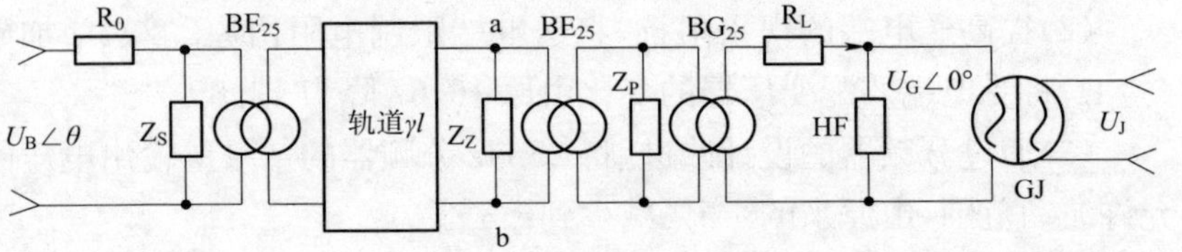

图 3—4　25 Hz 相敏轨道电路电原理等效图

U_B—送电端供电电压;R_0—限制电阻;Z_S—送(始)端扼流变压器的激磁阻抗;
γ—轨道电路四端网传输常数;l—轨道电路长度;Z_Z—受(终)端扼流变压器的激磁阻抗;
Z_P—匹配变压器的激磁阻抗;R_L—电缆电阻;HF—防护盒;θ—U_B 比 U_G 导前的角度,即失调角;
GJ—轨道继电器;U_G—轨道线圈电压;U_J—局部线圈电压;BE_{25}—扼流变压器;
BG_{25}—轨道变压器,在送电端时为电源变压器,在受电端时为中继变压器。

当电路内其他参数不变时,有下列关系:

$$U_G = f(Z_S, Z_Z, Z_P)$$

$$\theta = f(Z_S, Z_Z, Z_P)$$

由电磁学原理可知,当有不同大小的直流电流磁化铁芯电感时,其电感值将随直流磁化电流的增大而减少,磁化曲线如图 3—5 所示(B 为磁感应强度;H 为磁场强度)。

图 3—5 中,I_0 无直流磁化,$I_1 \sim I_5$ 直流磁化电流依次增大。轨道继电器误动的表现方式为:

(1)调整状态时,轨道继电器瞬间落下;

(2)分路状态时,轨道继电器后接点瞬间离开甚至吸起。

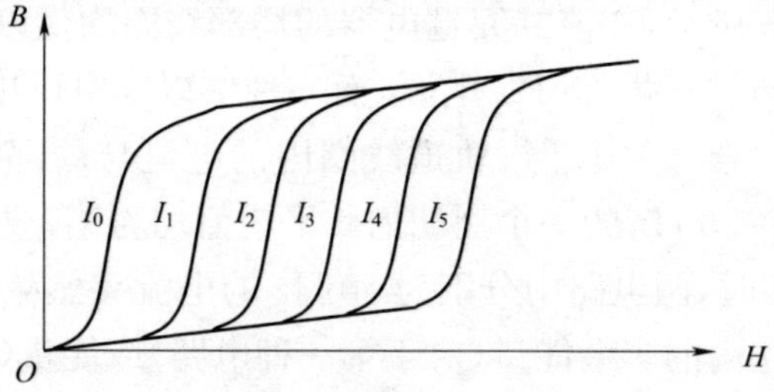

图 3—5　直流电流磁化铁芯时磁化曲线

现将产生误动的原因分述如下：

1. 轨道继电器产生误动的原因

(1)调整状态时落下

①防护盒和轨道线圈内的 50 Hz 能量是由侵入的牵引干扰电流供给的，如果供给的能量突然大幅度减少甚至停止供给，磁能不能保持，而当有放电回路时电能也不能保持，回路内多余或原存的能量将通过“轨道线圈—防护盒”的闭合回路进行释放，因该闭合回路为近似 25 Hz 的谐振槽路，故以 25 Hz 衰减振荡的方式释放其能量。当该振荡电流的初相角导前局部电流时，产生使继电器翼片向下的转矩，可能造成其瞬间落下。由于瞬间落下需在继电器已吸起的条件下反映，由单项试验验证时比较困难，而瞬间吸起是在 25 Hz 残压很低，甚至为零的前提下产生的，易于用试验验证。曾做过图 3—6 所示的两种试验。

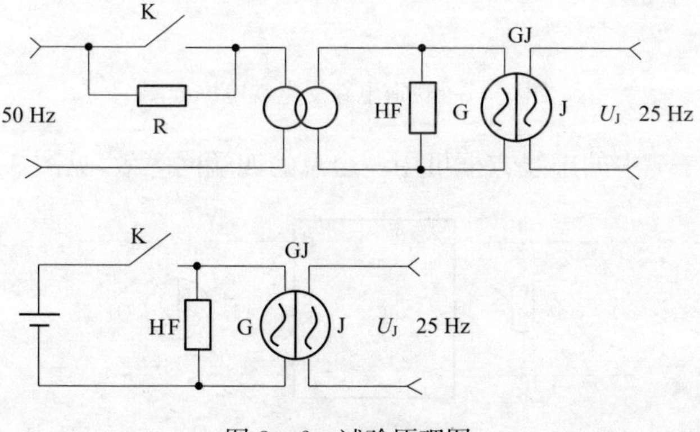

图 3—6　试验原理图

如图 3—6 所示,交流二元继电器的局部线圈均供以 25 Hz、110 V 电源,轨道线圈均不供 25 Hz 电源,而一种供以 50 Hz 电源,另一种供以直流电源,闭合开关 K 时,轨道线圈内的电流与局部线圈内的电流产生的转矩,在 25 Hz 的一个周期内其平均值均为零,故 GJ 都不吸起。当断开开关 K 时,两电路中分别为 50 Hz 的电流突然减少和直流停止供电,谐振槽路内的多余能量(对于第一种电路)或能量(对于第二种电路)均将产生接近于 25 Hz 的衰减振荡,由于断开 K 的时机不同,振荡电路的初相角也不同,故产生的转矩方向和大小也不同:有时断开 K 后,继电器无反应;有时断开 K 后,又能见到翼片向下转动;有时还能见到翼片向上略有转动;当然有时还能试出继电器瞬间吸起。通过这一组单项试验证明,由于防护盒衰减振荡时,能产生方向不同、大小不同的转矩,使其在调整状态时瞬间落下。

②扼流变压器和轨道变压器的激磁阻抗变化与继电器电压 U_G 的关系分析如下。以受电端扼流变压器的激磁阻抗为例,由前面的轨道电路电原理图 3—4 中的 a、b 处,如图 3—7 所示。

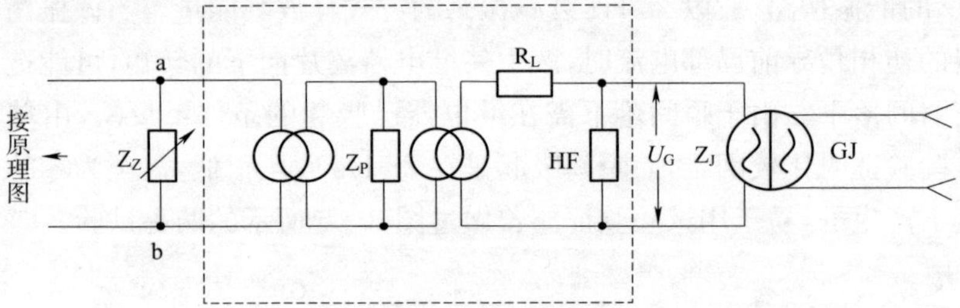

图 3—7　轨道电路受电端电原理图

图 3—7 中的虚线方框可用一个总的四端网等效,见图 3—8。

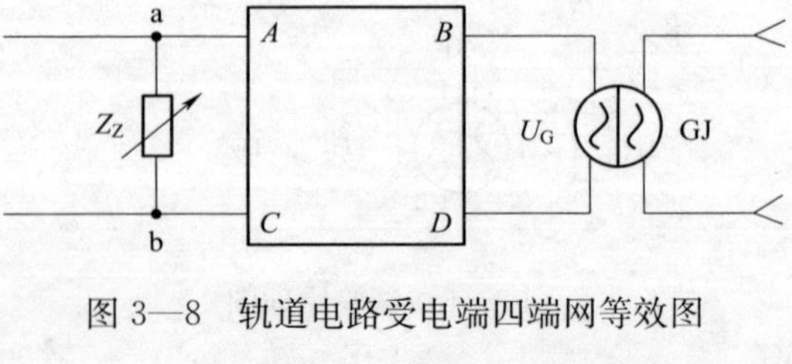

图 3—8　轨道电路受电端四端网等效图

则有

$$U_{ab}=AU_G+B\frac{U_G}{Z_J}=U_G\left(A+\frac{B}{Z_J}\right)$$

$$U_G=\frac{1}{A+\dfrac{B}{Z_J}}\cdot U_{ab}$$

即 U_G 正比于 U_{ab}。

U_G 随 U_{ab} 的变化作性质相同的线性变化，U_{ab} 与 Z_Z 变化的关系可用戴维南定理的等效电路进行分析。其等效电路见图 3—9。

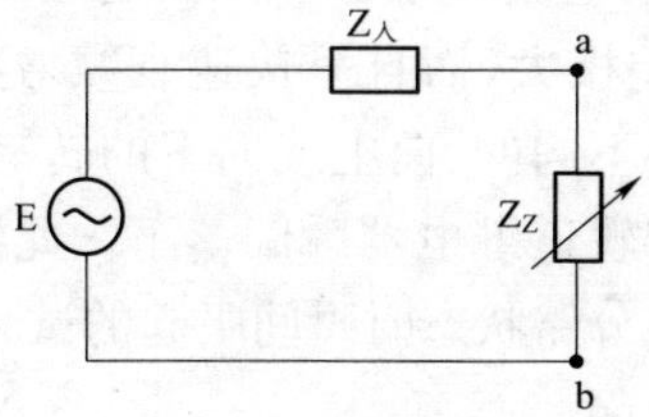

图 3—9 轨道电路受电端戴维南等效图

E—等效电路的电源，其电压为 Z_Z 未接入时的 U_{ab} 值；

$Z_入$—等效电路的电源内阻，是电原理图 3—4 中 Z_Z 未接入时的 Z_{ab}，其值为由 ab 两点间从该电路左方视入的阻抗与从其右方视入的阻抗的并联值。

$U_{ab}=\frac{E}{Z_Z+Z_入}\cdot Z_Z=f(Z_Z)$，当仅讨论 Z_Z 变化对 U_{ab} 的影响时，$\frac{\partial U_{ab}}{\partial Z_Z}=\frac{EZ}{(Z_入+Z_Z)^2}>0$，$U_{ab}$ 是 Z_Z 的增函数，说明 U_{ab} 随 Z_Z 的减少而减少，也就是 U_G 随 Z_Z 减少而减少。

同理可知

$$\frac{\partial U_G}{\partial Z_P}>0,\frac{\partial U_G}{\partial Z_S}>0$$

调整状态时，如因有直流磁化，Z_S、Z_Z、Z_P 都会减小，引起 U_G 也降低，当 U_G 降低到小于继电器的保持值时，则 GJ 落下。所以说当有冲击干扰电流时，它的直流成分（将在以后说明直流成分的产生原因）引起了扼流变压器铁芯直流磁化，使其激磁阻抗减小，U_G 降低、而使 GJ 落下。这种造成误动的原因也需用试验加以证实。

因衰减振荡也能使轨道继电器落下,故在试验时需将回路内的防护盒摘除(使之产生不了 25 Hz 的衰减振荡),临时采用三相 50 Hz 调相器对轨道和局部分频器的 50 Hz 输入电压进行调相,使它们最终加在局部线圈上的 25 Hz 电压导前加在轨道线圈上的 25 Hz 电压 90°,使继电器处于理想相位后吸起并保持。用开关闭合的方式,将 50 Hz 干扰电压加入到轨道回路进行试验,在扳动开关时,也能试出在闭合情况下轨道继电器瞬间落下。此时排除了因衰减振荡造成轨道继电器瞬间落下的因素。

③轨道线圈流入的电流如非 25 Hz,而是近似 50 Hz 电流,但它的正、负半波的幅值相差极大,而且呈快速衰减,这种电流与局部的 25 Hz 电流仍能产生大小不同的、向上或向下的转矩,当转矩的量较大且方向向下时,也能造成轨道继电器瞬间落下。此误动原因难以在调整状态时得到证实,但在分路状态时瞬间吸起的试验中已证实。

(2)分路状态时吸起

①接通及断开干扰电流的瞬间,25 Hz 谐振槽路内多余的能量作 25 Hz 的衰减振荡,当与局部的 25 Hz 电流产生向上转矩时,则能使轨道继电器瞬间吸起。在前面的单项试验中已得到证实,而联调试验时也能使 GJ 瞬间吸起。不过干扰电流加入时误动的机会很少,而干扰电流断开时误动较易发生。

②当出现上述(1)之③中那种电流时,因轨道线圈内电流 i_G 与局部线圈电流 i_J 在一个很短的时间内,其平均转矩不为零,即

$$\frac{1}{T}\int_0^T i_G i_J \,\mathrm{d}t \neq 0$$

当产生向上的转矩时,能使继电器瞬间吸起。为用试验法加以证实,必须排除①所述原因也使 GJ 吸起的混淆,故进行冲击试验时,把产生①原因的防护盒摘除后虽未试出 GJ 吸起,却可试出其翼片轻微向上转动,致使 GJ 的后接点断开。因为试验电路中用的替代机车主变压器的 BG_1 信号变压器,在冲击时尚未达深饱和状态,故冲击激磁电流的强度和变化都不够大,所以由冲击干扰产生的平均转矩很小,只能使 GJ 后接点断开,而无力使 GJ 吸起。这里所指的关于幅值相差极大、衰减又很快、且近似 50 Hz 的电流 i_G,将在下面介绍。

(3)变压器合闸时的冲击电流

变压器空载时的等值电路如图 3—10 所示。

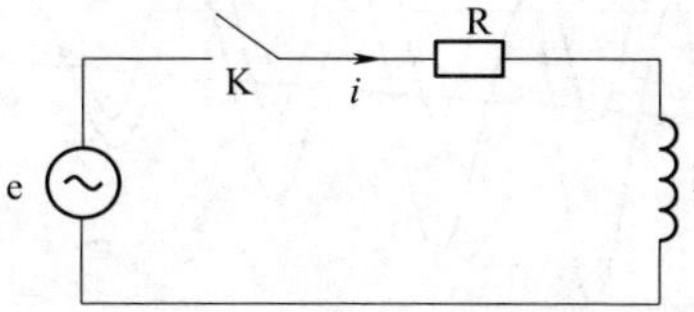

图 3—10　变压器空载时的等值电路图

R—变压器铜损和外线电阻之和;L—变压器激磁电感;

e—50 Hz 电源,其瞬时值为 $E\sin(100\pi t+\theta)$,θ 是其初相角。

当开关 K 合闸时,电路内将产生过渡电流 i,它由强制电流 i_Q 和自由电流 i_Z 组成。强制电流的表达式为:

$$i_Q=\frac{E\sin(100\pi t+\theta-\beta)}{\sqrt{R^2+(100\pi L)^2}},\beta=\arctan\left(\frac{100\pi L}{R}\right)$$

自由电流的通用表达式为

$$i_Z=Ae^{-\frac{R}{L}t}$$

则 $i=i_Q+i_Z=\dfrac{E\sin(100\pi t+\theta-\beta)}{\sqrt{R^2+(100\pi L)^2}}+Ae^{-\frac{R}{L}t}$

当刚合闸时,$t=0$,电感内电流不能突变,故 $i(0)=0$,则

$$i(0)=\frac{E\sin(\theta-\beta)}{\sqrt{R^2+(100\pi L)^2}}+A$$

故
$$A=\frac{-E\sin(\theta-\beta)}{\sqrt{R^2+(100\pi L)^2}}$$

令
$$\frac{E}{\sqrt{R^2+(100\pi L)^2}}=I_M$$

则有

$$i=I_M\sin(100\pi t+\theta-\beta)-I_M\sin(\theta-\beta)e^{-\frac{R}{L}t} \qquad (3—10)$$

当 $|\theta-\beta|=n\pi+\dfrac{\pi}{2}$ 时(n 是正整数),i_Z 幅值最大,即等于 I_M($t=0$ 时)。此时 i、i_Q、i_Z 的波形如图 3—11 所示。

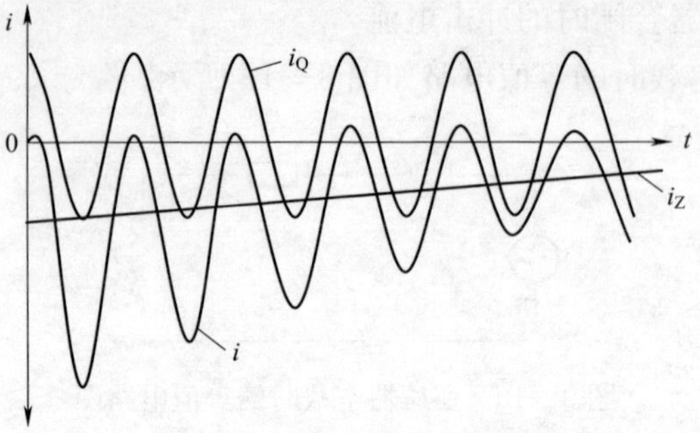

图 3—11　变压器合闸时冲击电流的成分图

由图 3—11 可知,当电感为线性时,在 $\theta-\beta=\frac{\pi}{2}$ 时,其过渡电流 i 的最大峰值约为强制电流峰值的两倍。当激磁电流增加到额定值两倍时,该变压器铁芯的磁化曲线早已进入深度饱和区,故其电感量减小,这又将引起回路内电流增大,使铁芯更加饱和,电感量更小,电流更大……这样的过程使回路内电流的增大实有雪崩之势。故任何变压器(也包括机车主变压器在内)在 $\theta-\beta=\frac{\pi}{2}$ 时,合闸的冲击电流实际波形如图 3—12 所示。

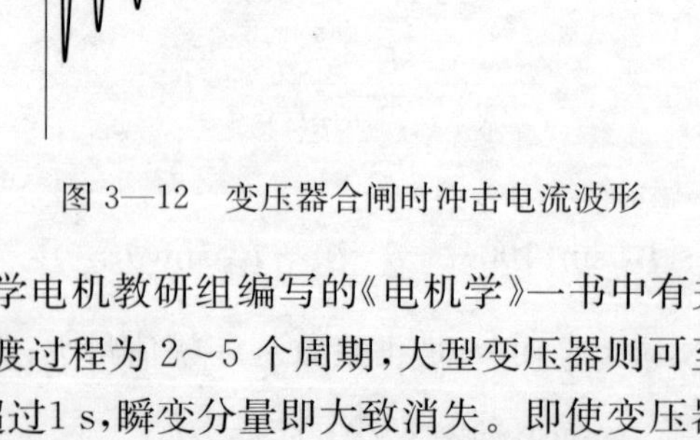

图 3—12　变压器合闸时冲击电流波形

据清华大学电机教研组编写的《电机学》一书中有关章节介绍:小型变压器的过渡过程为 2～5 个周期,大型变压器则可至 10 个周期以上,但一般不超过1 s,瞬变分量即大致消失。即使变压器空载时,其合闸的最大冲击激磁电流超过它稳态激磁电流的几十倍到百余倍，可达变压器额定电流的6～8倍。

变压器非空载时的冲击输入电流与空载时基本相同，这是由室内试验得知的。北方交通大学现场实测电力机车主变压器的波形与我们室内所测的 BG_1 型变压器冲击电流的波形基本一致，如图 3—12 所示。

由图 3—12 可看出，变压器的冲击电流有三个特点：

一是量大，比稳态时的强制电流大几十倍（空载）或 6～8 倍（满载）；

二是过渡过程中正、负半波的幅值相差几十倍，故有很大的直流成分；

三是过渡过程中正半波的幅值由小变大直至稳态值，虽变化速度与负半波同样快，仅几个周期，但幅值变化的绝对值很小，而负半波则是由大变小，最终也是变到稳态值，但其幅值变化达数十倍。实则变压器是一个非线性元件，而由非线性电感形成的上述冲击电流我们尚未找到它的数学模型，为便于分析冲击电流产生的误动转矩，下面暂按线性电感做些定性分析。

由式（3—10）可知，在 25 Hz 的两个周期（时间 $T=0.08$ s）内，若干扰电流角速度为 2ω，局部磁通角速度为 ω，I_G、I_J 分别代表轨道线圈和局部线圈内的电流峰值，P 代表干扰电路中的 R/L，K 代表继电器固有的结构系数，则冲击干扰电流在翼片中感应出的涡流与局部磁通按左手定则产生的平均转矩 M 为：

$$M=\frac{KI_J I_G}{0.08}\cdot\int_0^{0.08}\left[2\omega\sin\left(2\omega t+\theta-\beta-\frac{\pi}{2}\right)+P\sin(\theta-\beta)e^{-pt}\right]\sin\omega t\,dt$$

又当 $\theta-\beta=\frac{\pi}{2}$ 时

$$M=\frac{1}{0.08}KI_G I_J\int_0^{0.08}\left[2\omega\sin 2\omega t+Pe^{-pt}\right]\sin\omega t\,dt \qquad (3—11)$$

一般变压器的激磁阻抗幅角为 75°左右，牵引电流为 50 Hz，则 $\frac{R}{L}$

$=\frac{100\pi}{\tan75^\circ}\approx84$,即 $P\approx84$。

由式(3—11)可求出具体的 M 值:

$$M=\frac{KI_{\mathrm{G}}I_{\mathrm{J}}}{0.08}\int_0^{0.08}(100\pi\sin100\pi t+84\mathrm{e}^{-84t})\sin50\pi t\mathrm{d}t$$

$$=\frac{KI_{\mathrm{G}}I_{\mathrm{J}}}{0.08}\Big[-\frac{1}{2}\int_0^{0.08}100\pi\cos150\pi t\mathrm{d}t+$$

$$\frac{1}{2}\int_0^{0.08}100\pi\cos50\pi t\mathrm{d}t+84\int_0^{0.08}\mathrm{e}^{-84t}\sin50\pi t\mathrm{d}t\Big]$$

因为,前两项的积分为零,故只有

$$M=\frac{84K_{\mathrm{G}}I_{\mathrm{J}}}{0.08}\int_0^{0.08}\mathrm{e}^{-84t}\sin50\pi t\mathrm{d}t$$

由积分表 $\int\mathrm{e}^{au}\sin nu\,\mathrm{d}u=\frac{\mathrm{e}^{au}(n\sin nu+a\cos nu)}{a^2+n^2}$

以 $a=-84$,$n=50$ 代入,则

$$M=\frac{84KI_{\mathrm{G}}I_{\mathrm{J}}}{0.08}\times\frac{1}{84^2+(50\pi)^2}\times$$

$$\left|\mathrm{e}^{-84t}(50\pi\sin50\pi t-84\cos50\pi t)\right|_0^{0.08}$$

$$\approx2.776\,6KI_{\mathrm{G}}I_{\mathrm{J}} \tag{3—12}$$

若轨道线圈通以 25 Hz 信号电流,其峰值为 I_{X},比局部线圈电流滞后 90°,则在0.08 s内的平均转矩为

$$M=\frac{50\pi KI_{\mathrm{G}}I_{\mathrm{J}}}{0.08}\int_0^{0.08}\sin50\pi t\mathrm{d}t\approx78.5KI_{\mathrm{G}}I_{\mathrm{J}} \tag{3—13}$$

需说明的几个问题:

①式(3—12)中的自由电流最大值是按线性电感考虑,仅以稳态电流的峰值计算,实际上冲击电流最大时为稳态满载电流的 6~8 倍,故轨道线圈流入的冲击电流产生的冲击干扰平均转矩应比式(3—12)的值大 6~8 倍,即(16.7~22.2)$KI_{\mathrm{G}}I_{\mathrm{J}}$。交流二元继电器轨道线圈的工作值为 0.039 A,如果串到轨道线圈的冲击干扰电流大于等于 0.14 A(0.039×78.5/22.2)时,它产生的干扰转矩足能使交流二元继电器误动。SS_4 型和8 K电力机车的总功率均为6 400 kW,一次侧额定电流为380 A,如在供电臂始端,则将超过380 A,如以 400 A 考虑、牵引

电流不平衡系数按 10%计，则不平衡电流值为40 A，经扼流变压器和受电端轨道变压器串入电缆内为40/(6×15)＝0.44 A。尽管与轨道线圈并联的防护盒，对 50 Hz 呈串联谐振，能短路绝大部分的电流，但前面已谈到，冲击电流在过渡过程时，并非 50 Hz 的正弦电流，防护盒并不起原来的短路效果，所以轨道线圈从0.44 A的总电流中分配到0.14 A是可能的。我们曾在匹配变压器至交流二元继电器之间的电缆中串一个 50 Hz 的并联谐振槽路，试图以此能减少串到电缆内的干扰电流，但试验表明：虽对 50 Hz 稳定干扰的效果极为明显，但对冲击干扰并无效果。由此可见 50 Hz 的串联谐振也起不到短路冲击电流的作用。

②自由电流的初始值为 $I_M\sin(\theta-\beta)$，当 $\theta-\beta=\pi/2$ 时为正值 I_M，$\theta-\beta=3\pi/2$ 时为负值 I_M，所以式(3—12)中的平均转矩应为 $\pm 2.766KI_GI_J$，它说明了干扰转矩既可能导致错误吸起，也可能导致错误落下。

③冲击电流瞬间很大的原因是机车主变压器已进入饱和区或深度饱和区，它不会传到主变压器的二次侧，但对于扼流变压器而言，它并未饱和，因只有牵引不平衡电流产生激磁磁通并将能量传到信号侧(由室内试验看出扼流变压器牵引侧的冲击电流波形能完全照样地传到信号侧)，所以牵引冲击电流的特殊波形便能串入轨道继电器。

图 3-13 所示是现场测试升弓时冲击电流整体波形，图 3-14 所示是现场测试升弓时冲击电流整体波形中截取 1 s 的波形。由此可证明，与我们上面的分析相同。

2. 轨道继电器误动的分类和综合分析

为便于叙述，先将一些名词做如下简化：

· 将电力机车升弓、降弓、过电分段及其驶过结有冰凌的接触网时，造成的机车主变压器接向和断开接触网，简称为“升弓”和“降弓”；

· 将冲击电流侵入轨道线圈后，其特殊波形的电流与局部线圈的 25 Hz 电流能在极短时间内(1 s)产生向上或向下的转矩，简称为“干扰转矩”；

· 接通和断开产生冲击电流的干扰后，由防护盒和轨道线圈组成

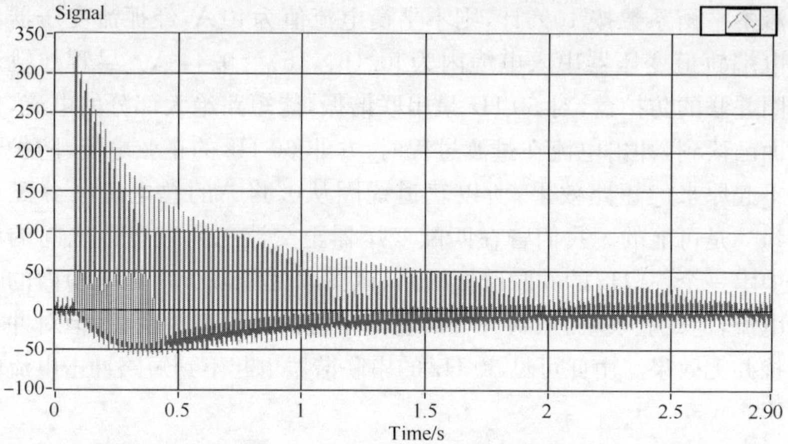

图 3—13　升弓时冲击电流整体波形

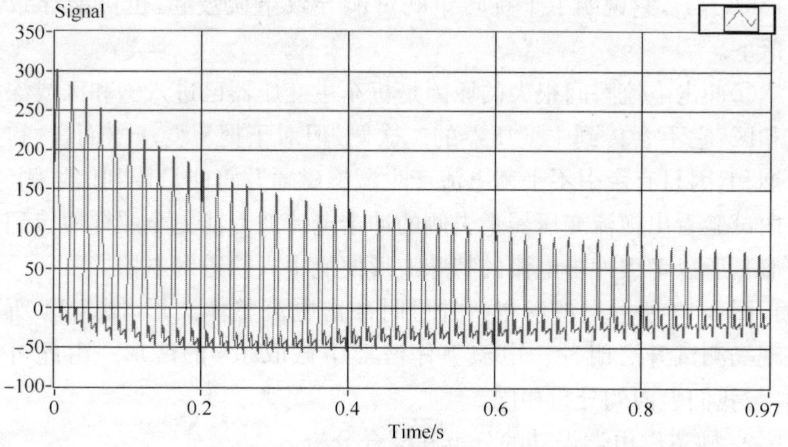

图 3—14　升弓时冲击电流整体波形中截取 1 s 的波形

的 25 Hz 谐振槽路多余的能量放电时,形成 25 Hz 衰减振荡,该振荡产生的近似于 25 Hz 的电流与局部线圈的 25 Hz 电流产生向上或向下的转矩,简称为“放电转矩”;

·将冲击电流在扼流变压器轨道变压器中产生直流磁化和 50 Hz 磁化时,使轨道继电器端电压降低和失调角增大,简称为“磁化减少转矩”。

轨道继电器误动的机理综合分析如下：

(1)调整状态时由于以下原因使其瞬间落下

①升弓时：

“干扰转矩”；

“放电转矩”；

“磁化减少转矩”。

②降弓时：

“放电转矩”；

(2)分路状态时由于下述原因瞬间吸起

①升弓时：

“干扰转矩”；

“放电转矩”。

②降弓时：

“放电转矩”向上吸。均造成轨道继电器瞬间后接点离开甚至前接点吸起。

(3)误动转矩的分类和根源

误动的根源是由于轨道电路设备内被侵入了稳定的和冲击的牵引电流，侵入的电流干扰了轨道电路的正常工作，简称“干扰电流造成误动”。

干扰电流侵入后，它以“干扰转矩”、“放电转矩”、“磁化减少转矩”等三种方式造成误动。这三种方式有共同点也有不同点，共同点都是影响继电器的转矩；不同点是前两种方式都是干扰电流与局部线圈电流产生转矩后，改变了继电器的总转矩，而第三种方式则是干扰电流本身并不与局部电流产生转矩，而是由于改变了电路中某些设备元器件的参数，使原工作转矩减少，故第三种方式只在调整状态时起作用，而前两种方式在调整和分路状态均能起干扰作用。

三种干扰方式可归纳分成两类：

第一类对调整和分路状态均起干扰作用，干扰的方式是干扰电流与局部电流产生干扰转矩；

第二类只对调整状态起干扰作用，干扰的方式是改变了电路的

25 Hz 参数,造成原工作转矩减少。

3. 采取的改进措施

前面已分析过误动的根源是轨道电路内侵入了干扰电流,一旦干扰电流侵入后就有两类共三种方式会改变继电器的转矩,或使之减少或使之方向相反,结果都会造成轨道继电器误动。从理论上考虑,一般可采取两种办法解决:

第一种是防止干扰电流侵入;第二种是即使在侵入了干扰电流后,采取适当措施以保证不让它改变继电器的转矩。

但实际上该两种办法都难以做到。首先,因为牵引电流的不平衡系数不可能做到等于零,也就是说干扰电流的侵入是不可避免的;其次,前述的"磁化减少转矩"也不能完全排除。

根据以上的客观现实,我们的思路是采取"综合治理"的方式对该制式进行改进:首先,设法尽可能减少干扰电流的侵入量;其次,在干扰电流侵入后,设法使其少起一些干扰作用;另外,侵入的干扰电流若能造成轨道继电器误动,则设法让其误动的后果不能影响其他信号设备或电路。通过以上设想,最终达到在系统上提高抗冲击干扰的目的。专题组采取如下具体措施予以解决:

(1)减少不平衡系数

牵引电流的不平衡系数受多方面因素影响,其中属于信号设备产生的,就是扼流变压器的中性点对称性差,及其两根牵引引接线的电阻值由于一长一短的原因而使电阻不相等,使其接向钢轨时造成纵向不对称。因原制式对扼流变压器的中性点对称性无要求,故该类产品的中性点对称性实际上无法保证,有的相差 2%~3%,如再加一长一短两根引接线的影响,仅扼流变压器和它的连接方式可能就会造成不平衡系数 5%左右。为此在器材的设计指标上增加了新扼流变压器的"对称度小于或等于 1%"的规定;引接线改用"等阻线"等。同时在工程施工中,要求接触网地线接向钢轨时,埋入地中的部分需将外皮与地绝缘,在郑州铁路局襄渝线整治工程中已证明效果显著,在整治后,同一区段的不平衡系数由原 8%~10%降到了 2%以内。不平衡系数的减少就能使干扰电流的侵入减少。

除此以外，尚有另一种方法也能减少干扰电流的侵入量，该侵入量的大小除取决于不平衡电流的大小外，尚取决于负载阻抗反射到扼流变压器牵引侧时，与扼流变压器激磁阻抗的对比程度。因负载的反射阻抗和扼流变压器激磁阻抗两者呈并联关系接入带有不平衡电流的牵引回路，流入激磁阻抗中的电流用以建立磁通，流入反射阻抗中的电流进行能量交换，将这一部分的能量以磁能的形式传到扼流变压器的信号侧，再以电流的形式串入室内设备。这两种电流按并联电路的电流分配原则进行分配，若增大负载的反射阻抗，就能将更多的电流推向激磁阻抗支路，而自己分得较小的电流，即可减少侵入电流。对于稳态的 50 Hz 牵引电流只需在信号侧串入一个 50 Hz 的并联谐振槽路即可达此目的。但对于牵引电流干扰的冲击，前面已谈到，加 50 Hz 并联谐振槽路的方法无效。只有在轨道电路受电端加串电阻才能起作用，但这个电阻增加后不但增加轨道电路的传输功率，而且可能会相应的引起轨道变压器、25 Hz 电源屏的容量增大等问题。如果送电端不相应增大电阻，则前面已分析过，由于送电端分路灵敏度的降低，不利于需要增加极限长度的新要求，如果送电端也增大电阻，则功率损失更大，在经济上更是不合适，另外它还有副作用，即会使扼流变压器受冲击干扰电流的直流磁化更严重，所以此法不可取。综上所述，我们仅采取减小不平衡系数的方法以达到减少侵入量的目的。

(2)减少干扰电流对转矩的影响

前面曾谈到，干扰电流改变轨道继电器转矩的方式有两类，理论上解决第一类的方法有以下两个：

①改变防护盒的谐振频率，把原来与轨道线圈构成的近似于 25 Hz 的谐振槽路，即将其谐振频率改为远离 25 Hz，当多余能量作衰减振荡时，因其频率远离 25 Hz，故可利用交流二元继电器具有的频率选择特性(即只有两个线圈流入相同或相近的频率电流时，才可能有固定转矩使之吸起)，使其产生不了干扰转矩。但这和设置防护盒的原意不符，设计成现有的能产生 25 Hz 谐振的防护盒，其原意之一是为了得到理想的补偿，使传输功率大大减少和失调角也能减少。如将谐振频率改成距 25 Hz 较远，则引起轨道电路传输功率的增加程度将比上面所说

的加串电阻的方式还要多,估计将多几倍到十几倍,故没有采用这种方法。

②在轨道线圈接向室外前,加串一个滤波器,将非 25 Hz 电流拒之门外,即不让冲击干扰电流进入轨道线圈,从而使之产生不了“干扰转矩”。考虑到需增加器材,因此可能会提高工程造价,所以也没有采用此方法。

为什么此两种方法没有被采用,当然还有一个更主要的原因,这就是它们都只能解决第一类的干扰问题,而第二类的问题依然无法解决。

我们考虑到第一类方式造成的误动时间很短,在 20 世纪 80 年代,北京铁路局曾统计过,交流二元轨道继电器瞬间落下的时间多在0.3 s以内,而日本有关资料曾介绍过冲击电流的直流成分能延续1 s左右。为此我们吸取了国内、外有关的成功经验,即将扼流变压器铁芯加开气隙,减少其直流磁化时的 25 Hz 阻抗变小的程度,使轨道线圈电压值降低得少一些,降低后的电压值仍高于保持值而不落下。

变压器铁芯所开气隙大,抗直流磁化的能力强,但在铁芯的体积、材质均相同的前提下,25 Hz 阻抗就小得多。前面已分析到视入阻抗低时的分路灵敏度差,不利于增加极限长度,为了不使扼流变压器的阻抗减少,所以只在扼流变压器铁芯上开两个0.2 mm的气隙。当有9 A直流磁化时,无气隙时 25 Hz 阻抗降到 45%,而加气隙后,只降到86%;有12 A直流磁化时,无气隙为 35%,有气隙为 73%。如果直流磁化小于6 A,加气隙后阻抗基本不降低,而不加气隙则降为 57%。开两个0.2 mm气隙后,其 25 Hz 阻抗值能满足轨道电路传输系统对它的要求。

新研制的扼流变压器加开气隙后,对于6 A以下的直流磁化,因其25 Hz 阻抗基本不变,则 GJ 端电压也基本保持不变;9 A时阻抗虽下降了 14%,估计 GJ 端电压虽也降低,但不致误动;如直流成分进一步增大,GJ 可能要落下。但国内尚未见到有关冲击电流中的直流成分的介绍。

据日本 1982 年的有关资料介绍,在仙山线试验段和北陆本线,曾发现电力机车过电分段时产生的冲击电流中,直流成分高达80 A。但资料未进一步介绍该电力机车的额定功率和电流，故无法知道冲击干扰的总电流与80 A直流的比例关系，但该资料谈到了站内股道最长为500 m。按一般经验可知，其股道有效长可能在 350～400 m之间，牵引定数约为我国的一半左右，简单地推论，我国的冲击干扰总电流将比日本大一倍，则我国的直流成分可能也将比80 A大一倍（即160 A）。对于某些短的道岔区段而言，不平衡系数可达 10%，相当于有16 A的直流侵入扼流变压器，新扼流变压器虽加开了气隙，也可能承受不了16 A的直流磁化而造成 GJ 落下。但考虑到直流成分是由自由电流产生的，而自由电流的衰减是很快的，一般不超过1 s，即从16 A降到6 A的时间更短；又考虑到站内联锁电路中使用的轨道条件是二元轨道继电器的复示继电器，如果将此复示继电器改成缓放型，使它能在 GJ 瞬间落下的时间内保持缓放不落，使轨道电路系统并没有因此影响站内联锁的正常使用。同时也附带解决了第一类干扰造成瞬间落下的问题。如果再把此复示继电器增加缓吸功能，则又能解决第一类干扰中造成分路时瞬间吸起的问题。

因此，最后确定将轨道复示继电器改为新研制的安全型缓动继电器，它具有0.8 s±0.1 s的缓放（考虑最短道岔区段为37 m，单机轴距最小为11 m，160 km/h速度占用区段的最短时间为1.08 s）和0.4 s±0.1 s的缓吸。新方案采取扼流变压器加气隙、轨道复示继电器改缓动的两项措施后，1996 年一季度在北方交通大学进行了轨道电路系统抗冲击干扰试验，其抗干扰能力从原来的 5～10 A增加到 60～70 A（因受实验条件所限，室内实验只能做到这样大）以上。同时在花果站进行试点，据现场反映运营效果良好，控制台上再未发现闪红光带。为此郑州铁路局又将此方案使用在陇海线的徽县、华山（原孟塬）等站，改造运用后，使原来经常闪红光带的某区段，再未出现过闪红光带的现象，深受现场欢迎。

第三节 轨道电路传输性能的计算和室内试验

一、轨道模拟盘及其误差分析

轨道电路的参数实际上是均匀分布参数，从理论上说，集中参数完全能等效于分布参数,故在计算和室内联调时,可用专设的轨道模拟盘,以集中参数的形式加以模拟。当以 π 型方式等效时,等效电路如图 3—15 所示。

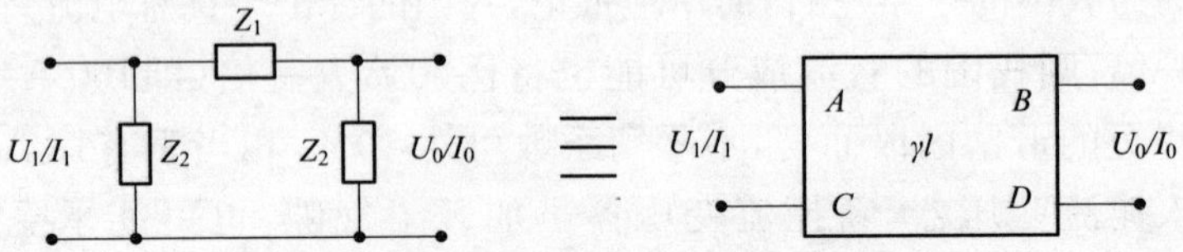

图 3—15 钢轨的集中参数和分布参数等效电路

分布参数有:

$$U_1 = AU_0 + BI_0 = \mathrm{ch}\gamma l \cdot U_0 + Z_C \mathrm{sh}\gamma l \cdot I_0$$

集中参数有:

$$U_1 = A'U_0 + B'I_0 = \left(1 + \frac{Z_1}{Z_2}\right)U_0 + Z_1 I_0$$

等效的条件是:$A' = A, B' = B$

根据无源四端网具有 $AD - BC = 1$ 的特性,又因轨道电路四端网为对称型,有 $A = D$,故无源对称四端网只有 A、B、C 三个系数。如果 $A' = A$ 和 $B' = B$,则必然有 $C' = C$。两个未知数 Z_1 和 Z_2 可由 $A' = A$ 及 $B' = B$ 两个方程解得。

$$Z_1 = Z_C \mathrm{sh}\gamma l \quad , \quad Z_2 = \frac{Z_C \mathrm{sh}\gamma l}{\mathrm{ch}\gamma l - 1}$$

按马克劳林级数

$$f(x) = f(0) + f(0)x + f''(0)\frac{x^2}{2!} + \cdots + f^n(0)\frac{x^n}{n!}$$

$$\mathrm{sh}\gamma l = 0 + \gamma l + 0 + \frac{(\gamma l)^3}{3!} + 0 + \frac{(\gamma l)^5}{5!} + \cdots$$

$$\mathrm{ch}\gamma l = 1 + 0 + \frac{(\gamma l)^2}{2!} + 0 + \frac{(\gamma l)^4}{4!} + \cdots$$

当 $|\gamma l| \leqslant 0.6$ 时,它的高次方再除以高次阶乘后的值就更小,因它为收敛级数,若只取级数的前三项,则有:

$$\mathrm{sh}\gamma l \approx \gamma l \quad , \quad \mathrm{ch}\gamma l \approx 1 + \frac{(\gamma l)^2}{2!}$$

根据 $\gamma=\sqrt{Z_G/r_d}$ 及 $Z_C=\sqrt{Z_G\cdot r_d}$，则有：

$$Z_1\approx Z_G\cdot l\quad,\quad Z_2\approx\frac{2r_d}{l}$$

根据以上分析和推论，25 Hz 模拟盘的 Z_1 和 Z_2 就按上式设计。其中 $Z_G=0.62\angle 42°\ \Omega/\text{km}$，$r_d=0.6\ \Omega\cdot\text{km}$。它由每节为500 m的模拟单元共三节组成，可分别进行500 m、1 000 m、1 500 m三种不同轨道电路长度的模拟试验。其中：

$$Z_1=0.31\angle 42°\ \Omega,\ Z_2=2.4\ \Omega$$

因设计时就是取的近似值，即使不考虑制造时产生的误差，在理论上也已存在一定的误差，故对此误差大小的计算和分析是十分必要的，它是判别该模拟盘能否应用的根据。

现将其单项误差（Z_1 和 Z_2）、系统误差（指通过它传输后，电压和电流所产生的误差）计算如下。将误差分别以模值的百分数和幅角的度数表示：

单项误差：Z_1　3.0%，　1.61°

Z_2　1.6%，　0.81°

以输出端为1 V和1 A举例，输入端所需电压和电流分别以 U 和 I 表示，不同条件下的误差值见表 3—1。

表　3—1

条件和电量		均匀分布传输	模拟盘传输	误差情况
500 m	U　V	1.363∠13.14°	1.358∠14.49°	0.4%，　1.35°
	I　A	1.959 5∠3.32°	1.969 8∠4.12°	0.5%，　0.8°
1 000 m	U　V	2.07∠26.27°	2.056∠26.78°	0.7%，　0.51°
	I　A	3.323∠10.36°	3.345∠11.54°	0.7%，　1.18°
1 500 m	U　V	3.28∠38.19°	3.244∠38.24°	1.1%，　0.05°
	I　A	5.405∠19.22°	5.44∠20.33°	0.7%，　1.11°

由表 3—1 看出：模值最大误差不超过 1.5%，角度误差不超过 1.5°，这样小的误差在工程中是完全可用的。

二、计算和联调实测时的对比

联调电路如图 3—16 所示。

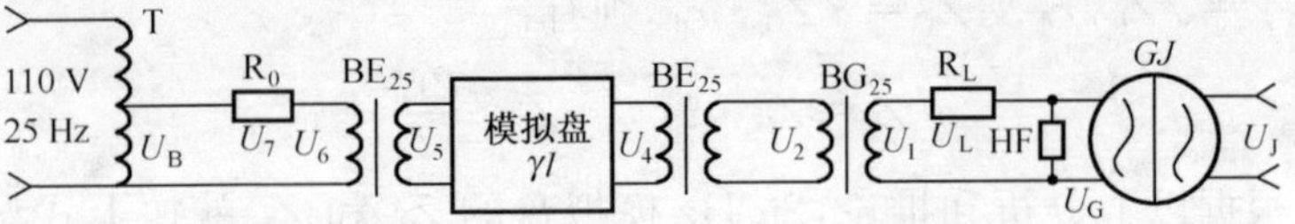

图 3—16　轨道电路室内联调电路图

轨道参数：$Z_G=0.62\angle 42°$，$r_d=0.6$，$l=1\,500$ m。

R_0 为限制电阻，R_L 为电缆电阻(100 Ω，单芯使用时为2 km)，U_G 工作值为15 V，U_G 可靠落下值为8.25 V，轨道电路要求分路时 U_G 小于等于6.6 V。

计算时各扼流变压器和轨道变压器的激磁阻抗，在调整状态和分路状态时取同一值，该值是按调整状态的电压为工作点时测试而得。本制式的极限长度为1 500 m，由于模拟盘各节均有误差，故长者比短者更为不利(长者有累积误差)，而分路灵敏度也是长者比短者不利，故只进行了1 500 m的计算和联调，对比结果见表 3—2。

表 3—2

项目 电压 V	调整状态		受电端分路		送电端分路	
	计算值	实测值	计算值	实测值	计算值	实测值
U_G	15.3	15.08	4.37	3.68	5.02	4.2
U_L	1.48	1.55	0.42	0.43	0.49	0.5
U_1	16.6	16.5	4.75	4.04	5.46	4.65
U_2	1.22	1.28	0.35	0.32	0.4	0.37
U_4	0.42	0.44	0.12	0.11	0.14	0.13
U_5	1.74	1.76	2.11	2.16	0.34	0.34
U_6	5.47	5.5	6.57	6.65	1.25	1.49
U_7	5.22	5.1	4.92	4.76	8.49	8.24
U_B	10.1	10.1	10.15	10.15	9.73	9.73
U_B 导前 U_G	21.9°	19.5°	21.01°	21.1°	19.75°	20.5°
U_{Gmax}	37.57	38.5				

由对比结果可得如下结论：

(1)各点电压的计算和实测值基本相近,尤其是调整状态,电压相差不超过 5%,由此可见计算和试验都是可信的,并可间接说明试制的模拟盘有较高的精度。

(2)计算和实测相差超过 15%的情况,产生在分路状态。

U_G 和 U_B 的关系可用一个总的四端网代表,如图 3—17 所示。

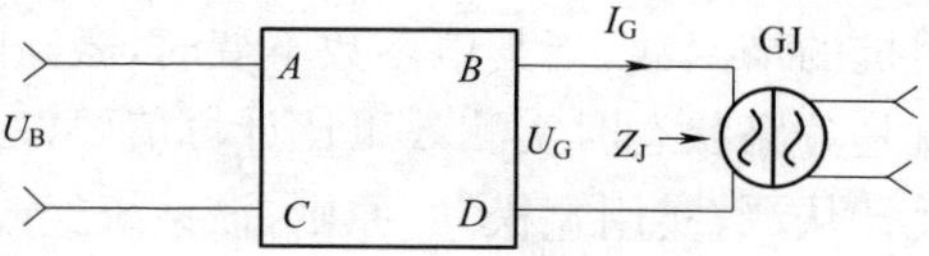

图 3—17　轨道电路的等效电路图

有 $U_B=AU_G+B\dfrac{U_G}{Z_J}=U_G\left(A+\dfrac{B}{Z_J}\right)$,即 U_G 和 U_B 是线性关系。U_G 为15 V时,U_B 的计算值和试验值可分别变为:

$$\frac{15}{15.3}\times10.1=9.9\ \text{V}\qquad\frac{15}{15.08}\times10.1=10.046\ \text{V}$$

同理 U_G 为6.6 V时,计算和实测值分别为:

受电端分路时(受分)　15.33 V和18.2 V;

送电端分路时(送分)　12.79 V和15.29 V。

由此可见,最小的分路灵敏度在送分,这与前面的分析相符。电压余量 K 的计算值和实测值分别为:

$$K=\frac{12.79-9.9}{12.79+9.9}=12.7\%\text{和}\ K=\frac{15.29-10.046}{15.29+10.046}=20.7\%$$

按规定,25 Hz 相敏轨道电路的 K 应大于或等于 8%。分路状态,例如受电端分路时,继电器电压计算值和实测值分别为4.37 V和3.68 V,送分时分别为5.02 V和4.2 V,相差分别为 15.7%和 16.35%,而且 U_G 在受分和送分时实测值均比计算值小,这是符合规律的。变压器铁芯的磁化曲线走向图形如图 3—18 所示(B 为磁感应强度,H 为磁场强度)。

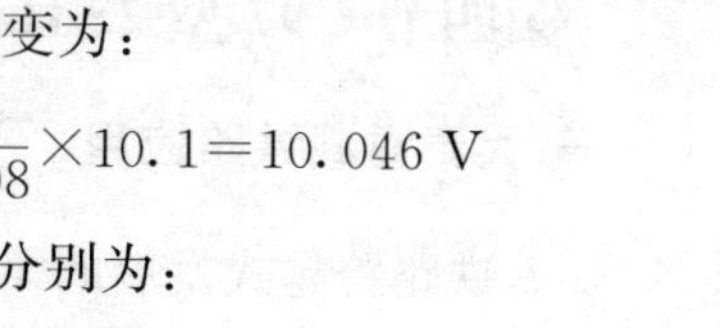

图 3—18　变压器铁芯的磁化曲线图

如图 3—18 所示，a 点以前，曲线较平滑，此时的电感 $L=\frac{\Delta B}{\Delta H}$较小，a 点和 b 点之间，曲线很陡，此时的 $\Delta B/\Delta H$ 较大。b 点之后，曲线又变为较平滑，直至近似水平线，说明已进入了饱和区和深度饱和区。由于调整状态时的工作点已过 a 点，分路状态时在 a 点以内，故前者的平均电感比后者大，即分路时的激磁阻抗比调整时要小，前面已分析过，U_G 是激磁阻抗的增函数，当其他参数不变时，激磁阻抗减少，U_G 将随之减少。这就是分路状态时实测效果比计算值要好的主要原因。

(3)本着“设计从严，实用宽松”的原则，该系统经改进后，可将极限长度由原制式1 200 m增加到1 500 m时，设计余量比规定的余量仍多 4.7%，实测余量更大，比规定的余量尚多 12.7%，由此可见，改进后的余量是较大的，更有利于现场使用。

第四节　97 型 25 Hz 相敏轨道电路的进一步完善

一、大秦重载铁路应用

随着铁路跨越式发展的需要，大秦铁路采用 DJ_1 机车牵引单元列车的牵引重量，机车电流大。依据有关单位测试资料，在大秦线万吨列车最大牵引电流可达 740 A，一般为 400～600 A 左右，考虑一个供电臂同时有一大三小运行，牵引电流应达到 1 000 A 左右。如开行 20 000 t 的单元列车，列车最大牵引电流可达 1 480 A，一般电流可达 800～1 200 A，此时一个供电臂内只考虑单列，这对大秦线采用的 25 Hz 相敏轨道电路系统提出了新的要求。

目前大秦铁路采用的 25 Hz 相敏轨道电路系统不能满足需要，而 97 型 25 Hz 相敏轨道电路最大允许牵引电流为 800 A，抗冲击干扰能力为 60 A，显然也不能达到大秦铁路的运输要求。因此，为满足重负荷、大密度的运输组织需要，必须尽快研制适用于大秦线近期万吨级，远期两万吨级重载单元列车的轨道电路系统。根据理论分析和部分新器材的试制，25 Hz 相敏轨道电路系统可满足要求。大秦线重载 25 Hz 相敏轨道电路原理图如图 3—19 所示。扼流变压器、轨道变压器等相关配套器材，除满足大牵引电流 1 600 A 的要求，还应提高系统抗冲击干扰能力(根据机车类型和钢轨内牵引电流不平衡程度的不同而不同），保证大秦线运输安全。

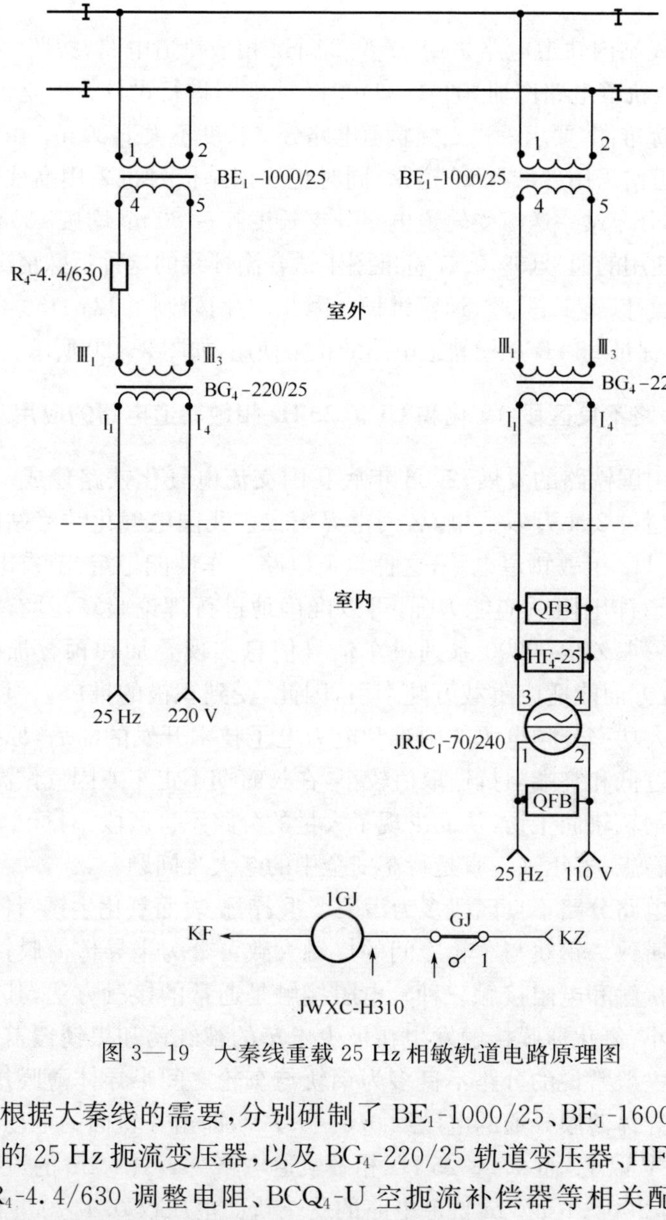

图 3—19　大秦线重载 25 Hz 相敏轨道电路原理图

根据大秦线的需要，分别研制了 BE_1-1000/25、BE_1-1600/25 两种类型的 25 Hz 扼流变压器，以及 BG_4-220/25 轨道变压器、HF_4-25 防护盒、R_4-4.4/630 调整电阻、BCQ_4-U 空扼流补偿器等相关配套器材。这些器材的研制为其他重载线提供了技术参考。

二、渝怀铁路特殊情况的处理

渝怀线站内轨道电路采用 97 型 25 Hz 相敏轨道电路,按照《97 型 25 Hz 相敏轨道电路图册》通号(99)0047 标准图进行设计。但是,通号(99)0047 标准图,要求一送三受轨道电路分支长度不大于 80 m。由于渝怀线正线道岔采用专线 4228 道岔,同时正线出站信号机采用高柱信号机,导致部分车站一送三受轨道电路分支长度超过 80 m(均按 100 m 考虑),目前使用的通号(99)0047 标准图不适合渝怀线的这种特殊情况,将严重影响设计、施工、验收、运营维护。因此,专门研制了 BG_4-150/25 轨道变压器,保证 25 Hz 相敏轨道电路的正常使用,如图 3—20 所示。

三、分路不良区段 3V 化和 UI 型 25 Hz 相敏轨道电路的应用

随着中国铁路的发展,2006 年底我国交流电气化铁路建成、通车里程已经超过 2.4 万多公里,名列世界第二。我国电气化铁路站内基本采用 25 Hz 相敏轨道电路,这种轨道电路工作性能稳定、节省电能,对低道床道砟电阻适应能力强,可以准确地进行理论验算,具有和移频、UM 系列、ZPW-2000 系列机车信号信息实现叠加和预叠加的性能,抗干扰方面能适应重载万吨牵引,因此,受到积极的推广。但由于当时实现大功率分频电源的困难和电力电子技术开发的滞后,原设计轨面电压过低和终端阻抗选取值较小,在长时期不走车或因气候高温、潮湿导致钢轨轨面生锈,从而出现了大量的分路不良区段,对行车安全带来严重隐患,多年来一直是行车安全中的老大难问题。

轨道电路分路不良区段多为污染严重、钢轨表面氧化生锈,且车辆很少走行所致。钢轨与车轮之间的接触大致可分为半导体薄膜接触、氧化薄膜接触和电阻接触三种。电阻接触是通常的接触方法,其分路电阻非常小,氧化薄膜接触发生在极少走车的被红锈和黑锈覆盖的钢轨区段。一般常说的分路不良多为钢轨与车轮之间半导体薄膜接触,能够使半导体薄膜导通的电压约 0.6～0.7 V,即击穿轨面的电压应在 1.2～1.4 V 以上,而 97 型 25 Hz 相敏轨道电路在∞ Ω · km 的道砟电阻条件下,200～1 000 m 轨道电路的受端轨面电压仅 0.4～0.8 V,达

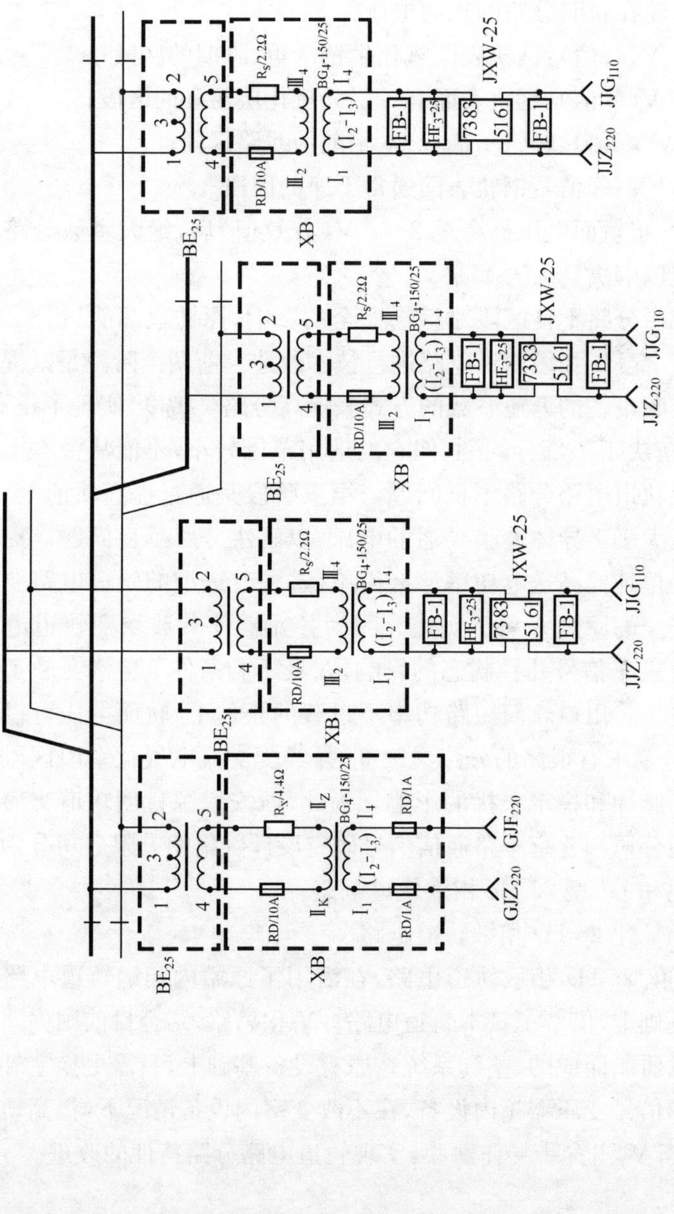

图3—20　渝怀线超长一送三受轨道电路原理图

不到半导体薄膜导通的电压,在轨面生锈的情况下,很难实现2轴车的分路检查。

国际铁路联盟UIC技术研究所ORE(现ERRIA174委员会)推荐的确保车轮在轨间分路的轨间电压:

①50 V(峰值):钢轨表面氧化生锈严重、陈旧的区段;

②10 V(峰值):钢轨表面有一层硅氧化层污染的区段;

③6 V(峰值):轻轨车辆行走,闲散的线路区段;

④1.1 V(峰值):钢轨表面通常干净的区段。

因此,将轨面电压提高至2～5 V(有效值)后,绝大多数分路不良的区段可以解决。

为减少分路不良区段对运输安全的影响,原铁道部前后分三个阶段对现有25 Hz相敏轨道电路进行技术改造。前两个阶段是以提高轨道电路接收设备的返还系数的方式来提高分路灵敏度,实现了投资少、速度快,解决了一部分问题,但它的适用范围较小,不能从根本上解决绝大多数轨道电路分路不良问题。第三阶段是通过提高轨面电压,使轨面电压大于半导体薄膜导通的电压,以解决分路不良问题。提高电压并不是单纯提高送电功率那么简单,这种改进型的轨道电路要满足故障—安全的原则并易于实施。因为各元器件参数受到轨道电路调整、分路、机车信号几种状态的影响,在最不利条件下应满足轨道电路一次调整。在出口轨面短路功率不过载的条件下,轨面电压可以调到3 V以上,要求有很高的分路灵敏度,并经受交流电气化牵引区段不平衡电流的脉冲和稳定干扰的影响。为此,西安思源科创轨道交通技术开发有限公司和北京全路通信信号研究设计院集团有限公司分别研制了3 V化和UI型25 Hz相敏轨道电路。

1. 3 V化25 Hz相敏轨道电路

3 V化25 Hz相敏轨道电路,在沿用了原站内相敏轨道电路主要模式的基础上,借鉴了日本轨道电路3 V化思路,结合目前国内轨道电路的现状研制而成的,整套系统在原有设备基础上,只需更换室外扼流变压器和信号变压器箱内设备,在不改变室内设备情况下,提高轨面电压至2～5 V,击穿半导体薄膜,实现轨道电路分路特性的改进。

3 V 化 25 Hz 相敏轨道电路新器材研制采用了各种措施，明显地改进了轨道电路的分路特性，适用于 25 Hz 相敏轨道电路区段。该系统电路成熟，符合“故障—安全”原则。可以实施积木化，根据需要逐区段改造，也可单独或附加于提高返还系数的电子防护盒或电子相敏接收器的区段进行改造，施工简单易行、节省投资。3V 化 25 Hz 相敏轨道电路原理如图 3-21 所示。

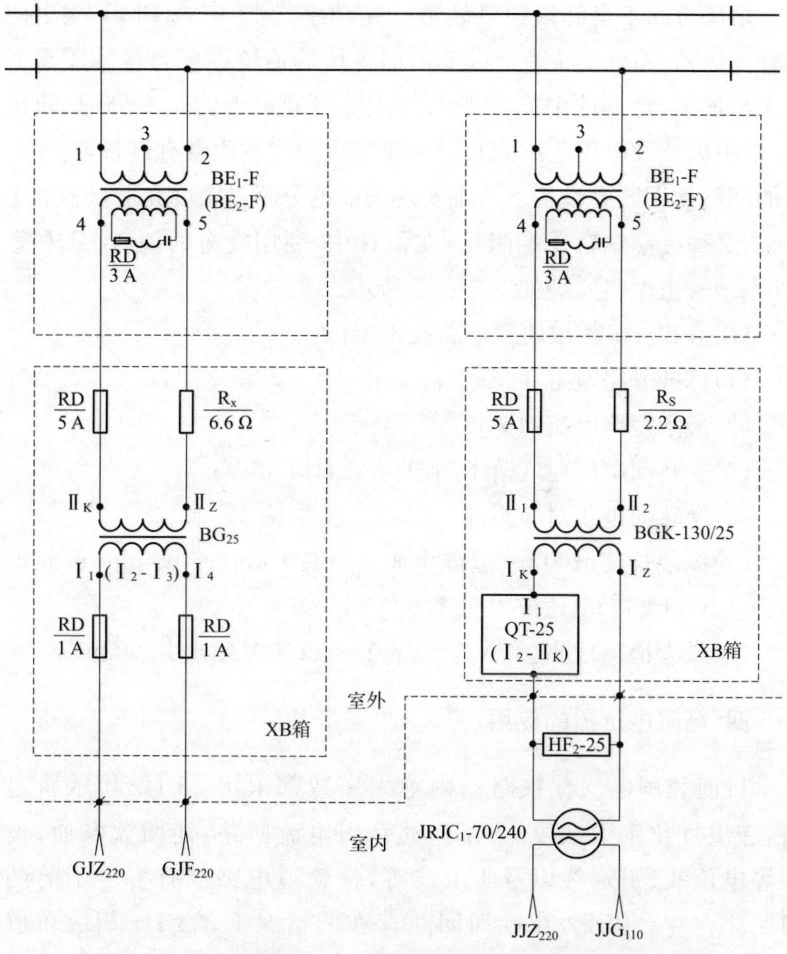

图 3—21　3 V 化 25 Hz 相敏轨道电路原理图

BE1-F、BE1-F—扼流变压器；BGK-130/25—轨道变压器；QT-25—调相器。

3 V 化 25 Hz 相敏轨道电路技术指标：

(1)标准分路电阻：0.25 Ω；

(2)道砟电阻：0.6 Ω·km；

(3)极限长度：600 m(JRJC1-70/240)、1 000 m(JXW-25)；

(4)最大消耗功率：40 VA。

2. UI 型 25 Hz 相敏轨道电路

解决分路不良必须提升轨道电路功率，对于室内 BMT 型电码化调整变压器、室外 BG 型轨道变压器等传输通道设备容量的需求有了很大的增加，在设计中需要考虑优化传输通道中的功率分配(轨道电路、牵引电流及电码化之间)，以便于最大限度利用既有设备，对于相位角的调整使用既有设备。为了实现当前的分路灵敏度和最低轨面电压要求，必须提高钢轨受端阻抗，在设计中，利用既有的扼流。UI 型 25 Hz 相敏轨道电路原理如图 3—22 所示。

UI 型 25 Hz 相敏轨道电路技术指标：

(1)标准分路电阻：0.25 Ω；

(2)最小短路电流：4 A；

(3)受轨面电压对应落下门限：3 V 对应 13 V；

(4)受轨面电压对应吸起门限：3.5 V 对应 15 V；

(5)极限长度：400 m(道砟电阻 0.6 Ω·km)、1 050 m(道砟电阻 1 Ω·km)、1 200 m(道砟电阻 1.5 Ω·km)；

(6)最大消耗功率：80 VA(≤300 m)、170 VA(≤1 200 m)。

四、高阻电抗器的应用

目前我国电气化铁路站内绝大多数都采用 25 Hz 相敏轨道电路，在电气化牵引区段，为了沟通牵引电流回路，使回流畅通，设置了等电位线、贯通线以及吸上线等，使轨道电路都有多少不等的迂回回路存在。因此，在迂回回路存在的情况下，25 Hz 相敏轨道电路不能保证可靠的分路检查。针对此安全隐患，进行了相应的研究工作。

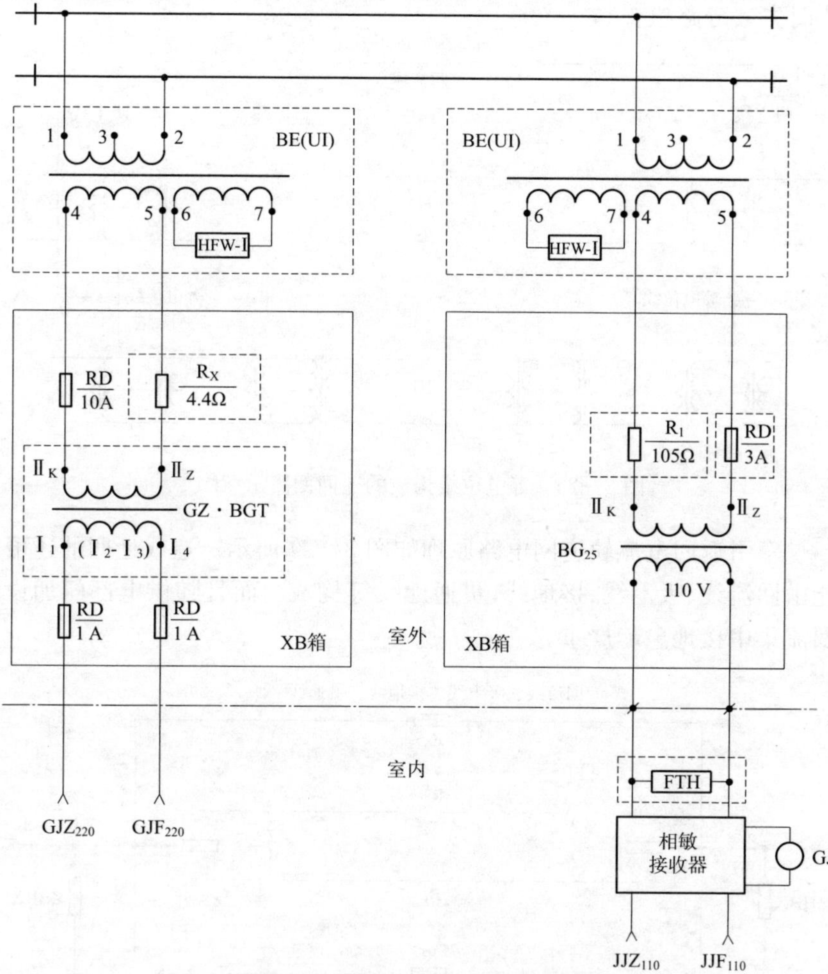

图 3—22　UI 型 25 Hz 相敏轨道电路原理图

BE(UI)—UI 型扼流变压器；HFW-I—室外防护盒；

GZ · BGT—通用型轨道变压器；FTH—恒压调相防护器。

1. 迂回回路

如图 3—23 所示，在电气化牵引区段，若车站两端相邻两正线扼流变压器中点用等电位线(横向连接线)相连，则牵引返回电路轨道网构成第三轨迂回回路，有可能在轨道区段送、受电端扼流变压器同侧双断线时失去分路检查。

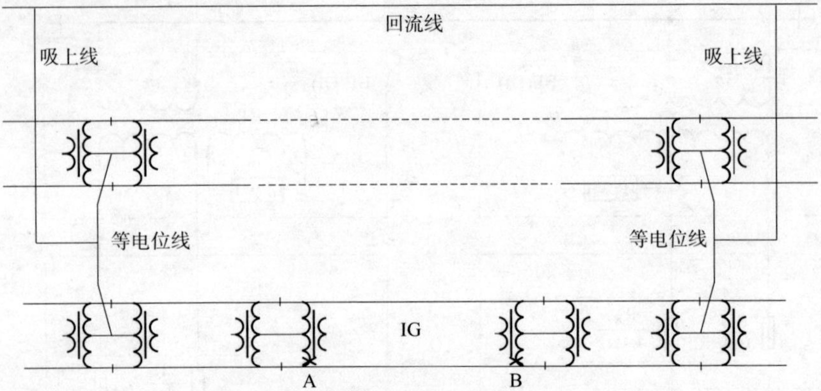

图 3—23　等电位线构成的迂回回路示意图

牵引返回电流轨道网电路原理如图 3—24 所示。造成迂回的还可能由回流线、吸上线、接地线、贯通地线等构成。而且随供电部门加设回流集中接地愈趋严重。

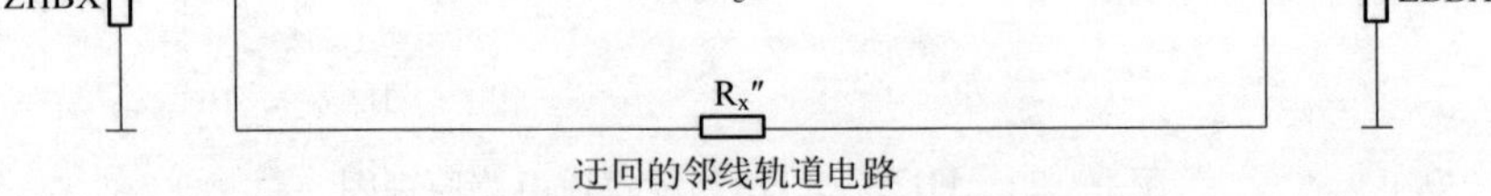

图 3—24　牵引返回电流轨道网电路原理

根据以上分析可知,由于牵引返回电流轨道网中迂回回路的存在,使得在电气化区段轨道电路送、受端扼流变压器同侧双断线的情况下,将有可能造成轨道区段有车占用失去分路检查,严重影响行车安全。

俄罗斯同样存在此问题,2004 年 10 月俄罗斯铁路信号杂志《АСИ》中专门对由于第三轨引起的断线检查问题做了分析,提出:所有情况下连向扼流变压器中点的回馈导线和接地装置总的旁路线路信号电流的电阻(R_0)在一个轨道电路范围内构成连通的,不应小于 5 Ω,同时按供电接地设备指南(п. 2. 3. 6)允许接回馈导线到扼流变压器中点旁路电路的信号电流 25 Hz 时的电阻不小于 2 Ω。当不能满足上述条件时,规定等电位线向外移,在任何情况下迂回回路的长度不小于 6 km。断线监督轨道继电器的残压≤4. 9 V(ДСШ-13 落下值≥7 V)。

2. 多重故障积累

20 世纪 90 年代初,国内分析了前苏联相敏轨道电路曾发生的两起相似的故障,即两相邻轨道电路送、受电端相邻时,扼流变压器连接线阻抗增加且当绝缘破损时,有可能造成该受电端继电器在本区段有车占用的情况下错误吸起,故障示意如图 3—25 所示。

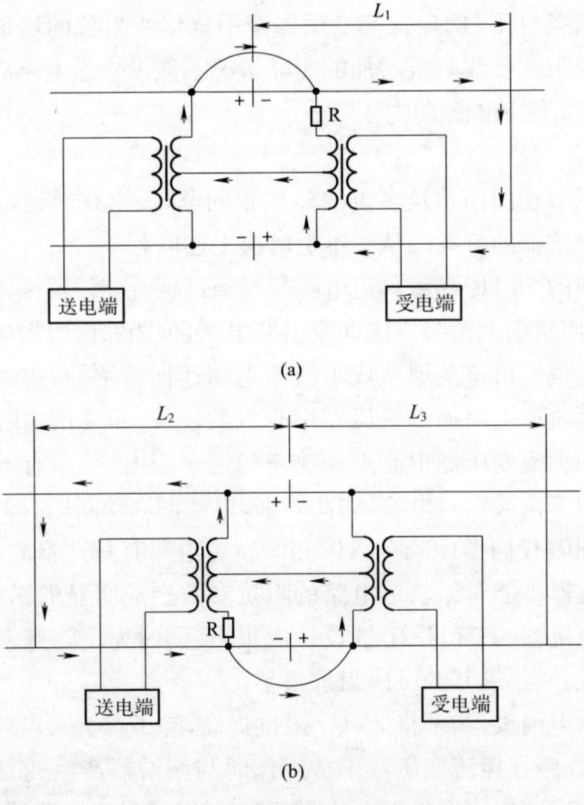

图 3—25　多重故障积累示意图

图 3—25(a)中最危险的情况是在左侧送电端所在的轨道电路没有分路,右侧轨道电路分路且分路点同绝缘节的距离 L_1 最小和扼流变压器牵引连接线断线($R=\infty$)。同样分析可知,图 3—25(b)中最危险的情况是在绝缘节与左侧轨道电路分路点的距离 L_2 最小而与右侧轨道电路分路点的距离 L_3 最大。

经过分析我们还可以知道,真正危险的情况发生在扼流变压器牵引连接线没有断线,而仅在它与钢轨连接处阻抗增加到某值,还没有破坏轨道电路调整状态的工作,如果在这种情况下再出现绝缘节短路,轨道电路接收器就在实际上有车站用时而错误励磁。如果扼流变压器牵引连接线断开,则在绝缘节瞬间短路之前可显示为轨道电路错误占用,这样就有可能被维修人员发现。应当指出,到目前还没有一种测量工具能在运营条件下,确定扼流变压器牵引连接线阻抗的增加,因此,扼流变压器牵引连接线阻抗增加的实际情况不能以轨道电路故障的形式出现,而可以维持很长的时间。

3. 解决方案

针对以上迂回回路及多重故障积累问题,提出在轨道电路受电端采用高阻电抗器的方案以从根本上解决上述问题。

因之前的 25 Hz 相敏轨道电路都是通过扼流变压器来沟通牵引电流的回路,使牵引电流最终流向牵引变电所,但相邻区段扼流变压器中心点的相连也不可避免地造成了轨道电路迂回回路的存在,为此考虑断开相邻两轨道电路扼流变压器中心点的连接,而采用高阻电抗器与相邻区段的扼流变压器中心点相连来沟通牵引电流,原有本区段扼流变压器仅用于沟通信号电流,如此一来,也就彻底切断原有的迂回回路的影响。同时我们考虑到 25 Hz 相敏轨道电路有其严格的参数,增加的高阻电抗器不能对原轨道电路的阻抗参数造成明显的影响,这就需要将高阻电抗器的 25 Hz 阻抗设计成很大,同时为了降低牵引不平衡电流的干扰,又要求其 50 Hz 阻抗很小。

综合以上因素,为了将 25 Hz 阻抗提高,除了牵引圈以外的调谐线圈,使调谐线圈在扼流变压器正常工作时与调谐器产生 25 Hz 的电流谐振。该电流谐振将产生很大的 25 Hz 阻抗,通过变压器的原理,很容易地得到公式$\frac{R_1}{R_2}=\frac{n_1^2}{n_2^2}$，由于调谐线圈与调谐器谐振后产生很大的 25 Hz 阻抗，映射到牵引线圈的 25 Hz 阻抗也将大大提高(约 15 Ω)，图 3—26 为高阻电抗器的设计原理图。

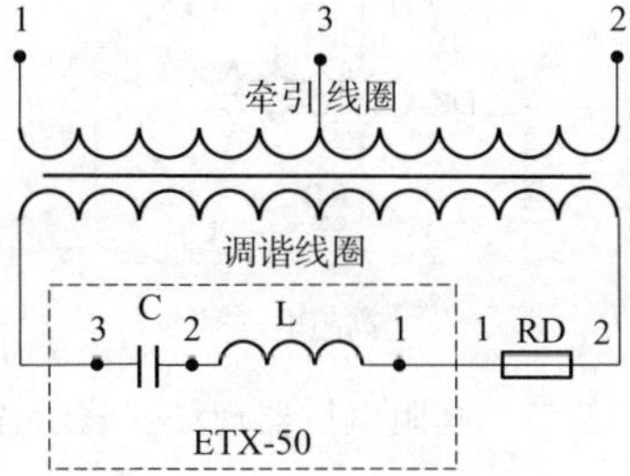

图 3—26　高阻电抗器的设计原理图

对于调谐器本身来说，L 与 C 构成 50 Hz 的串联电压谐振。该电压谐振回路会产生很低的 50 Hz 阻抗，而且该阻抗对于轨道回路、电缆电阻以及室内设备所产生的 50 Hz 阻抗来说非常小，相当于“短路”，所以不平衡电流在牵引线圈上产生的电压映射到调谐线圈后将被“短路”而消耗，这样就能够减少不平衡电流的干扰。

高阻电抗器的测试数据见表 3—3。

表　3—3

型　　号		DK-G
高阻电抗器 25 Hz 阻抗	带调谐器情况下，牵引线圈加 25 Hz、3 V 电压	17.3Ω
高阻电抗器 50 Hz 阻抗	带调谐器情况下，牵引线圈通过 50 Hz、50 A 电流	0.114 Ω

对于现有各种 25 Hz 相敏轨道电路，当其因为迂回回路的存在有可能造成扼流变压器同侧双断线情况下无分路检查时，可在该区段增加一台高阻电抗器，断开原来本区段扼流变压器中心点与相邻区段扼流变压器中心点的连接，采用高阻电抗器与相邻区段扼流变压器中心点相连，从而断开迂回回路，解决轨道电路扼流变压器同侧双断线失去分路检查问题。高阻电抗器现场安装示意如图 3—27 所示。

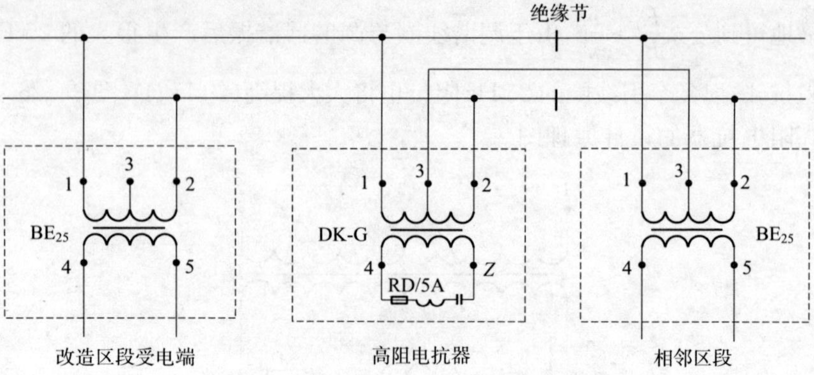

图 3—27　高阻电抗器现场安装示意图

在 25 Hz 相敏轨道电路区段受电端并接高阻电抗器能够有效解决在有迂回回路的轨道区段送、受电端扼流同侧双断线没有分路检查及多重故障积累造成轨道电路失去分路检查的安全隐患。经现场应用，效果良好。

第四章　25 Hz 电源

25 Hz 分频器及 25 Hz 电源屏是 25 Hz 相敏轨道电路的电源设备。25 Hz 电源屏是由不同容量的 25 Hz 分频器及控制电路组成，分别供给不同车站使用。同时 25 Hz 分频器还提供区间所需 25 Hz 电源。

第一节　25 Hz 分频器

一、25 Hz 分频器的基本工作原理

25 Hz 分频器是一种利用参数激励振荡原理构成的一种铁磁振荡器，其结构原理图如图 4—1、图 4—2 所示。

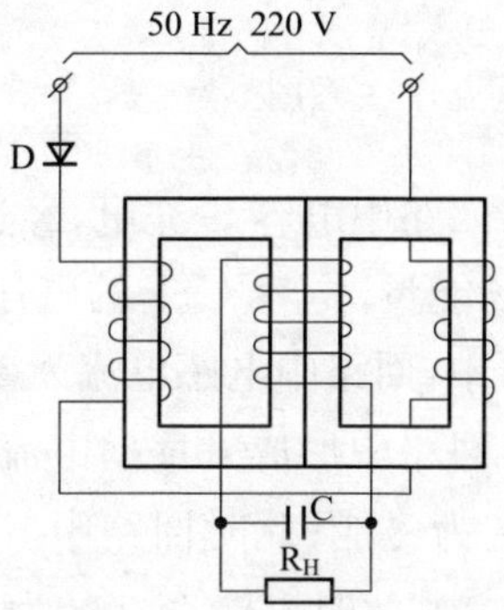

图 4—1　分频器结构原理图

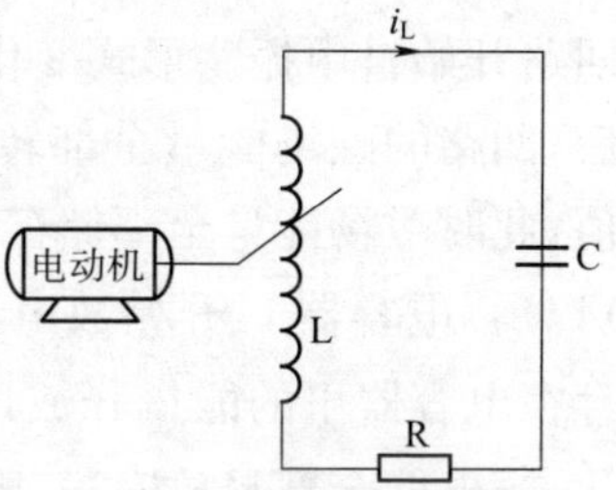

图 4—2　参数激励振荡原理图

参数激励振荡是通过参数的变化将其能量引入谐振槽路，使谐振槽路形成振荡。“参数激励”这个术语通常是指系统的参数以两倍于系统原有频率变化时所发生的物理现象。

现以简单的变化电感参数 L 的 RLC 电路为例加以说明，图 4—2 所示为参数激励振荡原理图。其电动机拖动一软铁叠片，使 RLC 电路

中的电感以 2ω 角频率周期性地变化,满足一定条件时,系统将发生振荡,这种振荡叫参数激励振荡。

为了说明参数激励振荡回路能量的传递,假定在 RLC 回路中电流 i_L 保持不变的条件下,电感由原始值 L_1 增至 L_2,L 与 i_L 关系如图 4—3 所示,此时线圈磁场能量增大了 ΔW,即

$$\Delta W=\frac{(L_2-L_1)}{2}i_L^2=\frac{1}{2}\Delta L\, i_L{}^2$$

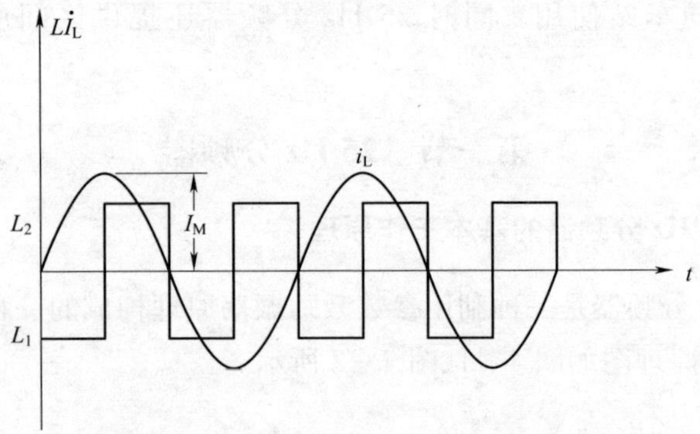

图 4—3　电感 L 与回路电流 i_L 关系图

于是回路开始自由振荡形式变化;首先给回路中电容 C 充电,经过 1/4 周期后,回路的磁场能量全部转变成电场能量,电容 C 上的电压达到最大值,此时磁场能量全部储存于电容器中,回路中电感电流为零。当 $i_L=0$ 以后,电容器 C 开始放电,在 RLC 回路中形成一反向电流 $-i_L$,使储存在电容器里的能量释放出来,转变为磁能;此时回路中 i_L 将发生变化,当电能全部释放完毕,则电流 $i_L=0$;此时电能全部转为磁能。完成一个振荡周期,随后储存在线圈里的磁能再次向回路内释放,向电容器充电,在回路中又形成电流 i_L 又使磁能逐渐变成电能,而后电能又变成磁能……就这样周而复始地变化着。

由于 $i_L=0$ 时电感量发生变化,可是对系统外并不做功,系统能量没有改变,$\Delta W=0$。在第一个半周期内,由于电感量的变化,使系统能量增大了 $\Delta W=\frac{1}{2}\Delta L i_L^2$,接着 i_L 的负半周里,当 $i_L=-i_{Lmax}$ 时,L 从 L_1

增至 L_2，当 $i_L=0$ 以后，L 又从 L_2 减回至 L_1。

在 RLC 回路中，可以看出：当电感按上述规律变化时，即回路电流变化一个周期，电感变化为两个周期，也就是说回路参数（电感 L）是以两倍于系统固有变化（电流 i_L）周期在改变，当系统中能量改变满足下列情况时，将发生参数激励振荡。

在半个周期内振荡回路所得到的净能量增量为 $\frac{1}{2}\Delta L i_L{}^2$，倘若在固有振荡的半个周期内所加入的能量等于或大于同一时间电力系统能量的损耗，即 $\frac{1}{2}\Delta L i_L{}^2 \geqslant \frac{1}{2}\Delta L i_L{}^2 RT$，回路将发生不衰减的振荡，这种振荡称为参数激励振荡。它是通过周期性的参数变化，以振荡形式向系统补充能量，并形成稳定的激励振荡，其条件如下：

（1）通过参数的变化，补充到振荡回路的能量要大于回路的能量损耗。

（2）参数激励振荡的相位和频率与系统固有振荡频率和相位要满足一定关系，必须使振荡回路的参数以两倍于系统固有振荡频率发生变化。

"田"字型分频器是指铁芯呈"田"字型，它具有两个按直角设置的线圈一次输入绕组 W_H 和二次谐振槽路的绕组 W_K，一次输入绕组经二极管接入 50 Hz 220 V交流电源，二次谐振绕组与谐振电容 C_K 构成 25 Hz 振荡回路。电路图如图 4—4 所示。它是一种混合式磁路的分频器，其工作原理也是参数激励振荡。"田"字型分频器可以分成两种磁路的分段磁状态，当输入电源电压 V_1 达到一定值时，使其形成 25 Hz 参数振荡。

当电源 50 Hz 220 V交流输入时，在绕组 W_H 中产生的电能通过磁感应作用将能量传递给谐振槽路，在谐振线圈 W_K 中感应出电势来，给电容 C_K 充电，方向如图 4—4 所示，"上正、下负"，当一次电源电压经负半周时，一次绕组 W_H 没有输入电流，即没有电能输入，此时谐振槽路中电容 C_K 开始放电，在谐振线圈中有电容电流 i_C 流过，产生磁通 Φ_{C21} 和 Φ_{C22}。当一次电源电压经过正半周时，又有电能输入到一次线圈 W_H 中，产生磁通 Φ_{H11} 和 Φ_{H12} 与 Φ_{C21} 和 Φ_{C22} 在磁路Ⅰ-Ⅲ分段中相

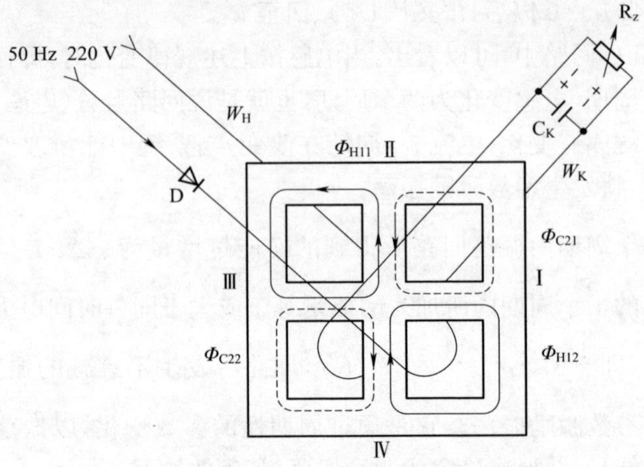

图 4—4 “田”字型分频器电路图

加,在磁路Ⅱ-Ⅳ分段中相减,使磁路Ⅰ-Ⅲ段处于饱和状态,在磁路Ⅱ-Ⅳ段处于未饱和状态,于是谐振线圈在未饱和磁通的作用下感应出电势并给电容 C_K 充电,“上负、下正”,此时完成了能量的传递。即一次输入电能转变成磁场能,通过电感变化在谐振槽路中形成 25 Hz 振荡,于是磁场能转变成电场能储存在电容中;当电源电压经过负半周时,电容中的电能释放出来,将电能转变成磁场能,产生磁通。

Φ_{C21} 和 Φ_{C22},它的方向与上一周期电容 C_K 放电时产生的磁通 Φ_{C21} 和 Φ_{C22} 相反,可是由于一次输入电能电流方向不变,所以当有电流通过一次线圈产生的磁通 Φ_{H11} 和 Φ_{H12} 的方向也不变,当一次侧又有正半周电流输入时,它产生的磁通 Φ_{H11} 和 Φ_{H12} 与 Φ_{C21} 和 Φ_{C22} 在磁路Ⅰ-Ⅲ相减,在磁路Ⅱ-Ⅳ段相加,即磁路Ⅱ-Ⅳ段处于饱和状态,磁路Ⅰ-Ⅲ段处于未饱和状态,使谐振线圈 W_K 在未饱和磁通的作用下产生感应电势给电容 C_K 充电,“上正、下负”,而后电容再放电……总是这样周而复始地进行着能量的传递和转换。

从上面分析看出:一次输入电流变化两个周期,谐振电容 C_K 充放电一次,电容电流才改变一次方向,于是在谐振槽路中形成了 25 Hz 的振荡,电容电压及回路电流均为 25 Hz。

“田”字型分频器结构示意图如图 4—5 所示。

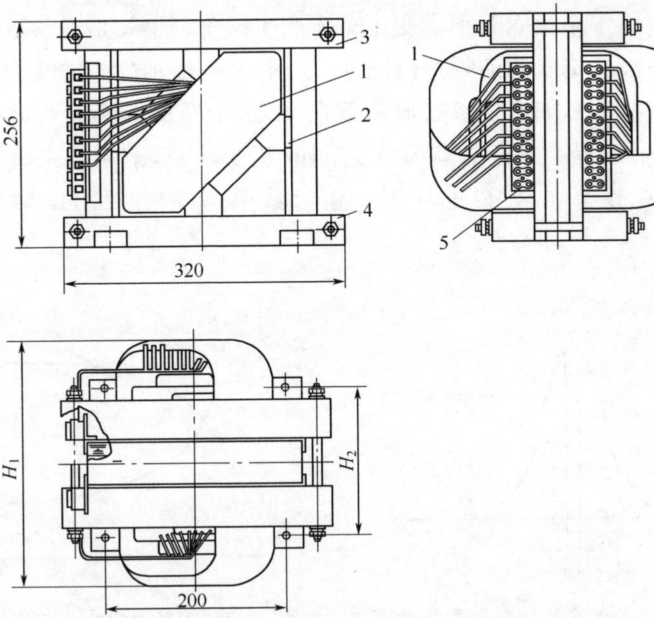

图 4—5 "田"字型分频器结构示意图(单位:mm)

1—线圈;2—铁芯;3—上夹件;4—下夹件;5—端子板。

由于"田"字型分频器的两线圈呈 90°位置放置,从结构图看出:输入线圈的交流电产生的磁通不与谐振线圈完全相交,因此原则上排除了在输入线圈间有局部短路的输入线圈 50 Hz 电流向分频器输出电路的变换,大大降低输出 25 Hz 回路中 50 Hz 成分,在前苏联就采用"田"字型分频器作局部电源。

由于"田"字型分频器结构特点,使它输出的 25 Hz 电压波形含有 50 Hz 谐波成分较小,在 1%～2.5%之间变化,同时"田"字型分频器温升低,表面温度 30℃～60 ℃(周围环境温度32 ℃时),特别适用于室外,且效率较高,一般在 60%～85%之间。

二、25 Hz 分频器特性

1. 具有频率稳定特性

25 Hz 分频器是通过参数振荡形成的,参数振荡的特点是系统的参数以 2 倍于系统固有频率变化时才产生振荡。也就是说参数激励振荡发生在极严格限制的频率范围内,如图 4—6 所示(图 4—6 为独特的矩形谐振特性),如产生参数振荡就在 f_0 这个窄的矩形参数谐振曲线内,在这个边界上振荡振幅发生急剧的跃变,一旦谐振起来就是频率 f_0,凡是在频率 f_0 以外的均不产生参数振荡,因此 25 Hz 频率非常稳定。

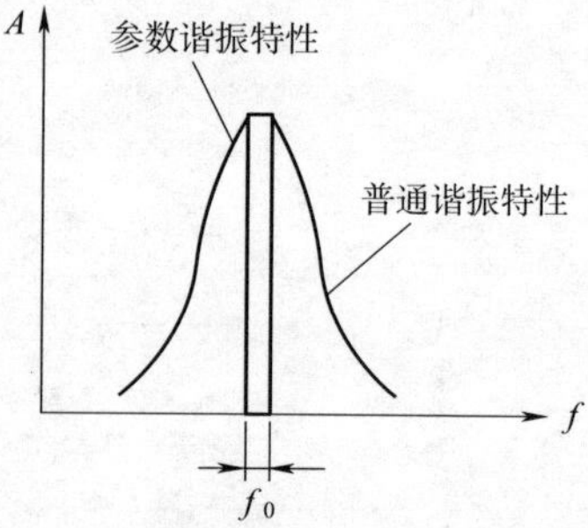

图 4—6 参数激励振荡谐振特性图

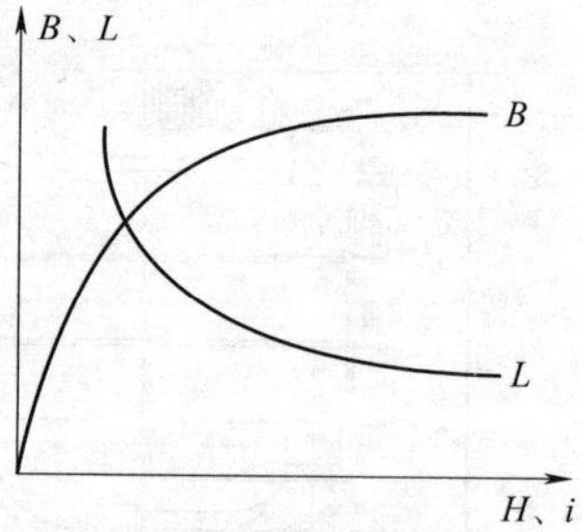

图 4—7 参数激励振荡稳压特性图

2. 具有稳压特性

参数激励振荡本身具有限幅能力。在 25 Hz 分频器中,谐振槽路电感与作用在铁芯的合成电流(Ⅰ次侧的输入电流与槽路电流)幅度之间的非线性关系,使这一总电流增加时,限制了电感变化的增长,因而使谐振槽路中电容器上的电压不会无限制的增长,从而起到了限幅作用,对于 25 Hz 分频器的输出电压起到了稳压作用,如图 4—7 所示(B 为磁感应强度,L 为电感,H 为磁场强度,i 为电流)。从图中非线性磁特性看出:当磁化曲线进入饱和段后,电感 L 变化很小,谐振线圈中产生的感应电势变化很小,使谐振槽路中电容器上充放电的电压几乎不变,因此分频器输出的 25 Hz 电压相当稳定,波动范围小于额定输出电压的±5%,所以输出不需再进行稳压。

3. 具有超级隔离和双向滤波特性

参数振荡原理的 25 Hz 分频器实质上是一个闭合的保守系统,其能量不能跃变,既能抑制电源电压的尖峰和凹坑,使它不能传输到负载,也能抑制负载跃变电流,使它不会渗透到电源电路。也就是说,电源电压中的尖峰及其他高次谐波均不会影响输出电压的波形。因此，25 Hz 分频器具有双向抗干扰及滤波的能力。

4. 具有自动保护功能

当电源电压升高或降低时，25 Hz 分频器具有自动保护功能，根据参数激励振荡的特点，是靠电感电容将能量从电源传输到负载。25 Hz 分频器的动特性从图 4—8 中可以看出：V_1 为电源电压，V_2 为输出电压，箭头表示 V_2 与 V_1 的变化关系。25 Hz 分频器通常工作在一个稳定状态。

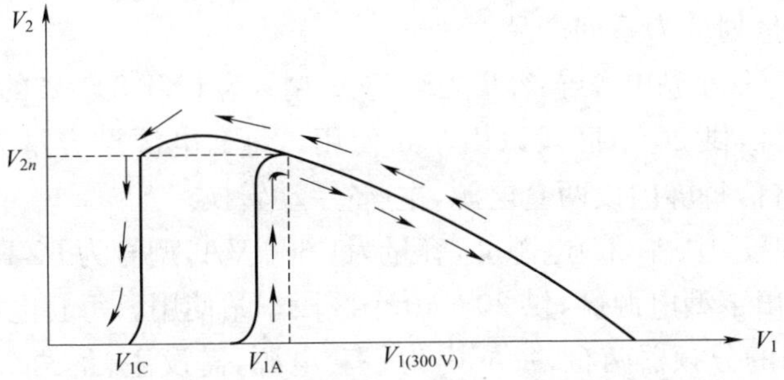

图 4—8　分频器的动特性图

当电源电压为额定值时，电路起振，输出端产生幅值为 V_2 的电压。如果输入电压降低到 V_1 小于 V_{1C} 时，电路停振，V_2 为零。如果输入电压升高到 $V_1 \rightarrow V_{1A}$ 时，V_2 幅值下降，当 V_1 大于某个电压值时，V_2 也为零。因此当电源电压大幅度降低与升高时，其输出电压均为零，从而实现了降压与过压保护，25 Hz 分频器能保证 V_1 在 160～260 V 正常工作，V_1 过低或过高 25 Hz 分频器均不起振。

5. 过负荷的短路保护特性

参数激励振只能在一定条件下才能维持，这意味着负载消耗的功率和输出回路线圈内的损耗功率靠电源进行补偿，这种能量的补偿是通过输出振荡回路的谐振电感的变化来完成的。由于电压变化深度被磁化曲线的饱和区所限制，所以一定频率下从电源传输到输出回路的能量是有限的，当负载功率和损耗功率之和超过由于谐振电感的变化而传输到该回路的功率时，维持振荡的条件被破坏，因而停振。当输出回路被短路时,输出回路上的电容也即短路,回路自然停振。因此说具有短路和过载的自动保护功能。当短路或过载消失,分频器又立即自动起振,恢复正常状态。由于 25 Hz 分频器具有上述特点,使它广泛地被采用在铁路信号电源上。

第二节　25 Hz 电源屏

一、25 Hz 电源屏的种类

为了适应各种类型的车站使用 25 Hz 相敏轨道电路,将 25 Hz 电源屏按容量划分为系列产品:

1. 25 Hz 小站电源屏,容量为800 VA,型号为 PXT-800/25的 25 Hz 田字型电源屏,供 20 个区段以内车站使用。每套电源设容量为400 VA分频器两台,每屏内设两套电源,主、备手动转换。

2. 25 Hz 中站(Ⅰ)电源屏,容量为1 600 VA,型号为 PZT-1600/25的 25 Hz 田字型电源屏,供 20～40 个区段车站使用。每套电源设容量为800 VA的分频器两台,每屏内为一套电源,需设主、备两个电源屏,主、备手动转换。

3. 25 Hz 中站(Ⅱ)电源屏,容量为2 000 VA,型号为 PZT-2000/25的 25 Hz 田字型电源屏,供 40～60 区段车站使用,每套电源设容量为800 VA和1 200 VA分频器各一台,每屏内为一套电源。需设主、备两个电源屏,主、备手动转换。

4. 25 Hz 大站电源屏,容量为4 000 VA,型号为 PDT-4000/25 的25 Hz 田字型电源屏,供 60～120 个区段使用,每套电源设800 VA和1 200 VA分频器各两台,每两屏为一套电源,主备两套电源,采用手动转换。

二、分频器及电源屏的电气特性

25 Hz 电源屏的核心部分是分频器,电源屏技术指标主要取决于25 Hz 分频器的技术指标。

1. 25 Hz 分频器技术指标

(1)铁芯:“田”字型。

(2)容量:400 VA、800 VA、1 200 VA。

(3)额定输入频率/输出频率:50/25 Hz。

(4)额定输入电压:220 V。

(5)允许输入电压波动范围:160～260 V。

(6)额定负载时,输入起振电压:160～260 V。

(7)额定负载时,输入工作电压:150～260 V。

(8)当电源电压在 160～260 V范围内变化,负载由三分之一额定负载至满载变化时,分频器输出电压:220 V±6.6 V(±3%)。

(9)分频器在输入电压变化及输出负载变化与(8)相同条件下,其输出 25 Hz 电压波形中,含 50 Hz 谐波成分不得大于 3%。

(10)分频器 25 Hz 输出波形的失真度不大于 20%。

(11)50 Hz 输入主、副电源转换,分频器的 25 Hz 输出电压不允许出现瞬间高电压。

(12)分频器温升:当环境温度为40 ℃时,输入电压为额定值时,输出电流为额定负载,其温升不大于65 ℃。

2. 25 Hz 电源屏技术指标

(1)容量分为大(Ⅳ)、中(Ⅲ)、中(Ⅱ)、小站(Ⅰ)四种。容量分配见表 4—1。分别适应 20 个区段,20～40 个区段,40～60 个区段,60～120 个区段。

表　4—1

序号	型　号	额定容量 VA	容量分配	
			轨道　VA	局部　VA
Ⅰ	PXT-800/25	800	400	400
Ⅱ	PZT-1600/25	1 600	800	800
Ⅲ	PZT-2000/25	2 000	1 200	800
Ⅳ	PDT-4000/25	4 000	2 400	1 600

(2)电源屏输出的 25 Hz 局部电压超前轨道电压 90°。

(3)主、备 25 Hz 电源的转换方式为手动方式。

(4)小站屏轨道电源为两路输出,中、大站屏轨道电源为四路输出(大站屏每个轨道分频器为两路输出)。

(5)当电源屏轨道电源任何一路的负载阻抗小于或等于分频器的额定负载阻抗的四分之一时,应将该路自动切除。

(6)整屏启动时间不大于1.0 s。

(7)外形尺寸:600 mm×800 mm×1 800 mm。

(8)电源屏的输出端子采用信号 18 柱端子。

三、25 Hz 电源屏控制电路

25 Hz 电源屏的控制电路包括定相电路、转极电路、负载接通电路及短路切除电路。控制电路中采用继电器的名称、符号及类型见表4—2。

表 4—2

继电器名称	符　号	类　型
相位检查继电器	XJJ	$JRJC_1$-70/240
转极继电器	ZJ	JWJXC-480
轨道电源控制继电器	GKJ	JWJXC-480
负载检查继电器	FJJ	JZXC-480

1. 定相电路和转极电路

根据交流二元继电器性能要求,其理想相位差为局部线圈电压超前轨道线圈电压 90°,因此要求供电的局部分频器和轨道分频器的输出电压需有 90°相位差,并保证局部电压超前轨道电压 90°。为了使两分频器输出电压有 90°相位差,只需将两个分频器一次侧输入 50 Hz 电源电压相位差 180°连接便可实现。

从图 4—9 可以看出:当局部分频器与轨道分频器一次侧输入相位差 180°时,两分频器二次侧输出将产生 90°相移,当局部分频器在 $t=0$ 时起振,局部分频器输出的 25 Hz 电压可能超前轨道分频器输出的 25 Hz 电压 90°,也可能滞后 90°;在 $t=\pi$ 时起振,也有上述两种可能性。因此为控制局部分频器 25 Hz 电压超前轨道分频器 25 Hz 电压 90°,设有相位检查继电器 XJJ 及转极继电器 ZJ,以保证 25 Hz 电源屏输出相位的正确性,相位检查继电器 XJJ 的局部线圈110 V和轨道线圈220 V电源分别由局部分频器和轨道分频器供给。控制电路和原理图如图 4—10 所示。

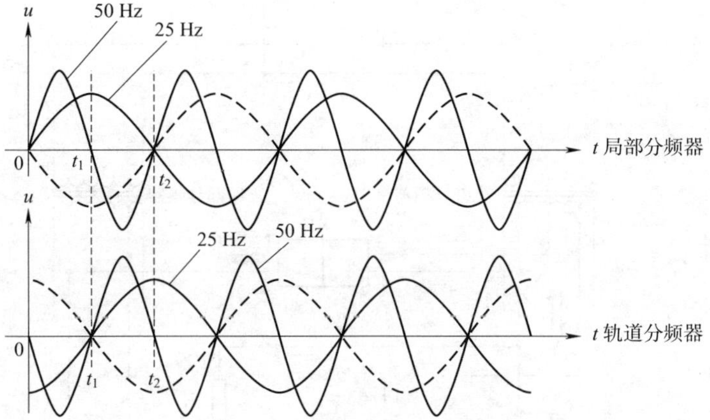

图 4—9　分频器相移特性图

当局部分频器输出电压超前轨道分频器输出电压 90°时，相位检查继电器 XJJ 吸起，输出电压相位正确。当局部分频器输出电压滞后于轨道分频器输出电压 90°时，相位检查继电器 XJJ 翼板向下吸引，而转极继电器 ZJ 线圈通过相位检查继电器 XJJ 的常闭接点 21、23，由直流24 V电源供电，使转极继电器 ZJ 动作，用 ZJ 接点 11、12 和 21、22 将轨道分频器向外供电的相位改变 180°，以保证输出的局部电压保持超前轨道电压 90°。

2. 负载接通和短路切除电路

负载接通和短路切除电路是由轨道电源控制继电器 GKJ 和负载检查继电器 FJJ 构成(图 4—10)，当局部分频器和轨道分频器起振后，将220 V轨道电源供给 FJJ 继电器，经电阻 5R 降压后，通过继电器 FJJ 常闭接点 41、43 接在继电器 FJJ 的线圈 73、83 两端。如果负载没有短路，其电压大于吸起值，使继电器 FJJ 吸起，同时其接点 41、43 断开，将电阻 7R 接入线圈回路，使继电器 FJJ 的线圈电压降至 6～8 V。为了避免由于继电器 FJJ 的衔铁卡阻而引起烧毁线圈事故，在继电器 FJJ 线圈两端经接点 31、33 并联电阻 9R～13R。当负载短路时，分频器停振，使继电器 FJJ 落下，导致继电器 GKJ 落下。在继电器 GKJ 转换过

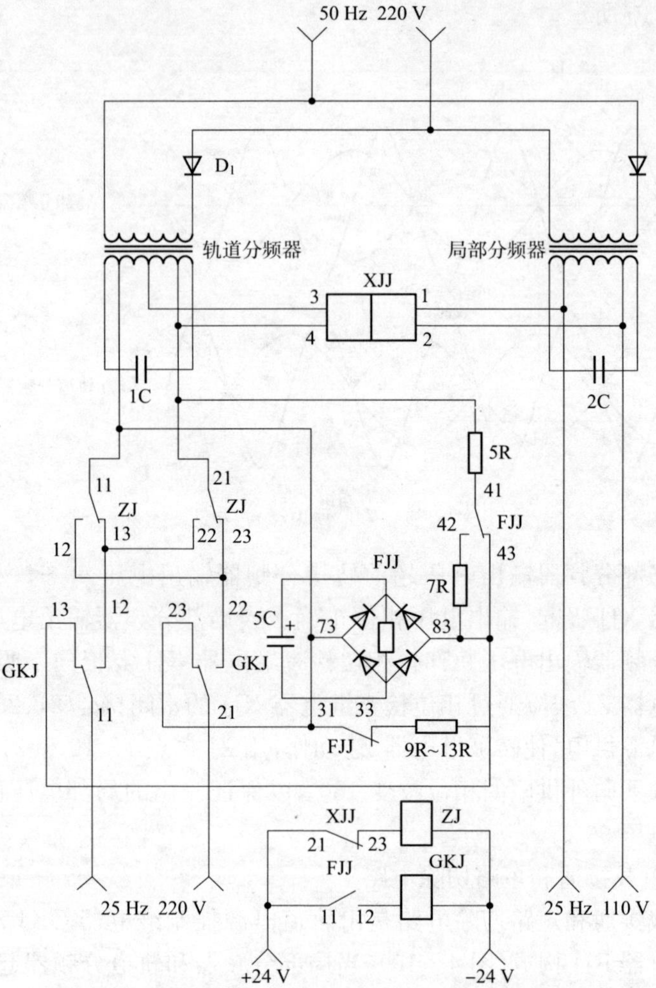

图 4—10　分频器控制电路和原理图

程中,短路负载暂时被切除,25 Hz 分频器重新起振,使继电器 FJJ 及 GKJ 相继动作,当继电器 GKJ 吸起后,又将短路负载接入,于是分频器再次停振,继电器 FJJ 落下,GKJ 也落下,短路负载又切除,分频器又起振……这样造成继电器吸起又落下,形成“跳跃”,因此在继电器 FJJ 线圈两端并联电容 5C,使继电器 FJJ 缓吸,避免“跳跃”现象发生。

继电器 FJJ 吸起后，其动合接点 11、12 闭合，使继电器 GKJ 线圈受电，于是继电器 GKJ 的动合接点 11、12 和 21、22 闭合，25 Hz 220 V电压向外供出。

当分频器输出回路有短路故障时，分频器自动停振，继电器 FJJ 线圈断电，其动合接点 11、12 断开，从而使继电器 GKJ 线圈断电，其动合接点 11、12 和 21、22 断开，将短路故障线束切除，分频器恢复正常工作，同时通过继电器 GKJ 的动断接点 11、13 和 21、23 将故障线束负载（包括短路、过载）与继电器 FJJ 线圈并联。当故障线束是低阻抗分路时，使电源电压大部分降在 5R 上，使继电器 FJJ 不能吸起，从而保证了轨道分频器不再向故障线束供电（指25 Hz 220 V 不直接向短路负载供电，使输出回路加串一高阻 5R，实质上即不再向故障线束供电，以下同）。

当短路故障消失后，继电器 FJJ 吸起，使继电器 GKJ 吸起，于是轨道分频器恢复向该线束供电。

在控制电路中的转极继电器 ZJ 及轨道电源控制继电器 GKJ 均采用外接直流 24 V 电源。

第三节　25 Hz 分频器、电源屏测试维修及调整方法

一、25 Hz 分频器特性测试仪表的选用

由于 25 Hz 分频器输出的电压、电流均是非正弦波，为了准确测量，应采用电磁式仪表。根据电磁仪表工作原理可知：当测量交流时，如果线圈电流

$$I = I_{\mathrm{M}} \sin \omega t$$

在交变电源作用下，可动铁芯所受的瞬时力矩

$$M_i = \frac{1}{2} i^2 \frac{\mathrm{d}L}{\mathrm{d}\alpha}$$

式中　α——可动部分偏转角；

L——线圈自感；

i——被测电流；

M_i——瞬时力矩。

由于可动铁芯的惯性,可动部分的偏转来不及跟着瞬时转矩变化,所以转动力矩决定于瞬时转矩在一个周期内平均值:

$$M_{CP}=\frac{1}{T}\int_0^T M_i\,dt=\frac{1}{2}\,\frac{dL}{d\alpha}\,\frac{1}{T}\int_0^T i^2\,dt$$

则
$$M_{CP}=\frac{1}{2}i^2\,\frac{dL}{d\alpha}$$

式中 $\frac{1}{T}\int_0^T i^2\,dt$——交流电有效值的平方值;

M_{CP}——平均力矩。

从以上分析可以看出:25 Hz 电压、电流虽不是正弦波,但由于它们的转动力矩是有效值决定的,交流电流的有效值,就是指交流电流一周期内具有相同热效应的直流电流的数值,这个定义对于非正弦电流也是适用的。因此不论被测电压、电流的波形是否为正弦波,都可以直接读出有效值。

测量 25 Hz 电压或电流数值,如果采用万用表,由于万用表是整流型仪表,它们的转动力矩由平均值所决定,读出的有效值,不等于被测的非正弦有效值,则必须根据波形因数换算,当为半波正弦式电表时,有

$$U_X=\frac{1}{2.22}UK$$

式中 U——按刻度读出的电压值;

2.22——正弦波半波整流波形因数;

K——被测电压波形因数;

U_X——被测电压实际值。

所以要准确测量,应使用电磁式仪表。

二、分频器特性测试

分频器测试电路如图 4—11 所示。根据分频器技术指标主要测试下面内容:

1. 起振电压测试

将分频器输出侧接入额定负载,再将调压器从低压逐渐升高,直至分频器起振,输出电压达到额定值的下限时的一次侧输入电压 V_1 的数值,此时 V_1 为分频器的起振电压;然后将一次电源反复多次拉、合

闸，看分频器是否均能起振，则这时的 V_1 定为分频器的起振电压。如果在 V_1 值时，偶尔有一次起振不了，需将 V_1 调高，再反复拉合闸，都能起振，则这个升高了的 V_1 值才算起振电压。

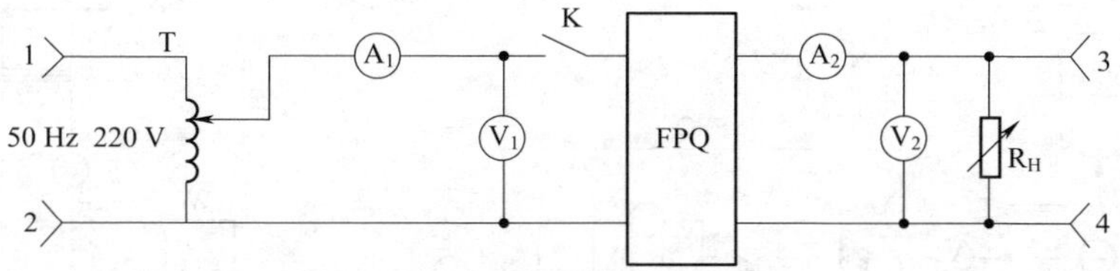

图 4—11　分频器测试电路图

T—调压器；K—开关；FPQ—分频器；R_H—可调负载；

A_1、A_2—电磁式电流表 0.5 级；V_1、V_2—电磁式电压表 0.5 级。

2. 允许电压波动范围测试

将分频器负载从额定负载的三分之一至满载变化，输入电压从 160～260 V之间变化，分频器输出电压均不能超出其输出额定值的 ±3%，一般分频器满载和 V_1＝160 V时，输出电压 V_2 最低，分频器空载和 V_1＝260 V时，输出电压 V_2 最高；当规定分频器额定输出电压为 220 V时，它的输出最低电压不得低于 213.4 V，最高不得高于 226.6 V，即保证电压变化范围在±3%以内。

3. 输出功率测试

将分频器输入电压 V_1 固定在220 V，分频器二次侧负载电流 A_2 与负载电压 V_2 的乘积，即为分频器的输出功率。

4. 50 Hz 谐波成分测试

(1)用瓦特表测试(见图 4—12)

测量 50 Hz 谐波含量采用瓦特表，瓦特表使用方法举例如下：

将 25 Hz 输出电压接入瓦特表 W 的电压线圈，经三相调相器、变压器、可调电阻，将 50 Hz 输入电流与瓦特表 W 的电流线圈相连接(瓦特表满刻度为600 VA，电压挡为300 V，电流挡为2 A)。根据瓦特表量程，将 50 Hz 输入电流定为2 A，移动调相器，使输入的 50 Hz 电流与 25 Hz 输出电压中 50 Hz 谐波含量的电压同相。当瓦特表读数最大时，电压值与电流值乘积就是瓦特表 W 的读数。根据输入到瓦特表

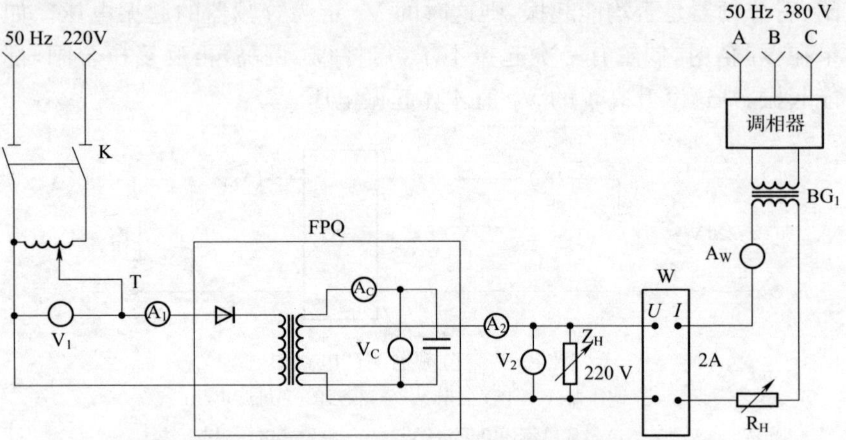

图 4—12　50 Hz 谐波成分测试原理图

T—调压器；K—开关；FPQ—分频器；Z_H—负载；

R_H—可调电阻；A_1、A_2—电磁式电流表 0.5 级；

V_1、V_2—电磁式电压表 0.5 级。

W 的 50 Hz 电流是2 A，以及瓦特表的读数，可求出输入到瓦特表中的 50 Hz 电压值，这个数值就是 25 Hz 输出电压中的 50 Hz 谐波含量。例如瓦特表读数为8 W，输入电流为2 A，则输入电压为4 V，这个数既是 50 Hz 谐波含量。再用这个 50 Hz 的电压值与 25 Hz 输出电压值相除，可求出 50 Hz 电压的含量比率，如输出 25 Hz 电压为220 V，那么 50 Hz 电压谐波含量为 4/220＝1.8％。

测量时，先将负载置为空载，即 $I_2=0$(即 $A_2=0$)，V_1 从 160～260 V变化，每变化一次，相应的改变调相器的相位，使瓦特表的读数最大，记录下来；再将负载接上 1/4 载、半载、满载，V_1 也是从 160～260 V变化，重复上述方法，将瓦特表读数记录下来，从这些数值中取最大值，可求得 50 Hz 谐波含量，它不得大于 3％。

(2)用选频电压表测试

将选频表接在负载 Z_H 两端，直接读出选频表上 25 Hz 的数值 V_2，V_2 即是 25 Hz 输出数值。

将选频表接在负载 Z_H 两端，直接读出选频表上 50 Hz 的数值 V_2'，V'_2 即是 50 Hz 谐波数值。

通过表 4—3，计算出 50 Hz 所占的比例，它不得大于 3%。

采用瓦特表测试误差较大，适用于现场测试。一般工厂出厂测试应采用选频电压表测试，保证产品质量合格。

表　4—3

V_2	V_2'	V_2'/V_2

(3)用电力谐波分析仪测试。

5. 25 Hz 分频器输出波形失真度测试

将失真度测试仪接在负载 Z_H 两端，调节失真度仪，得出的数值即为失真度，不得大于 20%。测试表见表 4—4。

表　4—4

负　载 / V_1	1/3 负载	额定负载
160 V		
260 V		

三、25 Hz 电源屏使用、维修注意事项及调整方法

1. 25 Hz 分频器工作电压范围是随一次线圈匝数多少而异。当分频器一次侧线圈匝数偏少时，起振电压低，分频器工作电压偏低；当分频器一次线圈匝数偏多时，起振电压高。分频器工作电压范围偏高。因此分频器一次线圈匝数应调整适当。

2. 谐振槽路电容应选择适当，当电容量大时，过载能力强，但电容电流增加，导致谐振线圈导线温度升高。即使电容选得合适，当负载为空载时，较大的电容电流都流经谐振线圈，从而使谐振线圈发热，因此分频器应避免长期空载运行。

3. 分频器组装时，铁芯空气隙要小，以保证分频器输出的 25 Hz 波形对称，使 50 Hz 谐波分量较小，易于达到技术指标。

4. 分频器输出电压因铁芯的磁饱和程度不同而异，如发现输出电

压偏离额定值较高时,可改变谐振电容的电压,将其谐振绕组的匝数降低,使电容电压降低,从而使输出电压下降。当输出电压降低时,则增加谐振绕组的匝数,使电容电压提高,从而使输出电压上升。

5. 当分频器一次侧二极管击穿、短路或谐振槽路电容断线时,分频器均无输出,此时应停机进行检查。

6. 分频器容量大小取决于谐振槽路的谐振电容,因此谐振回路电容连线要牢固,否则电容量减少,使分频器容量下降,同时使输出 25 Hz 波形发生畸变。在 25 Hz 电源屏中,采用 CBBT 型电容器,它是用聚丙烯膜为介质和在介质上真空蒸发一层金属层为电极,它具有电气性能好、自愈性能强等特点,被广泛用在交流电路中。

7. 分频器二次输出绕组抽头较多,输出电压可以自由选定或调节输出电压的高低。

四、25 Hz 电源屏的其他有关问题的几点说明

1. 关于 25 Hz 电源屏取自单相 50 Hz 电源,造成三相电源不平衡问题,由于 25 Hz 分频器是由单相 50 Hz 电压经二极管半波整流而形成,因此当 25 Hz 电源容量较大时,输入的总电流相应增加。一般来说 25 Hz 电源屏的输入总电流为:

$$I_{总}=\sqrt{(I_1+I_2)^2+(I_3+I_4)^2} \quad (计算过程略)$$

式中 $I_{总}$——25 Hz 电源屏的总输入电流;

I_1、I_2——轨道分频器的输入电流;

I_3、I_4——局部分频器的输入电流。

由于 25 Hz 电源屏是单相负载,在设计时要考虑三相电源的各相负载均衡。为此应在 25 Hz 电源屏输入端接入三相变单相的均衡器,用来改善三相不平衡。均衡器原理图如图 4—13 所示。

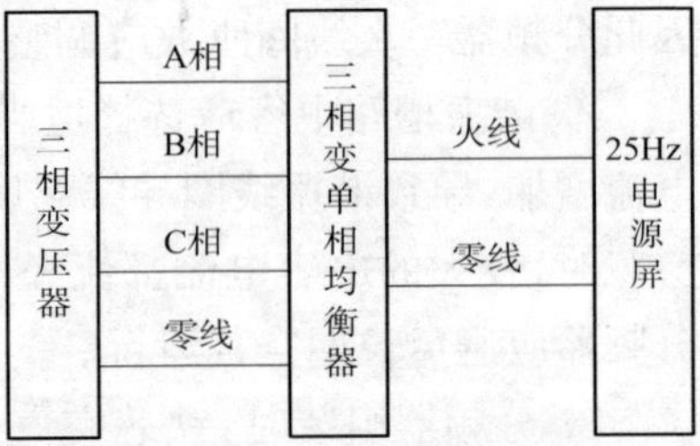

图 4—13 均衡器原理图

2. 由于 25 Hz 电源屏的轨道线束引出室外,因此在各轨道输出端应加设防雷装置。

3. 25 Hz 电源屏内不设停电监督电路。

4. 目前除前面介绍的铁磁工作方式的 25 Hz 电源外，还有由微电子器件构成的电子 25 Hz 电源。

第四节　25 Hz 高频开关电源

由于现代数字控制技术的发展和电力功率器件的广泛应用，采用 SPWM 高频脉宽调制技术和高速功率模块（VMOS、IGBT、IPM）驱动技术，开发的新型 25 Hz 分频电源，具有体积小，效率高、波形纯正的特点，已广泛应用于现代电气化铁路系统。

25 Hz 电子变频器模块，是铁路 25 Hz 相敏轨道电路专用的供电模块，主要应用在铁路电气化区段。随着电力电子技术和微电子技术的迅速发展，使用 25 Hz 电子变频器模块的技术也日趋成熟和完善，该模块采用了先进的功率因数校正和交—直—交变换技术。

铁路信号电源自 2001 年之后相继推出智能化、模块化、标准化系列产品。为规范铁路信号电源产品，原铁道部于 2005 年以“运基信号〔2005〕458 号”颁布了《铁路信号智能电源屏技术条件（暂行）》（中国铁路总公司标准性技术文件编号：TJ/DW 066—2005），规范了普速铁路信号智能电源屏设计标准；2008 年以“铁客运〔2008〕36 号”颁布了《客专线铁路信号产品标准暂行技术条件铁路信号电源屏》（中国铁路总公司标准性技术文件编号：TJ/DW 100—2008），规范了 200 km/h 及以上客运专线铁路信号智能电源屏设计标准。

一、25 Hz 高频开关电源模块的特点

1. 输出电压、频率稳定度高。

2. 输出波形好，谐波含量低。

3. 局部电源和轨道电源输出电压相位锁定好。

4. 系统两路输入电源转换过程，断电瞬间（约 0.15 s）电子变频器模块维持开机状态，可实现不间断供电。

5. 保护功能完善可靠。如输入过欠压保护，输出过欠压保护，过温保护，输出短路保护等。

6. 采用大面积散热器,自然对流风冷技术,消除了因风机故障而导致变频器模块故障的隐患。

7. 结构合理,体积小,便于维修。2k 和 4k 电源模块的外形尺寸采用 1/2 模块结构标准化设计。

二、25 Hz 高频开关电源模块的主要技术参数

1. 输入电源:AC 220 V±44 V,50 Hz±1 Hz。

2. 整机效率:≥80%。

3. 功率因数:≥0.99。

4. 额定容量:2 000 VA 模块,轨道电源 1 200 VA,局部电源 800 VA;4 000 VA 模块,轨道电源 2 400 VA,局部电源 1 600 VA。

5. 输出电压(负载:0~100%负载率):轨道电源 220 V±6.6 V;局部电源 110 V±3.3 V。

6. 输出频率:25 Hz±0.25 Hz。

7. 相位:局部电压相位超前轨道电压相位 90°。

8. 输入两路电源转换过程中断电,变频器维持开机状态时间:≥0.15 s。

9. 50 Hz 谐波含量:<1%。

10. 波形失真:<2%。

11. 保护参数:

(1)输入电路过电压保护 280 V±5 V;

(2)输入电路过电压恢复 260 V±5 V;

(3)输入电路欠电压保护 150 V±5 V;

(4)输入电路欠电压恢复 170 V±5 V。

交流输入电压经 AC/DC 转换电路将 220 V 交流电压经过软启动电路、整流电路产生直流电压。经 PFC 控制电路,产生的脉宽调制信号包含了对 PFC 控制的全部信息,此信号控制 MOS 管产生一个频率约为 50 kHz 的交流电压,经整流升压至约 400 V 的直流电压。

DC/AC 电路利用数字电路产生 25 Hz 的基准正弦信号电压,该电压与三角波叠加合成产生 SPWM 脉冲,再经过逻辑控制电路将调制脉冲送到各个 IGBT 管的驱动电路,控制 IGBT 管的导通和截止,这样便将直流电压,调制成为 SPWM 脉冲电压,逆变后的 SPWM 脉冲电压,

经过滤波还原成为 25 Hz 的交流电压。

三、25 Hz 高频开关电源原理简介

25 Hz 电子变频器模块是利用电力电子技术，将 220 V、50 Hz 交流电经 AC-DC-AC 变换，转换成 220 V、25 Hz 轨道电源和 110 V、25 Hz 局部电源。该模块应用先进的有源功率因数校正技术(APFC)使功率因数高达 0.99，减少无功损耗，使整机的满载效率达到 90%以上。功率输出部分采用最新器件(IGBT)组成的逆变器(DC/AC)。25 Hz 电源模块原理框图如图 4—14 所示。

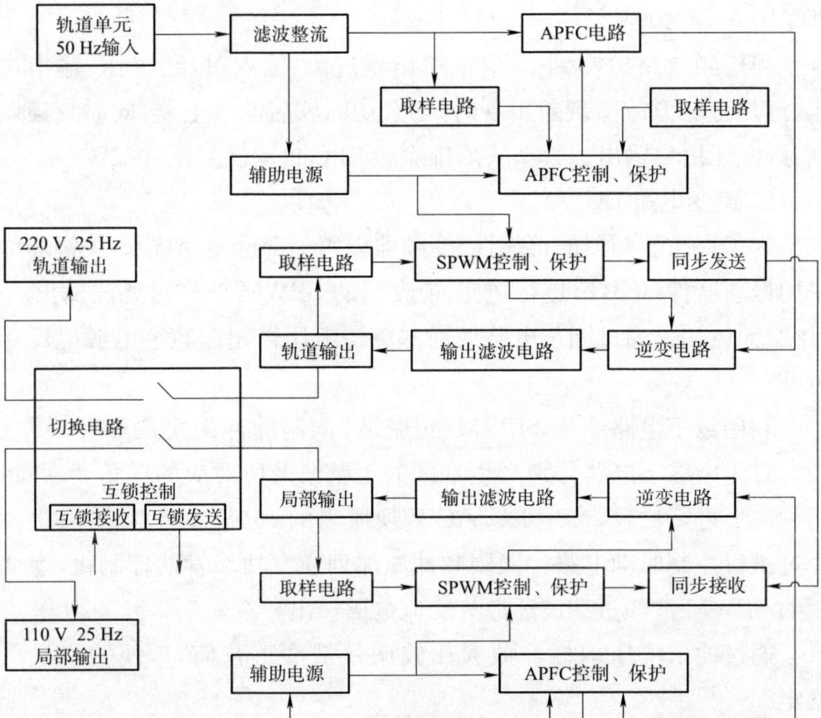

图 4—14　25 Hz 电源模块原理方框图

如图 4—14 所示,轨道单元 50 Hz 输入、局部单元 50 Hz 输入采用分开输入的方式,分别经过滤波整流、APFC、SPWM 控制逆变电路、输出滤波,直至分别输出 220 V、25 Hz 轨道电源、110 V、25 Hz 局部电源。且局部电源电压恒超前轨道电源电压 90°。

1. 有源功率因数校正(APFC)电路

有源功率因数校正的目的有两个:

其一,让输入电源的电流波形跟踪输入电压波形,使输入功率因数接近于 1。

其二,通过输入取样、输出取样,调节脉冲信号,控制输出电压,使其稳定在 DC400V。

当检测电路检测到 PFC 电路出现过流、输入过压、欠压、输出过压、过热等任意故障现象出现时,均会切断软启动继电器,同时封锁调制脉冲,无信号输出。直至故障排除后 PFC 自动恢复正常工作。

2. 逆变电路 DC/AC

为了提高变频器的可靠性,变频器应用了全桥逆变技术,关键器件采用最新器件(IGBT)进行逆变,逆变后的 SPWM 波经过滤波输出 25 Hz 交流电压。通过同步电路使局部电源电压恒超前轨道电源电压相位 90°。

利用数字电路产生 SPWM(正弦波)调制脉冲来实现 DC/AC 变换。首先由数字电路分别产生基准的正弦波及所对应的三角波,并将两种波形进行比较,产生 DC/AC 变换所需的 SPWM 调制脉冲波,再经过逻辑控制驱动电路将调制脉冲施加到逆变功率管的控制极,逆变后的 SPWM 波经过滤波还原为交流电压输出。

通过输出电压取样经放大比较调整基准正弦信号,使输出电压稳定。

3. 辅助电源

输入电源经软启动电阻和主整流桥整流后,加至开关变压器原边给开关管送电,另一路激励脉宽调制器起振工作,输出调制脉冲,开关管受脉冲调制导通和截止,辅助电源进入正常工作状态。输出电源供整机工作，其中 VCC1 除为主机 PFC 控制供电外，还兼辅助电源输出电压反馈和辅助电源自己的工作电压。该电源属单端反激式开关电源，可输出多路电压，工作稳定，可靠性好。

四、25 Hz 高频开关电源模块在信号电源屏中的应用

电源屏由两路输入电源转换单元、输入配电单元、电源变换及稳压模块单元（电源模块）、输出配电 单元、智能监测系统等部分组成。一套电源屏可由多台机柜组成。有远动控制要求的，采用远动控制器件。

智能电源屏是采用模块化电力电子技术，具有实时监测、报警、记录和故障定位功能的供电设备。

目前 25 Hz 高频开关电源在铁路系统中已广泛应用。通常 25 Hz 电源模块采用热备冗余方式供电，无主从之分，当其中加载的电源模块（工作输出的电源模块）故障时，可自动转换至热备模块供电，并报警。采用续流技术（通常在电源模块中采用电解电容储能），确保在两路输入电源转换中，输出不中断，轨道电路不出现闪红现象。图 4—15 为智能电源屏 25 Hz 电源原理图。

在图 4—15 中：

1. 1FK～8FK 为断路器。

2. BT1、BT2 为工频隔离变压器，实现 25 Hz 电源隔离悬浮供电。

3. GLM1、GLM2 为电源模块，热备冗余配置；模块中的 A10、A11、A12、A13 端子相互连接实现主用模块，热备模块切换。

4. QCB1、QCB2 为短路切除板，实现轨道电源短路切除功能。

5. 1FLD～6FLD 为输出电源指示灯，正常时点亮，故障时熄灭。

6. 1FDJ～4FDJ 为监查继电器，实现轨道电源输出故障报警，7FK、8FK 断路器的辅助触点实现局部电源输出故障报警。

7. F1、F2 频率检测，F3、F4 实现轨道电源、局部电源电压检测，F5、F6 电流检测；并通过智能监控器采集显示，同时上传至集中监测进行科学管理。

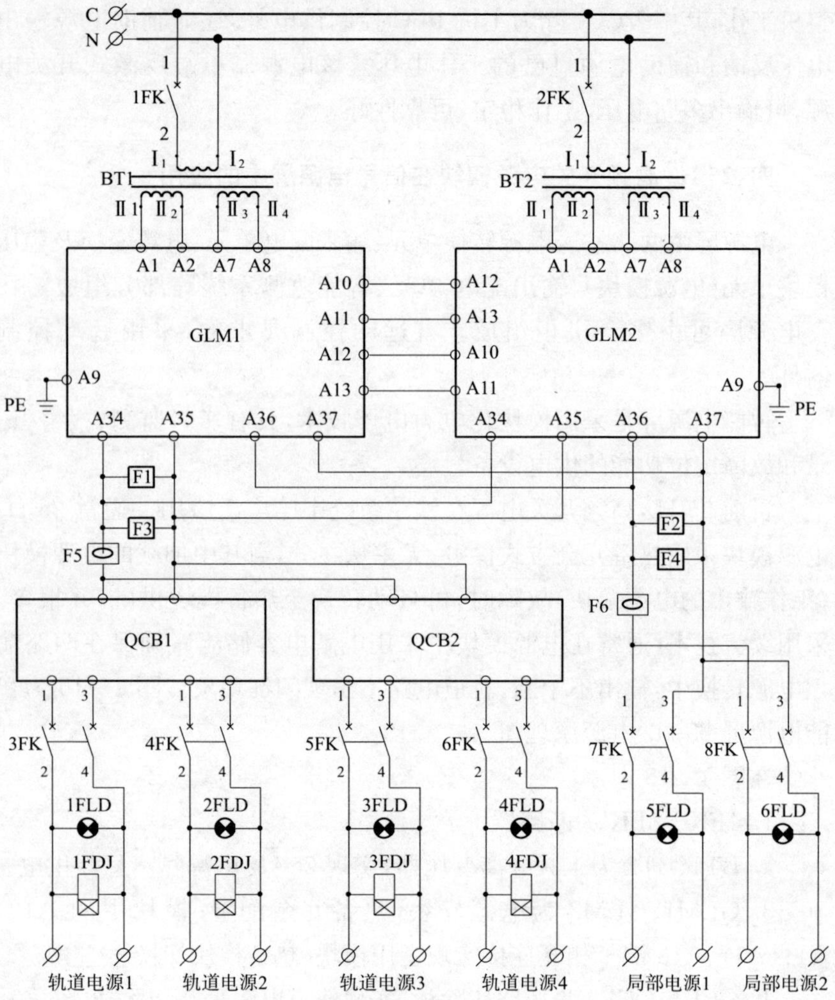

图 4—15　智能电源屏 25 Hz 电源原理图

第五章　97 型 25 Hz 相敏轨道电路系统配套器材

97 型 25 Hz 相敏轨道电路系统配套器材包括：$JRJC_1$-70/240型交流二元继电器，JWXC-H310 型缓动继电器；BE_1-400/25、BE_1-600/25、BE_1-800/25、BE_2-400/25、BE_2-400/25、BE_2-400/25 六种类型的 BE_{25} 扼流变压器；BG_2-130/25、BG_3-130/25、BG-R130/25 三种类型的 BG_{25} 轨道变压器；HF_2-25 型防护盒；R_1-2.2/220、R_1-4.4/440 两种类型固定抽头式电阻器；PXT-800/25（Ⅰ型）、PZT-1600/25（Ⅱ型）、PZT-2000/25（Ⅲ型）、PDT-4000/25（Ⅳ型）四种类型电源屏等设备。

在系统开发研制过程中，为便于现场测试维修 97 型 25 Hz 相敏轨道电路系统同时研制了 25XP-1 选频电压表、25XW-1 相位表、CT267A 型 25 Hz 相敏轨道电路相位/电压监测仪、CT268A 型轨道电路相位/极性交叉检查仪、CT267C 型 25 Hz 相敏轨道电路测试盘等设备。

第一节　$JRJC_1$-70/240 型交流二元继电器

一、$JRJC_1$-70/240 型交流二元继电器的用途

轨道电路的作用就是反映轨道区段的占用和出清。作为轨道电路重要组成部分的轨道继电器，通过可靠工作反映轨道电路出清或空闲，可靠不工作反映轨道电路占用。

$JRJC_1$-70/240 型插入式交流二元轨道继电器是一种交流感应式继电器，轨道电路接收器采用交流二元继电器，它属于交流感应式继电器，它是利用电磁铁所建立的交变磁场与金属转子中感应电流之间相互作用的原理而动作的。故其具有可靠的频率选择性和相位选择性，因而对轨端绝缘破损和外界牵引电流或其他频率电流的干扰能可靠地进行防护，满足了轨道电路抗电气化干扰的要求。

由于交流二元轨道继电器具有可靠的频率选择性,故该轨道电路不仅可用于交流电气化区段,而且可用于非电气化区段。

二、JRJC$_1$-70/240 型继电器电气特性

1. 型号及其代表的含义

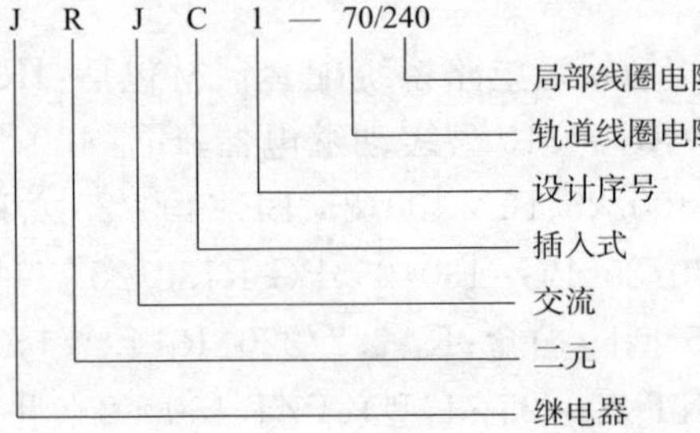

2. 使用环境

(1) 大气压力不低于74.8 kPa(海拔高度不超过2 500 m)。

(2) 空气相对湿度不大于 90%(温度25 ℃)。

(3) 周围空气温度−40～60 ℃。

(4) 振动频率 10～15 Hz,加速度幅值4 m/s^2。

(5) 工作位置水平(图 5—1),接点系统在上,磁路系统在下。

(6) 周围无引起爆炸危险的有害气体,并有防尘措施。

3. 继电器的外形尺寸(图 5—1)

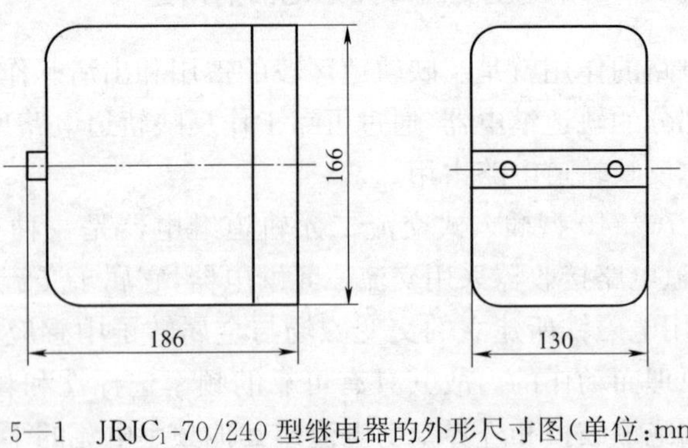

图 5—1 JRJC$_1$-70/240 型继电器的外形尺寸图(单位:mm)

4. 继电器的规格(表 5—1)

表　5—1

继电器名称	继电器型号	鉴别销号码	接点组数
交流二元继电器	$JRJC_1$-70/240	11、22	2Q、2H

图 5—2 为 $JRJC_1$-70/240 型交流二元继电器插座示意图。

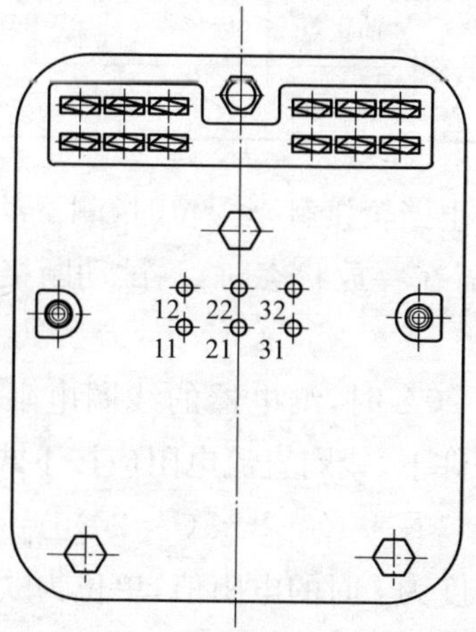

图 5—2　$JRJC_1$-70/240 型交流二元继电器插座示意图

继电器的局部线圈编号为 1、2,继电器的轨道线圈编号为 3、4。其中 1、3 为同名端,接点组数 2Q、2H,插座编号如图 5—3 所示。

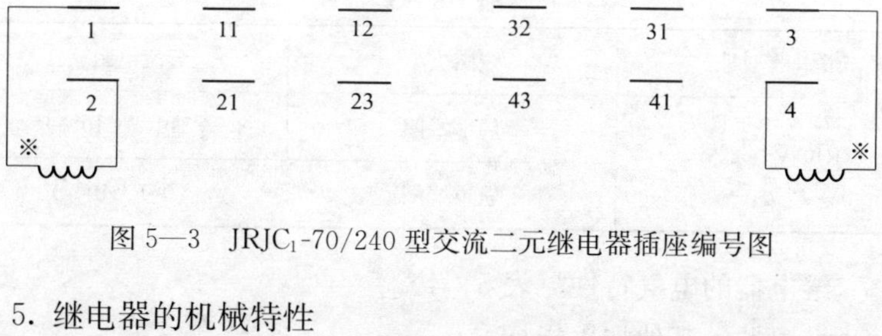

图 5—3　$JRJC_1$-70/240 型交流二元继电器插座编号图

5. 继电器的机械特性

(1) 翼板在任何位置时,翼板和铁芯极面的间隙不应小于

0.35 mm。

(2)翼板在极限位置与外罩的间隙不应小于 2 mm。

(3)继电器的接点压力、接点间隙、托片间隙、接点不齐度应符合表5—2 的规定。

表 5—2

继电器型号	接点间隙 mm	接点压力 mN		托片间隙 mm	接点不齐度 mm
		前接点	后接点		
$JRJC_1$-70/240	≥1.8	≥250	≥200	≥0.35	≤0.2

手动使翼板与上止挡轮接触至限位时,测试动合接点压力、接点间隙及托片间隙;继电器在释放状态时,测试动断接点压力、接点间隙及托片间隙。

6. 环境温度为+20℃时,继电器的线圈电阻值应符合表 5—3 的规定。在其他环境条件下,线圈直流电阻应按下式换算。

$$R_t = R_{20}[1+\alpha(t-20)]$$

式中 R_t——环境温度为 t 时的电阻值,单位为欧姆(Ω);

R_{20}——+20℃时的电阻值,单位为欧姆(Ω);

t——测量时的环境温度,单位为摄氏度(℃);

α——在 0℃时被测线圈导体材料的电阻温度系数(铜为 0.004 1/℃)。

表 5—3

继电器型号	线圈类型	直流电阻 Ω
$JRJC_1$-70/240	局部线圈	240(1±10%)
	轨道线圈	70(1±10%)

7. 继电器的电气特性见表 5—4。

8. 继电器的其他技术指标

(1)继电器接点的接触电阻应不大于 0.1 Ω。

表　5—4

工作频率 Hz	局部线圈			
	阻抗模值 Ω	阻抗角	额定工作值	
			电压 V	电流 mA
25	1 200	67°	110	≤100

工作频率 Hz	轨道线圈				
	阻抗模值 Ω	阻抗角	工作值		释放值
			电压 V	电流 mA	电压 V
25	385	70°	≤15	≤40	≥8.6

理想角	同名端子
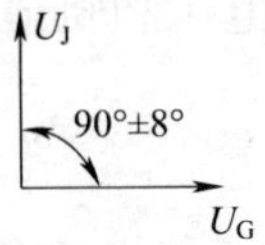 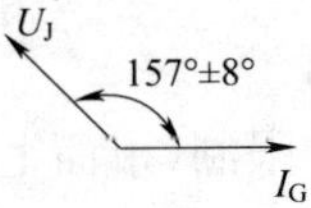	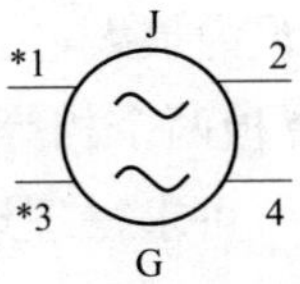

注：①工作值为继电器开始接触上止挡轮时的电压值；

②释放值为继电器全部动合接点断开时的电压值；

③电气特性是在理想相位角条件下测试；

④理想相位角可按“电压—电压”方式。轨道电压滞后于局部电压 87°±8°；

⑤常温电气特性应在＋20℃＋5℃测试。测试电气特性时，25 Hz 测试电源输出波形的失真度应不大于 5％。

(2)在环境温度为＋55℃且加于继电器局部线圈两端电压为 110 V，轨道线圈两端电压为 15 V 时，线圈的温升应不超过 50 K。

(3)在大气压力不低于 86 kPa(海拔高度不超过 1 000 m)，继电器的绝缘耐压能承受交流正弦波 50 Hz、2 000 V 有效值电压，历时 1 min 应无击穿或闪络现象，重复试验时的试验电压值应为原试验电压的 75％。

(4) 在温度为＋15℃～＋35℃，相对湿度为 40％～80％，大气压力在 86～106 kPa 的条件下，继电器的绝缘电阻应不低于 100 MΩ。

三、阻容移相器的设计

JRJC$_1$-70/240 型插入式交流二元继电器的理想相位角是关系制式多方面因素的重要指标，是交流二元继电器的重要电气参数之一。在测试该继电器的其他电气特性时，均应使局部线圈电压和轨道线圈电压(或电流)间的相角位置于理想相位角的状态。所谓理想相位角是指在一定的局部线圈电压和轨道线圈电压的条件下，当局部线圈电压与轨道线圈电压(或电流)间在某一相角差时,翼板得到最大转矩,这个角度即为理想相位角。测试时,在局部线圈和轨道线圈电压固定的条件下,采用移相器使局部电压和轨道电压(电流)之间的相角可变,根据转矩力 F 正比于$\frac{c}{f}U_{\mathrm{G}}U_{\mathrm{J}}\cos\beta$($c$ 为常数,f 为频率),当失调角 $\beta=0°$ 时,F 为最大,失调角为$+\beta$ 和失调角为$-\beta$ 时翼板的转矩相等。当找出翼板两个相等转矩时的局部线圈电压和轨道线圈电压(电流)的相角差后,可求得理想相位角。

由于受25 Hz电源的限制(市面上仅有 50 Hz 的三相调相器),为简化测试设备,采用阻容移相器,它是由具有一个中心抽头的电源变压器与电容器 C 和可变电阻器 R 串接(如图 5—4)所构成的闭合回路,当变化电阻值时,中心抽头 B 至阻容连接点 D 之间的电压($\dot{U}_{BD}$)相位亦随之改变,该电路称阻容移相器。有 $\dot{U}_{BC}=\dot{U}_{AB}=\frac{1}{2}\dot{U}_{AC}$ 关系。其工作原理如图 5—4 所示。

由图 5—4 知:$\dot{U}_{DC}=\dot{I}R$;$\dot{U}_{AD}=-\mathrm{j}X_{\mathrm{C}}\dot{I}$,以 $\dot{I}=\frac{\dot{U}_{AD}}{-\mathrm{j}X_{\mathrm{C}}}$ 代入 $\dot{U}_{DC}$ 得:

$$\dot{U}_{DC}=R\,\frac{\dot{U}_{AD}}{-\mathrm{j}X_{\mathrm{C}}}=\mathrm{j}\,\frac{R}{X_{\mathrm{C}}}\dot{U}_{AD}=\frac{R}{X_{\mathrm{C}}}\dot{U}_{AD}\angle 90°$$

上式证明:电阻上电压 $\dot{U}_{DC}$ 导前电容电压 $\dot{U}_{AD}\angle 90°$。

又
$$\dot{I}=\frac{\dot{U}_{AD}}{-\mathrm{j}X_{\mathrm{C}}}=\frac{\dot{U}_{AC}}{\sqrt{R^2+X_{\mathrm{C}}^2}}\angle\arctan\frac{X_{\mathrm{C}}}{R}$$

则
$$\dot{U}_{DC}=\frac{R\cdot\dot{U}_{AC}}{\sqrt{R^2+X_{\mathrm{C}}^2}}\angle\arctan\frac{X_{\mathrm{C}}}{R}$$

因为 $\dot{U}_{AC}=\dot{U}_{AD}+\dot{U}_{DC}$ 和 $\dot{U}_{DC}\perp\dot{U}_{AD}$,故可知 $\dot{U}_{DC}$、$\dot{U}_{AD}$、$\dot{U}_{AC}$ 三相量组成斜边为 $\dot{U}_{AC}$ 的直角三角形。现分析 D 点的轨迹,做相量三角形如图 5—5 所示。

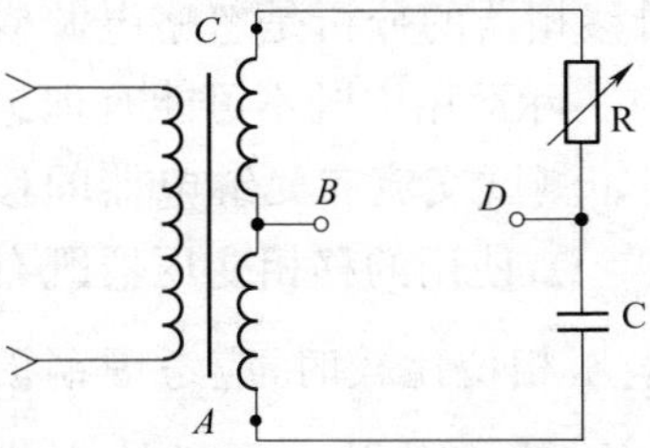

图 5—4　阻容移相器图

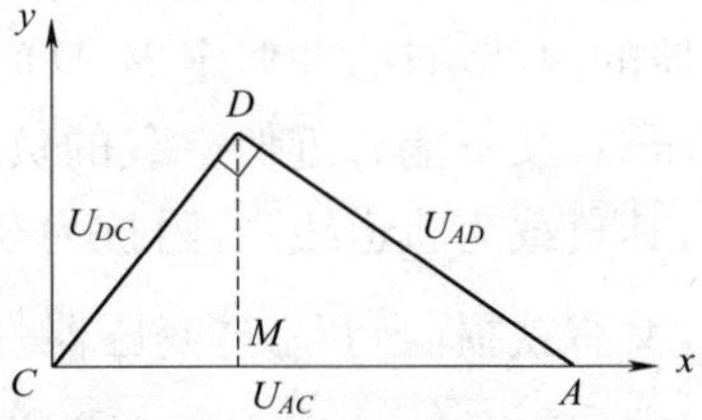

图 5—5　阻容移相器向量图

$$AC^2=AD^2+DC^2$$

而
$$AD^2=DM^2+AM^2=y^2+(AC-x)^2$$
$$=y^2+x^2-2AC\cdot x+AC^2$$
$$DC^2=DM^2+MC^2=y^2+x^2$$

则
$$AC^2=y^2+x^2-2AC\cdot x+AC^2+x^2+y^2$$

等号两端同除以 2 并整理后得：

$$x^2+y^2-AC\cdot x=0$$

配方后得
$$x^2-AC\cdot x+\left(\frac{AC}{2}\right)^2+y^2=\left(\frac{AC}{2}\right)^2$$

即
$$\left(x-\frac{AC}{2}\right)^2+y^2=\left(\frac{AC}{2}\right)^2$$

上式是圆心为$\left(\frac{AC}{2},0\right)$、半径为$\frac{AC}{2}$的圆的方程，如图 5—6 所示。

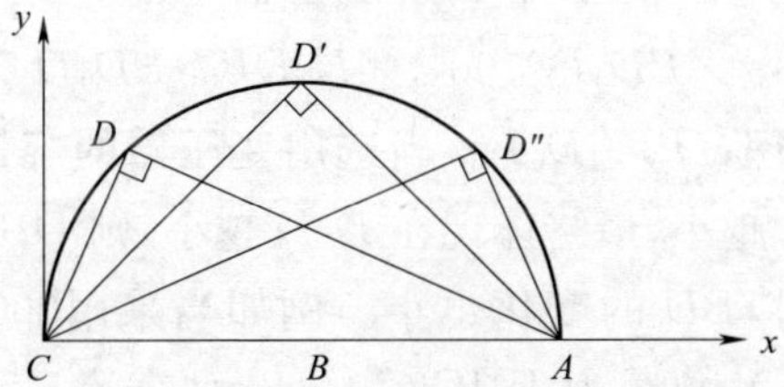

图 5—6　阻容移相器 D 点轨迹图

在图 5—6 中，D 点在圆周上运动，则 $\dot{U}_{BD}$ 与 $\dot{U}_{AC}$ 的相位差滞后 0°～180°，而且尚可发现 $\dot{U}_{BD}$ 的大小不变，恒等于 $\dot{U}_{AC}/2$。如果电路中还应

用$\dot{U}_{BD}$,则还可得 0°~360°相移,以上对移相器的分析是忽略电源或变压器的内部消耗,并假定 B、D 间空载。实际运用中既不可能有理想的变压器,又不能有近似空载的负载。例如测试交流二元继电器的移相器,其负载为轨道线圈,阻抗为 385∠70° Ω,使用的移相变压器既有铜损,又有铁损(当$\dot{U}_{BD}$与变压器一次侧电压相位比较时,应考虑铜损引起的相位误差)。为使 R 变化时尽可能使$\dot{U}_{BD}$的模值变化不大,基本等于$\dot{U}_{AC}/2$,因此,对变压器、移相电容值、变压器内阻阻值和移相电阻的选择是问题的关键。现分析如下:

1. 变压器内阻的选择

当仅考虑线圈电阻时,移相器的电路图和向量图如图 5—7 所示。

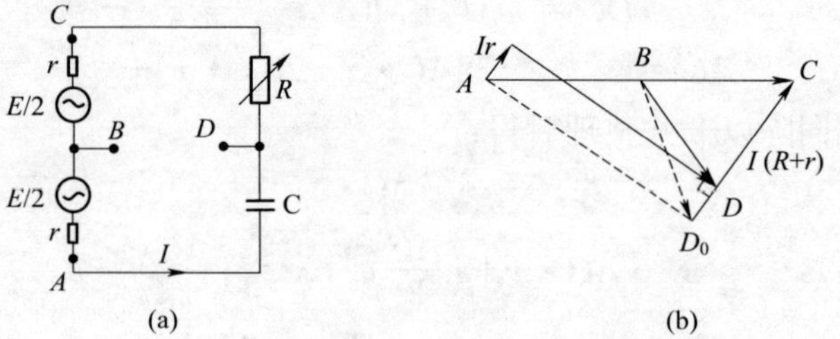

图 5—7 移相器的电路图和向量图

$$\angle BD_0D=180°-\angle D_0BD-\angle D_0DB$$

因为 $\angle D_0DB>90°$

所以 $\angle BD_0D<90°,\angle D_0DB>BD_0D$

根据正弦定理,$DB<D_0B$。当选用变压器的容量越大,其线径越粗,则线圈内阻 r 越小,最终体现在 D_0D 越小,则 $DB\approx D_0B$,而且在改变 R 进行移相时,BD 的变化也小。例如当采用300 VA移相变压器(移相电容300 μF),负载为 JRJC$_1$-70/240 型交流二元继电器,进行移时,R 由零至无穷大,移相器输出电压$\dot{U}_{BD}$的变化为 9.65~10.3 V,电压波动约为±3.2%,若将移相变压器改用容量为65 VA的 BM-25 型变压器,$\dot{U}_{BD}$变化为 9.6~10.8 V,电压波动约为±6%。

2. 移相电容值的选择

当移相器接上负载为交流二元继电器的轨道线圈($Z_G = 385\angle 70°\ \Omega$),其等效电路如图 5—8 所示。

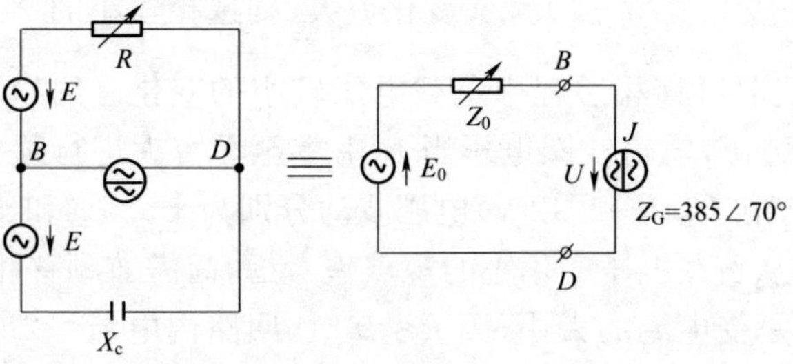

图 5—8　带负载的移相器等效电路图

根据戴维南定理:

$$\dot{E}_0 = \dot{E} - R\dot{I} = \dot{E} - R\frac{2\dot{E}}{R - jX_C} = \frac{-\dot{E}(R + jX_C)}{R - jX_C}$$

$$\dot{Z}_0 = \frac{-jX_C R}{R - jX_C}$$

当接上负载 Z_G 后:

因为
$$\dot{E}_0 = \frac{-\dot{E}\sqrt{R^2 + X_C{}^2}\angle \arctan\left(\frac{X_C}{R}\right)}{\sqrt{R^2 + X_C{}^2}\angle \arctan\left(\frac{-X_C}{R}\right)}$$

$$= -\dot{E}\angle 2\arctan\left(\frac{X_C}{R}\right)$$

是一个模值恒为 E 的向量。而 $\dot{Z}_0$ 的模值为:

$$Z_0 = \frac{X_C R}{\sqrt{R^2 + X_C{}^2}} = f(X_C, R)$$

当 R 变化时有:

$$\Delta Z_0 = \frac{\partial Z_0}{\partial R}\Delta R = \frac{X_C{}^3}{(R^2 + X_C{}^2)^{3/2}} \cdot \Delta R$$

上式说明当移相电阻由 R 增大 ΔR 时,Z_0 也增大 ΔZ_0。另外,此时(指 R 变化到 $R + \Delta R$ 时)ΔZ_0 还与 X_C 值的大小有关:

$$\Delta Z_0 = \frac{X_C{}^3}{(R^2 + X_C{}^2)^{3/2}} \cdot \Delta R = f(X_C)$$

欲知 X_C 与 ΔZ_0 的关系,可对 X_C 施以偏微分,即 $\frac{\partial(\Delta Z_0)}{\partial X_C}=\frac{3R^2X_C{}^2\Delta R}{(R^2+X_C{}^2)^{5/2}}>0$,$X_C$ 愈大,Z_0 变化愈大,则选择较小的 X_C(即较大的电容值),能取得移相过程中负载电压较小的变化。例如电容分别选 90 μF和270 μF,轨道线圈电压当 R 由零至无穷大进行移相时分别为 18.8～21 V和 19.1～20.2 V,电压波动分别为±5.5%和±2.8%。但 X_C 不能仅从负载电压变化小的观点去考虑,尚需兼顾移相电阻 R(可变电阻)能承受电流的大小,因 $R\approx0$ 时,回路内电流$\approx 2E/X_C$。例如经滤波器后加在轨道线圈上的电压最大值应不小于20 V,则相当于移相变压器的输出电压($2E$)不小于40 V,应有 40～60 V,当 R 调至很小接近零时,流过电阻 R 上的电流约为 $2E/X_C$。一般几百欧的可变电阻允许电流在 2.5～3 A范围,设变压器输出电压($2E$)为60 V,$I_{max}\leqslant 3$ A,则$X_{Cmin}=60/3=20\ \Omega$,$C=10^6/2\pi fX_C\approx318$ μF,实际可选用300 μF($X_C\approx21.2\ \Omega$)。

3. 移相电阻的选择

移相器简化向量图如图 5—9 所示。

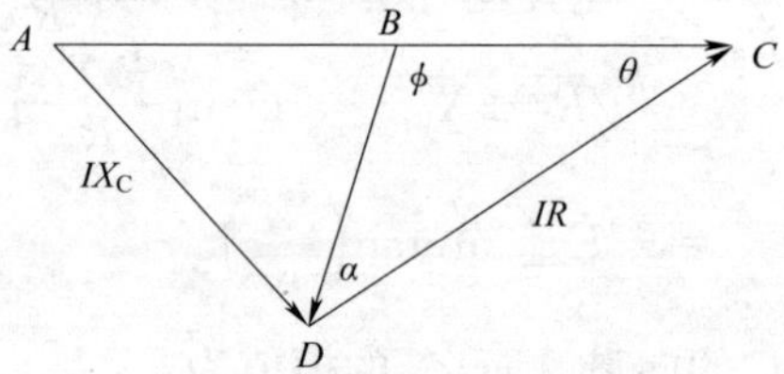

图 5—9 移相器简化向量图

$\dot{U}_{BD}$滞后$\dot{U}_{AC}$的角度为 ϕ,因为 $BD=BC$,所以 $\theta=\alpha$,即 $\phi=180°-2\theta$,又因 $\theta=\arctan(X_C/R)$,所以当 $R=0$ 时,$\theta=90°$,$\phi=180°-180°=0°$。当 R 为无穷大时,$\theta=0°$,$\phi=180°-0°=180°$,即 R 从零变化到无穷大,才能得到 0°～180°的相移。但实际运用中既没有无穷大的可变电阻,也不需进行 0°～180°的移相,JRJC$_1$-70/240 型交流二元继电器的理想相位差(指局部线圈电压导前轨道线圈电压的角度)为 90°,一般测试理想角时需找出偏离理想角 30°～50°的两个点,即有 40°～140°

的移相范围就足够了。实际选用$R=300\ \Omega$(2.5～3 A)的可变电阻，当C选为300 μF、R_{max}选为300 Ω、如$Z_G=395\angle 72°\ \Omega$时，在理论上可移相范围，可分别求出：

$R=0$ 时，$\dot{U}_{BD}=\dot{E}\angle 0°$

$R=X_C=21.2\ \Omega$时，$\dot{U}_{BD}=1.0167\dot{E}\angle(-88.05°)$

$R=300\ \Omega$、$X_C=21.2\ \Omega$时，$\dot{U}_{BD}=1.049\dot{E}\angle(-170.75°)$

即有 0°～170°的移相范围。

4. 测试误差及其校正

寻找理想相位角的方法，是分别找出比理想角大α的ϕ_2点和小β的ϕ_1点，若该两点的翼板转矩相等，当这两点的U_G相等，$\alpha=\beta$，则理想角$\phi=(\phi_1+\phi_2)/2$。当U_G不等时，例如ϕ_2点的$U_{G2}=KU_{G1}$，如图5—10 所示。

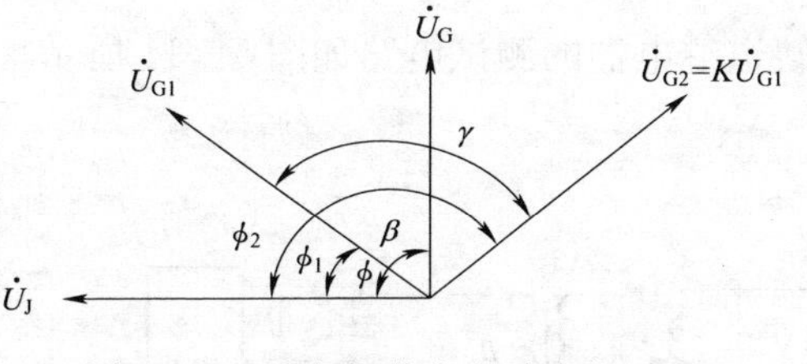

图 5—10　理想相位角的确定方法图

按翼板转矩相等的关系，有：

$$M_1=CU_{G1}U_J\cos\beta;M_2=CU_{G2}U_J\cos\alpha$$

则$M_1=M_2$，整理后有：

$$\cos\beta=K\cos\alpha$$

故$\gamma=\phi_2-\phi_1=\alpha+\beta$，$\alpha=\gamma-\beta$，当$\alpha$以$\gamma-\beta$代入式$\cos\beta=K\cos\alpha$，得：

$$\cos\beta=K\cos(\gamma-\beta)=K\cos\gamma\cos\beta+K\sin\gamma\sin\beta$$

化简整理后得，$\tan\beta=\dfrac{1-K\cos\gamma}{K\sin\gamma}$，$\beta=\arctan\dfrac{1-K\cos\gamma}{K\sin\gamma}$，当$K=1$时，因为$\dfrac{1-\cos\gamma}{\sin\gamma}=\tan\dfrac{\gamma}{2}$，所以$\beta=\arctan\tan\dfrac{\gamma}{2}=\dfrac{\gamma}{2}$。当$K\neq1$时，则$\beta\neq\dfrac{\gamma}{2}$，$\phi=\phi_1+\arctan\left[\dfrac{1-K\cos(\phi_2-\phi_1)}{K\sin(\phi_2-\phi_1)}\right]$。例如$U_{G1}=14.5$ V，$U_{G2}=$

15.5 V，$\gamma=60°$，则：

$$\beta=\arctan\left[\frac{1-\frac{15.5}{14.5}\cos 60°}{\frac{15.5}{14.5}\sin 60°}\right]=\arctan 0.5082=26.69°$$

真正的理想角 $\phi=\phi_1+26.69°$。而按常规的求法，理想角 $=\phi_1+\frac{\gamma}{2}=\phi_1+30°$。所以简易的校正方法是按常规求得的理想角加或减 2°～3°（当 $U_{G2}>U_{G1}$ 时，应减去 2°～3°，反之则加上 2°～3°）。

当然，上述误差不包括相位表、电压表的读数误差和操作者的测试误差。这些误差在 50 Hz 交流二元继电器采用感应式调相器时依然存在。

四、电气特性测试

交流二元轨道继电器的测试电路如图 5—11 所示。

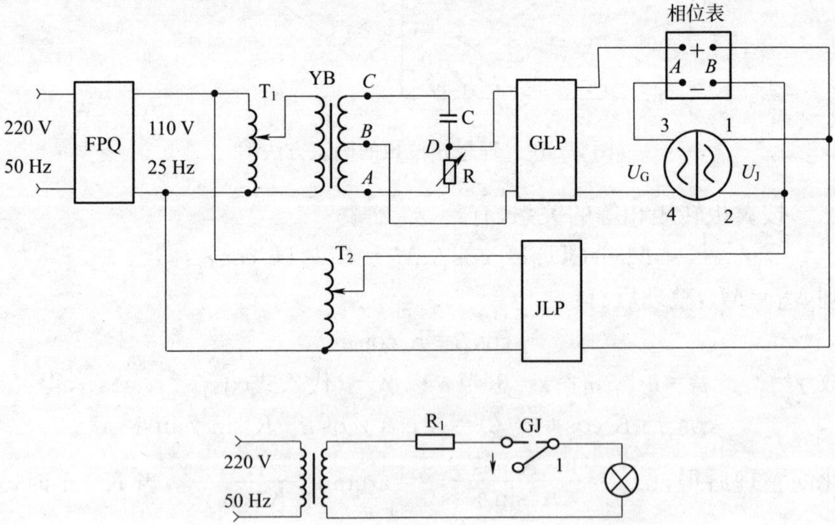

图 5—11　交流二元轨道继电器的测试电路

FPQ—分频器；GLP—轨道滤波器；JLP—局部滤波器。

1. 对测试电路的要求

(1) 供给局部线圈和轨道线圈的25 Hz电源，其失真度应不大于5%。因为25 Hz分频器的输出波形为非正弦波，且不同的分频器可能有不同的输出波形，对于整流式或磁电式仪表因取其平均值，对不同波形响应有不同读数；电磁效式或电动式仪表系取有效值，虽可读出准确数值，但其内阻较小，不能适用于交流二元轨道继电器的小功率电压测量。为了测得准确的数据，在轨道线圈和局部线圈的前面分别接入滤波器，使谐波基本上不加在局部线圈和轨道线圈上。根据多次测试表明，当电源失真度在 5%以下时，则基本为正弦波，不同电表均可得基本相同读数。同时现行采用的 CX-2 型相位测试仪，在采用阻容移相器后，为使波形“过 0”干净，也要求在前面接入滤波器，因此测试电源必须对失真度有明确要求。考虑到滤波器的设计方便，采用两个滤波器分别用于局部电源和轨道电源。

(2) 移相变压器的容量应比负载(轨道线圈)所消耗的功率大得多，这样在移相时，使交流二元继电器端电压变化较小。移相电容的容量小时，则在移相时，交流二元继电器的端电压变化较大。若电容值过大，虽交流二元继电器端电压变化小，但需兼顾变压器容量和移相电阻的额定功率。

(3) 接入电路的50 Hz自耦变压器，因用于25 Hz电源时其感抗值约减小一半，在相同数值的电压下，25 Hz较 50 Hz 电流将大大增加，所以其输入25 Hz电压值应为50 Hz额定电压值的一半。

(4) 电路连接时设备间应注意同名端相连，否则相位表所测得的角度不能反映真实的理想角。

2. 理想相位角的测试

如上所述，当失调角为$+\beta$或$-\beta$时，翼板能得相同转矩。当局部线圈加额定电压U_J，轨道线圈加略高于理想角时的吸起电压，改变阻容移相器的R时，翼板可得两点相同转矩($+\beta$或$-\beta$时)，如以一组前接点接触两次。如测得第一次前接点接触时U_J超前$U_G(I_G)\phi_1$，第二次前接点接触时U_J超前$U_G(I_G)\phi_2$(如测得为U_G或I_G的角度)，则粗略的理想角$\phi'=\dfrac{\phi_1+\phi_2}{2}$，如图 5—12 所示。在根据两次测得的$U_G$数值,调整后得真正理想角 ϕ。

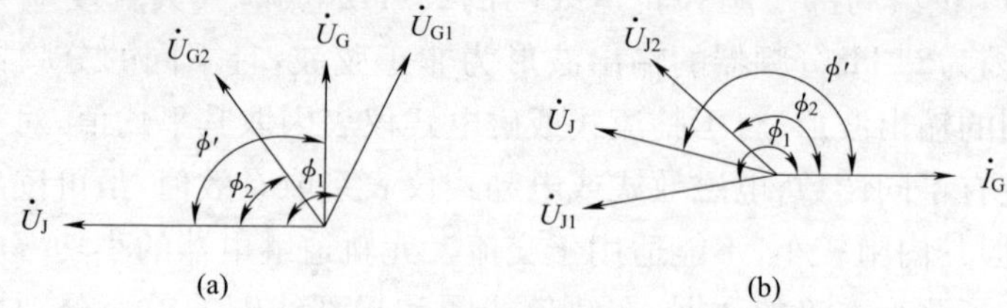

图 5—12 理想相位角的确定方法图

根据上述要求,理想相位角的测试步骤如下:

(1) 首先应按图 5—11 要求,组成测试电路。接通分频器50 Hz输入电源,并确认已起振,其输出电压应在指标规定的范围内。

(2) 对滤波器的输出波形应经失真度测试仪检查,其失真度应不大于 5%。

(3) 调整 U_J 电压至110 V,U_G 调整到 12～16 V,并在整个过程中不再改变。

(4) 将 R 向一个方向滑动,使继电器前接点断开(可用灯泡监视)。

(5) 将 R 向反方向滑动,使继电器前接点开始接触,记下此时的相位角 ϕ_1 和 U_G 电压值 U_{G1}。

(6) 继续延上述方向滑动 R,使继电器再次断开前接点,并继续滑动使之断开更大。

(7) 又将 R 向反方向滑动,使继电器前接点重新接触,记下此时的相位角 ϕ_2 和 U_G 电压值 U_{G2},可求得继电器粗略的理想角 $\phi'=\dfrac{\phi_1+\phi_2}{2}$,再根据 U_{G1} 和 U_{G2} 的数值,将 ϕ'增加或减少 2°～3°,即得真正理想相位角 ϕ,然后调整 R,使相位计指示角度为 ϕ。此时继电器得理想相位角,测试完毕,再测试其他电气特性时,R 不得再次滑动。

3. 工作值和释放值的测试

交流二元继电器的工作值和释放值的测试,均应在理想相位和局部线圈在额定电压值(110 V)条件下进行。工作值为上滚轮和翼板的辅助夹开始并接触时的电压,释放值为全部前接点开始并完全断开时的电压。其测试电路仍为图 5—11。

（1）工作值的测量

保持局部线圈电压为额定值和在理想相位角的状态，然后使轨道线圈电压由零逐渐增加，当翼板的辅助夹开始接触上滚轮时，读取此时的电压值，即为工作值。

（2）释放值的测量

交流二元继电器吸起后，再继续增加轨道线圈电压至20 V，然后逐渐降低轨道线圈电压，当交流二元继电器全部前接点断开时（可用接点表示灯监视），读取此时的电压值，即为释放值。

（3）额定电流值的测量

局部线圈电压为额定值和轨道线圈电压为工作值时，断开局部线圈和轨道线圈电路，将电流表接入，则可分别测得局部线圈额定电流和轨道线圈额定电流。

4. 磁路平衡度的测试

交流二元继电器磁路平衡度的测试，主要考虑由于磁路不对称，使局部线圈所产生的磁通在轨道线圈中不能完全抵消，而在轨道线圈中产生感应电势，如图 5—13 所示。根据楞次定律，这个感应电势滞后局部线圈磁通 90°，在并联防护盒后，正好符合理想相位角的要求，故能使翼板产生转矩。当交流计数电码化为受电端发码时，则更为显著。由于不同的交流二元继电器有不同的磁路不对称情况，因而局部磁通在轨道线圈中抵消后剩余磁通的方向不同，所以该感应电势将使翼板产生向上或向下转矩。若转矩使翼板向上，当轨道电路被列车分路时，轨道线圈的两端，除了分路后的残压外，还加上因磁路不平衡由局部电压感生的电势，影响轨道电路可靠分路。若转矩使翼板向下，将影响轨道电路调整状态的工作。所以对交流二元继电器的磁路平衡进行检查，以保证轨道电路安全可靠地工作。

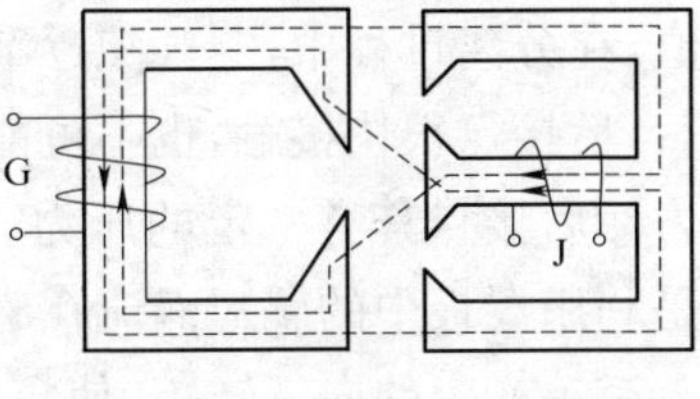

图 5—13　继电器的磁路示意图

为了便于测得轨道线圈上的电压，局部线圈由50 Hz 220 V供电，在轨道线圈上并联5 μF电容器,在电容器两端的电压值应不大于5 V。测试电路如图 5—14 所示。

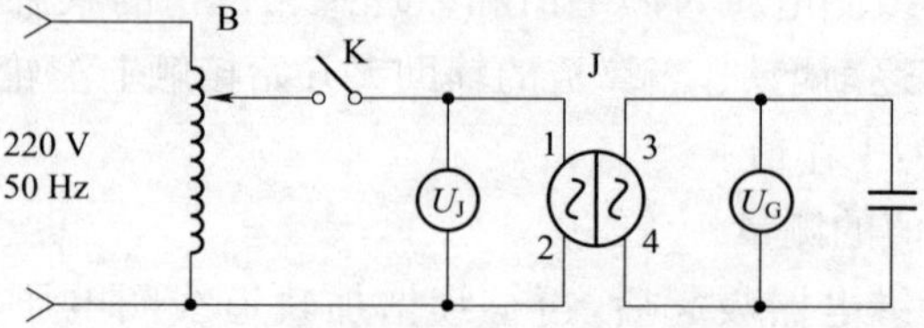

图 5—14　磁路平衡度的测试图

五、关于后接点的使用问题

由于 JRJC 型交流二元继电器是属于感应式继电器,且没有附加轴,与一般 AX 型继电器不同。AX 型继电器通电后铁芯对衔铁产生吸力,使空气隙逐渐减小,即使电流不再增大,保持原值,因空气隙减小又使吸力加强,所以在衔铁被吸引后不可能停留在中间位置,必然导致前接点接触。若接通的电流降低到保持值以下,其吸力将克服不了衔铁的重力,而使衔铁与铁芯分离。同样,即使电压不再下降仍维持原值,在分离过程中,空气隙逐渐加大,吸力迅速减弱,因而在前接点分离后,后接点很快接触,也不可能停留在中间位置。断电时由于衔铁的重力使后接点具有一定的压力。而 JRJC 型继电器则不同,前接点接触是利用翼板中的感应涡流在磁极的作用下,使翼板产生向上转矩,克服重锤等产生的向下转矩,使翼板上升而带动接点。如果局部线圈供以额定电压,而轨道线圈在列车分路后有一定残压,翼板仍有一定转矩,虽不能使前接点接触,但是可能使翼板停留在一定位置,此时,前、后接点都不接触,或后接点虽能接触,但不具有规定的压力,所以不能用后接点反映轨道电路的占用表示。因此在信号电路中不应直接使用 JRJC 型轨道继电器的后接点,应以其前接点复示继电器的接点接入电路。

在25 Hz轨道电源屏的定向电路中,当局部电源电压滞后轨道电源电压时,检查该相位的交流二元继电器的翼板,除本身重力外,还得到一个向下的转矩,使后接点压力更大,所以在定向电路中能使用该继电器的后接点。

第二节　JWXC-H310 型缓动继电器

一、JWXC-H310 型继电器的用途

JWXC-H310 型插入式无极缓动继电器是专为 97 型 25 Hz 相敏轨道电路配套研制的，配合系统其他器材解决冲击干扰引起轨道继电器误动、危及行车安全等问题。

继电器结构采用 AX 系列继电器的磁路和接点系统。接点组是 8 组前后普通接点。磁路系统采用无极磁路；为了保证继电器的时间特性，采用一个铜架线圈，另一个线圈的位置装了一个铜套。

二、JWXC-H310 型继电器电气特性

1. 型号及其代表的含义

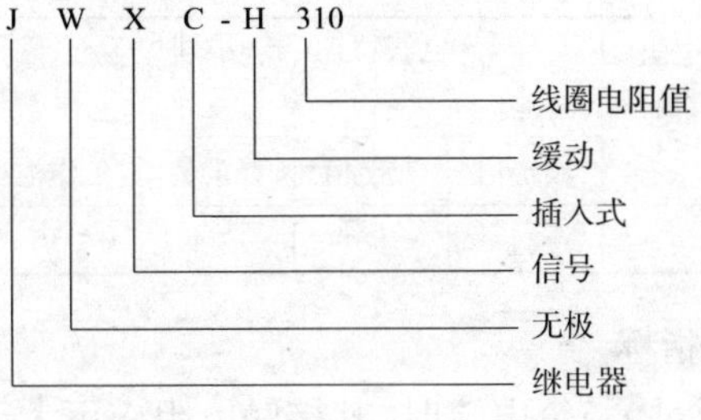

2. 使用环境

(1) 大气压力不低于74.8 kPa(海拔高度不超过2 500 m)。

(2) 空气相对湿度不大于 90%(温度25 ℃)。

(3) 周围空气温度－40℃～60 ℃。

(4) 振动频率不大于15 Hz，振动幅度不大于0.45 mm。

(5) 周围无引起爆炸危险的有害气体，并有防尘措施。

3. 继电器的外形尺寸(图5—15)

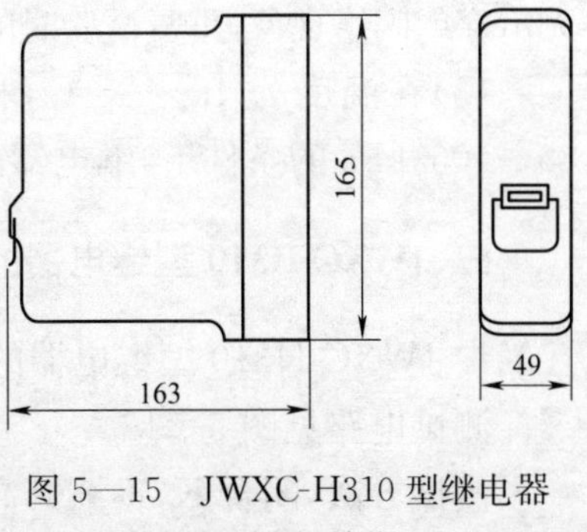

图 5—15　JWXC-H310 型继电器的外形尺寸图(单位：mm)

4. 继电器的规格(表 5—4)

表 5—4

继电器名称	继电器型号	鉴别销号码	接点组数	电源片连接方式
无极缓动继电器	JWXC-H310	23、54	8QH	

5. 继电器的机械特性(表 5—5)

表 5—5

继电器型号	接点间隙 mm	接点压力 mN		托片间隙 mm	接点齐度误差 mm
		前接点	后接点		
JWXC-H310	≥1.3	≥250	≥150	≥0.35	≥0.15

6. 继电器的电气特性和时间特性(表 5—6)

表 5—6

继电器型号	线圈电阻(+20℃时)Ω	电气特性(+20 ℃时) V				时间特性(DC 24 V) s	
		额定值	充磁值	释放值	工作值	缓吸时间	缓放时间
JWXC-H310	310	24	66	≥4	≤15	0.4±0.1	0.8±0.1

7. 其他技术指标

(1)接点当通过0.5 A电流时,其接触电阻应不大于0.05 Ω。

(2)在大气压力不低于86 kPa(海拔高度不超过1 000 m),继电器的绝缘耐压能承受交流正弦波50 Hz、1 000 V有效值1 min的耐压实验,应无击穿或闪络现象,重复试验时的试验电压值应为试验电压的75%。

(3)在温度为 15～35 ℃,相对湿度为 45%～80%,大气压力在 86～106 kPa 的条件下,继电器的绝缘电阻应不低于 100 MΩ。

三、JWXC-H310 型继电器的测试

1. JWXC-H310 型继电器的工作值、释放值、缓放时间的测试

测试电路见图 5—16。

测试方法,闭合 K,逐渐升高电压至充磁值,然后逐渐降低至全部前接点断开时的最大电压值即释放值。继续将电压降至零,断开电路

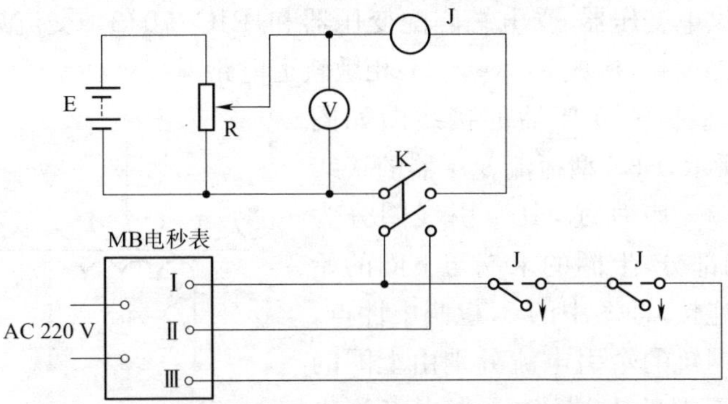

图 5　16　JWXC H310 型继电器特性测试电路

1 s以上，然后再升高电压至衔铁止片与铁芯接触及全部前接点闭合，并满足规定接点压力时的最小电压值即工作值。将线圈电压调到规定值，然后打开 K 至前接点断开的时间即缓放时间。

2. 缓吸时间的测试

测试电路见图 5—17。

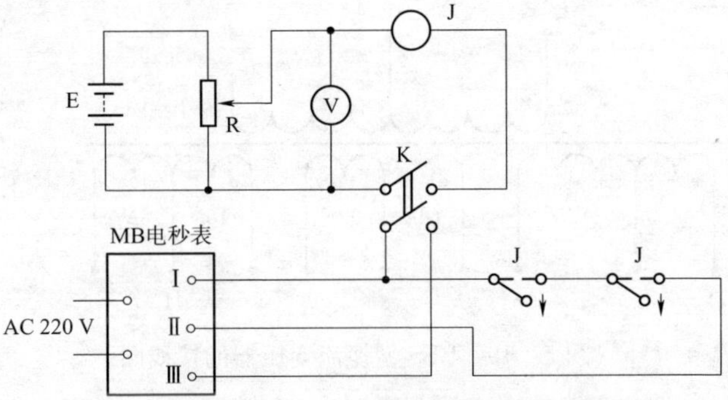

图 5—17　JWXC-H310 型继电器缓吸时间测试电路

将继电器线圈电压调至规定值，然后断开 K，在闭合 K 至全部前接点闭合的时间即为缓吸时间。

第三节　扼流变压器

一、用　　途

扼流变压器在轨道电路中的作用是用以构通牵引电流，同时配合送电端供电变压器、受电端匹配变压器和JRJC$_1$-70/240交流二元轨道继电器等设备,构成 97 型25 Hz相敏轨道电路系统。

BE 型扼流变压器的接线图如图 5—18 所示,BES 型扼流变压器的接线图如图 5—19 所示,其牵引线圈分为上、下两部分,上圈的末端与下圈的始端互相连接,即图中的 3,也叫中性点,当两根钢轨的牵引电流分别由上圈的始端和下端的末端流入,由中点流出时,因为上、下两圈匝数相同,而两圈中电流的方向相反,在同一铁芯上两线圈所产生的磁通大小相等,方向相反,则信号线圈中不产生 50 Hz 感应电流。对 25 Hz 信号电流来说,是由一根钢轨流向另一根钢轨,从一个方向流经上、下牵引线圈,与信号线圈共同形成变压器。

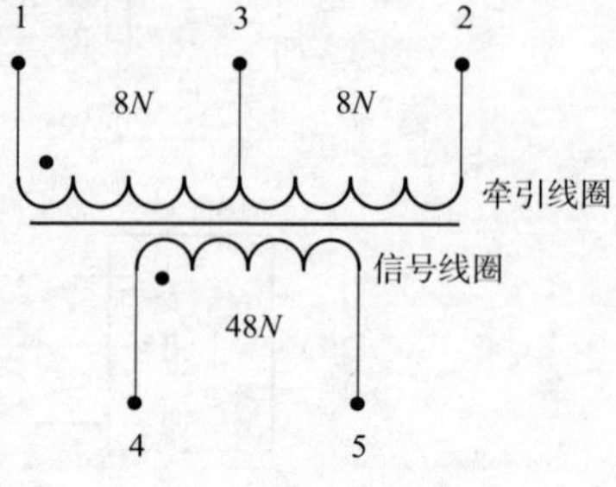

图 5—18 BE 型扼流变压器的接线图

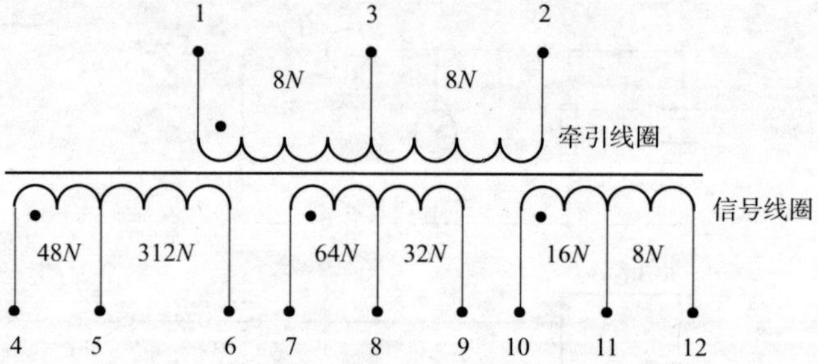

图 5—19 BES 型扼流变压器的接线图

97 型 25 Hz 相敏轨道电路的送电端和受电端使用同一类型的扼流变压器。

二、使用环境

1. 大气压力不低于74.8 kPa(海拔高度不超过 2 500 m)。
2. 周围空气温度−40 ℃~60 ℃。
3. 空气相对湿度不大于 90%(+25 ℃)。
4. 周围无引起爆炸危险的有害气体。

三、结构和外形

1. 扼流变压器型号及其代表的含义

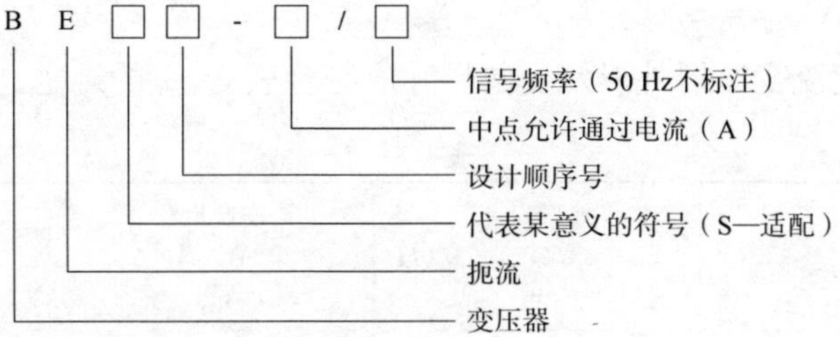

2. 扼流变压器结构示意见图 5—20。

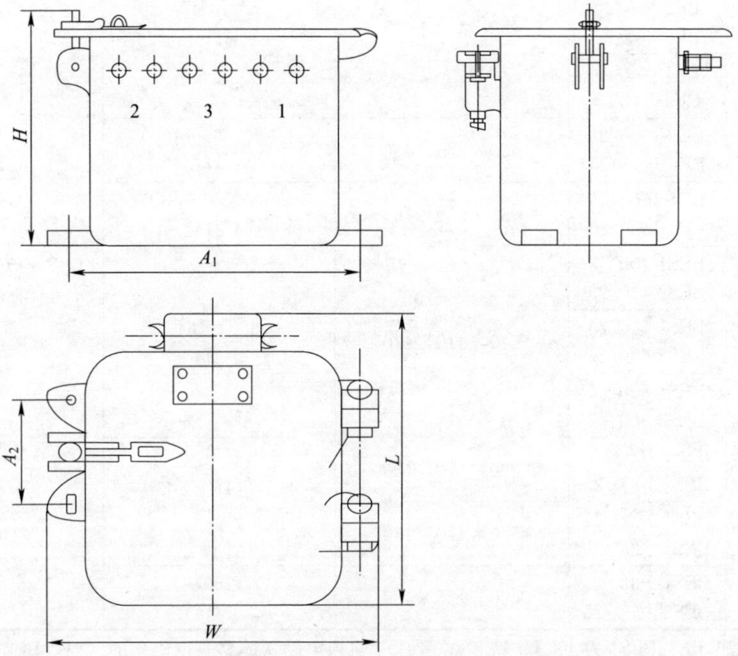

图 5—20　扼流变压器结构示意图

(1)L——长;W——宽;H——高;A_1、A_2——安装尺寸。

(2)扼流变压器牵引螺栓间距:400A～1200A 两个螺栓间距 40 mm、组间 50 mm;1600A 两个螺栓间距 50 mm、组间 70 mm。

(3)扼流变压器引出螺栓采用 H62 黄铜(铜含量不低于 62%)加工,应符合 GB/T 4423—2007 的规定。接线单根螺栓规格分别不小于:M10(400A～600A)、M12(800A)、M14(1000A)、M16(1200A)、M20(1600A)。

3. 扼流变压器外形及安装尺寸应符合表 5—7 的规定。

表 5—7

型号		外形尺寸 长(L)×宽(W)×高(H) mm	安装尺寸 $A_1 \times A_2$ mm	冷却方式
BE系列	BE1-400/25 BE2-400/25	355×410×395	350×164 4-ϕ14	自然空气冷却 (AN)
	BE1-600/25 BE2-600/25			
	BE1-800/25 BE2-800/25			
	BE1-1000/25 BE2-1000/25	490×470×430	415×(160～180) 4-ϕ14	
	BE1-1600/25 BE2-1600/25	480×500×460	450×(160～180) 4-ϕ14	
BES系列	BES1-400/25 BES2-400/25	440×410×420	350×164 4-ϕ14	
	BES1-600/25 BES2-600/25			
	BES1-800/25 BES2-800/25			
	BES1-1000/25 BES2-1000/25	490×470×450	415×(160～180) 4-ϕ14	
	BES1-1200/25 BES2-1200/25	520×470×480		
	BES1-1600/25 BES2-1600/25	490×725×480	450×(160～180) 4-ϕ14	

注:BE1、BES1 为 400 Hz 铁芯,主要用于轨道电路实施移频电码化的区段。BE2、BES2 为 50 Hz 铁芯,用于一般轨道电路区段。

四、主要技术特性

1. BE 系列扼流变压器的电气参数见表 5—8。

表　5—8

变压器类型				BE1-400/25 BE2-400/25	BE1-600/25 BE2-600/25	BE1-800/25 BE2-800/25	BE1-1000/25 BE2-1000/25	BE1-1600/25 BE2-1600/25
匝比(牵引线圈 1-2、信号线圈 4-5)(误差±5%)			N	1:3				
20℃时信号线圈直流电阻不大于			Ω	0.1			0.08	
牵引线圈 50 Hz 阻抗值不应小于			Ω	0.55(20 A)	0.55(30 A)	0.55(40 A)	0.55(50 A)	0.55(80 A)
牵引线圈未经磁化的移频阻抗	在牵引线圈加载 0.6～8 V 的 ZPW-2000 系列的标准载频(1 700～2 600 Hz)信号电压时,其开路阻抗值不应小于 Ω			17				
牵引线圈未经磁化阻抗	牵引线圈加 25 Hz、0.4 V 电压	阻抗值不小于	Ω	0.8			0.9	
		阻抗角不小于	°	75				
	牵引线圈加 25 Hz,2.5 V 电压阻抗值不大于		Ω	1.2			1.3	
牵引线圈经 50 Hz 电源磁化阻抗	经 50 Hz、15 V 电压磁化的牵引线圈加 25 Hz、2.5 V 电压,阻抗值不小于		Ω	1.0				
牵引线圈经直流磁化阻抗	经 10 A 直流磁化的牵引线圈加 25 Hz、0.4 V 电压,阻抗值不小于		Ω	0.56			0.63	
不平衡度	应小于			0.5%				
牵引线圈未经磁化的移频阻抗只对 BE1 型变压器进行测试;牵引线圈经直流磁化阻抗≥牵引线圈未经磁化阻抗(牵引线圈加 25 Hz、0.4 V 电压)×70%。								

2. BES系列扼流变压器的电气参数见表5—9。

表 5—9

变压器类型		BES1-400/25 BES2-400/25	BES1-600/25 BES2-600/25 BES1-800/25 BES2-800/25 BES1-1000/25 BES2-1000/25	BES1-1200/25 BES2-1200/25	BES1-1600/25 BES2-1600/25
匝比[牵引线圈1-2,信号线圈4-5、5-6、7-8、8-9、10-11、11-12、4-12(连接6-7、9-10)](误差±5%) N		1:3、19.5、4、2、1、0.5、30			
牵引线圈阻抗	牵引线圈加25 Hz,0.5 V～1.5 V电压,其阻抗(误差±5%) Ω	0.327	0.218	0.170	0.141
不平衡度	应小于	0.5%			

3. BE型变压器同名端如图5—18所示,为1、4;BES型变压器同名端如图5—19所示,为1、4、7、10。

4. 在大气压力不低于89.9 kPa条件下(相当于海拔1 000 m以下),扼流变压器牵引线圈与信号线圈间,牵引线圈、信号线圈与其他金属部分(铁芯、外壳)间应能承受交流50 Hz正弦波,电压有效值2 000 V,历时1 min,应无闪络击穿现象;试验时泄漏电流不应大于10 mA,该试验一般只允许进行一次,重复试验的试验电压值为原试验电压值的75%。

5. 在环境温度为+70 ℃,加于干式扼流变压器牵引线圈中点的电流为额定值时,反复通电10 min、断电10 min,持续时间2.5 h,扼流变压器牵引线圈温升应符合以下规定:

①400 A、600 A、800 A、1 000 A的变压器不应超过70 K;

②1200 A、1600 A的变压器不应超过90 K。

6. 扼流变压器的绝缘电阻应符合下列规定:

①在环境温度为+15℃～+35℃时,相对湿度为45%～75%,大气压力在86～106 kPa的试验大气条件下,扼流变压器的牵引线圈与

信号线圈之间，牵引线圈、信号线圈与其他金属部分（铁芯、外壳）之间的绝缘电阻不应小于1 000 MΩ。

②扼流变压器经12天的交变湿热试验后，其绝缘电阻应不小于1.5 MΩ。

7. 扼流变压器箱盖与箱体应配合紧密，并应符合GB 4208—2008中IP55级的规定。

五、电气特性测试

1. 测试要求

(1) 进行各项测试前，均应首先检查如下内容：

① 25 Hz输入电源的失真度：≤5%。

② 输入信号频率：50 Hz±1 Hz；

25 Hz±0.5 Hz。

(2) 仪表使用

除特殊注明的仪表外，测试仪表为真有效值表，准确度不低于0.5级。

(3) 取样电阻的选取

用三电压法测阻抗时，电阻阻值的选取应以电阻上的电压降近似等于被测阻抗的电压降为原则。

2. 同名端的检查

(1) 检查同名端的意义

具有可靠的相位选择性，保证有轨端绝缘破损防护是25 Hz相敏轨道电路重要特性之一，因此要求各元件间必须严格按照同名端相连的原则。否则在轨道电路各元件连接并接通电源后，不能保证轨道继电器在轨道电路空闲时可靠吸起，同时也不利于对相邻轨道电路的相位交叉检查。为防止由于产品出厂检查不严，个别产品的同名端与规定不符，在安装前应对同名端进行检查。

所谓同名端，是当电流对此两端钮有相同的方向时，每一元件的自感和互感磁通都应该是相加的，那么这两端钮就称为同名端（应按电工命名）。

(2) 测试电路

对于同名端的检查,扼流变压器和轨道变压器均可采用直流电源和直流电压表法,如图 5—21 所示。

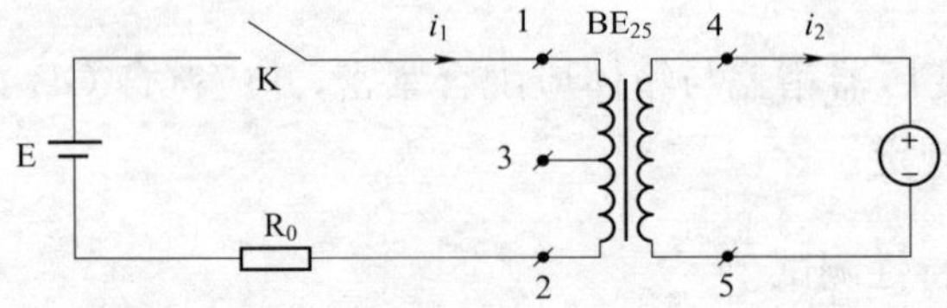

图 5—21 变压器同名端的检查电路图

R_0—2.2 Ω; E—1.5 V,1 号电池; V—指针式万用表直流电压挡。

(3) 测试步骤

① 闭合 K 的瞬间,电压表指针应向正方向偏转。

② K 闭合,指针稳定。

③ 断开 K 的瞬间,电压表指针应向反方向偏转。

由此,可确定出 1、4 或 2、5 分别为同名端。

当 K 闭合,短时间内产生电流 i_2 以削弱 i_1 所产生的磁场,因此在电源接通瞬间,电流 i_1 和 i_2 对同名端有相反方向。电流 i_1 的方向由电源的极性决定,电流 i_2 的方向,可根据电压表的指针短时间偏转方向来判断。如指针向刻度方向偏转而不向反方向偏转,则电流 i_2 指向电压表的正端钮。当电源断开时,电压表的指针重新偏转一次,但偏转到反方向,因 i_2 此时反对磁通的减少。从上述测得的结果可以确定扼流变压器 1、4 或 2、5 为同名端。

同名端的检查也可以采用相位测试仪法。不过测试时不像前者那样简单易行。

3. 匝比试验

(1)试验电路

扼流变压器匝比试验电路如图 5—22 所示。

(2)试验步骤与计算方法

合上开关 K,调节调压器 T,使交流电压表 V_1 为 1 V 时测试信号线圈电压 V_2,按以下公式进行计算,计算结果应符合表 5—8、表 5—9

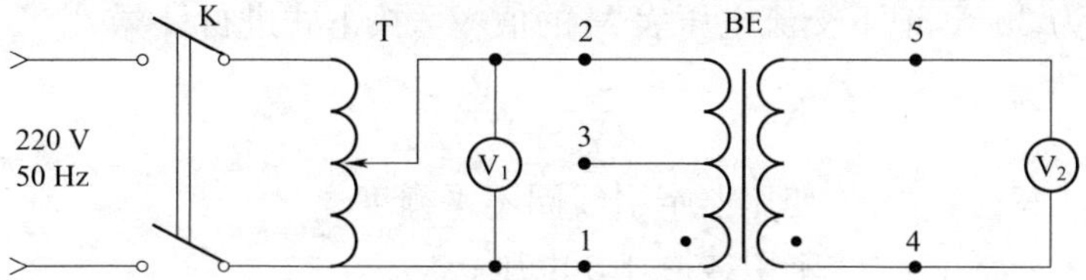

图 5—22　扼流变压器匝比试验电路

K—闸刀开关，双刀单掷，250 V、15 A；T—调压器，250 V、3 kVA；

V_1、V_2—数字真有效值表；BE—被测变压器。

的规定。其他线圈的匝比测试方法相同。

$$N_{12}=\frac{V_1}{V_2}$$

式中　N_{12}——(牵引线圈 1-2)/(信号线圈 4-5)间匝数比；

V_1——信号线圈电压；

V_2——牵引线圈电压。

4. 牵引线圈不平衡度测试(以 BE1-600/25 为例)

(1)试验电路

试验电路如图 5—23(基准电路)和图 5—24 所示。

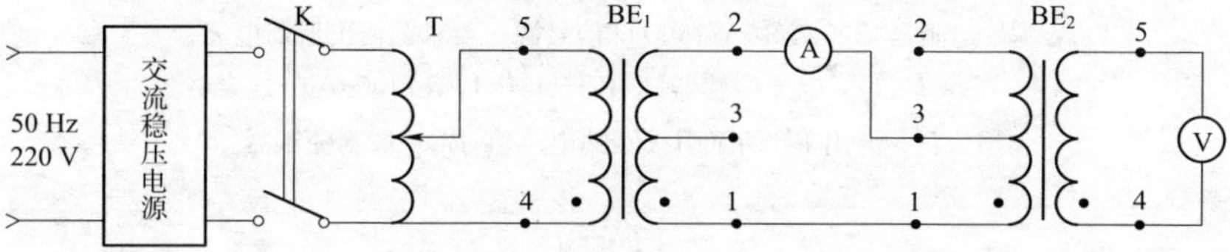

图 5—23　牵引线圈不平衡度试验电路(基准电路)

交流稳压电源—容量 5 kVA；K—闸刀开关，双刀单掷，250 V、15 A；A—交流电流表，0～25 A；T—调压器，250 V、15 kVA；V—数字真有效值表；

BE_1—合格变压器；BE_2—被测变压器。

(2)试验步骤与计算方法

试验步骤与计算方法如下：

①在图 5—23 电路中，闭合开关 K，调节调压器 T 使交流电流表 A 的值为 30 A，记下交流电压表 V 的值 V_1；断开 BE_1 的 1 和 BE_2 的 1，接通 BE_1 的 1 和 BE_2 的 2；闭合开关 K，调节调压器 T，使交流电流表 A

的值为 30 A,记下交流电压表 V 的值 V_2,按下式进行计算。

$$K_{不平衡度}=\frac{|V_1-V_2|}{(V_1+V_2)/2}\times 100\%$$

式中　$K_{不平衡度}$——变压器牵引线圈不平衡度;

V_1——牵引线圈 1-3 电压;

V_2——牵引线圈 2-3 电压。

②在图 5—24 电路中调整信号源,在信号线圈开路或加 2.5 Ω 电阻条件下,使 I_Z 为额定牵引电流,记下此时 I_0 值,图 5—24 中 I_1、I_2 分别为流出 BE 两牵引线圈的电流,电流传感器测出的 I_Z、I_0 分别为 $|I_1+I_2|$ 和 $|I_1-I_2|$ 的值,按下式进行计算。

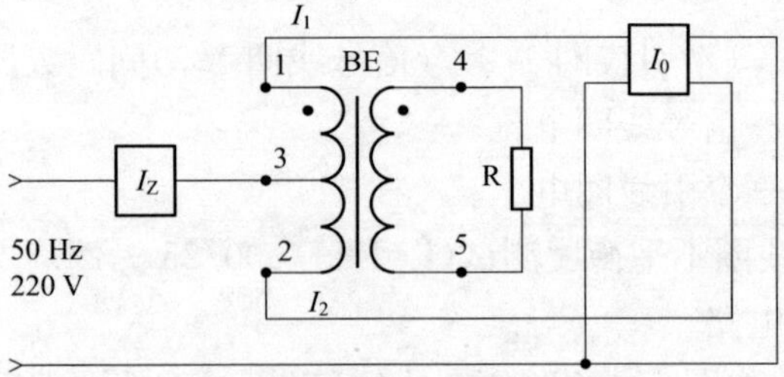

图 5—24　牵引线圈不平衡度试验电路

R—电阻器,2.5 Ω/10 W;50 Hz 信号源—要求能输出所需电流;

I_0、I_Z—电流传感器(I_0-KT5A/P、I_Z-KT1000A);

I_1、I_2—流出 BE 两牵引线圈的电流值;BE—被测变压器。

$$K_{不平衡度}=\frac{|I_1-I_2|}{|I_1+I_2|}\times 100\%$$

式中　$K_{不平衡度}$——变压器牵引线圈不平衡度;

I_1——牵引线圈 1-3 电流;

I_2——牵引线圈 2-3 电流。

5. 牵引线圈阻抗值的测试

牵引线圈阻抗值的测试,应在信号线圈开路的情况下进行。

由于 25 Hz 分频器的输出波形为非正弦波,有较多的高次谐波。不同的分频器有不同的波形失真度,失真度不同测得的阻抗值可能不同,在分频器的制作上也无法保证失真度在某些定值范围内。为去除测试中的假象，应在基本为正弦波的条件下测试，以求得比较准确的阻抗值。故测试所用的 25 Hz 电源，应经过滤波器，保证其波形失真度不大于 5%。

(1)线圈未经 50 Hz 磁化时阻抗值的测试

①测试电路(见图 5—25)

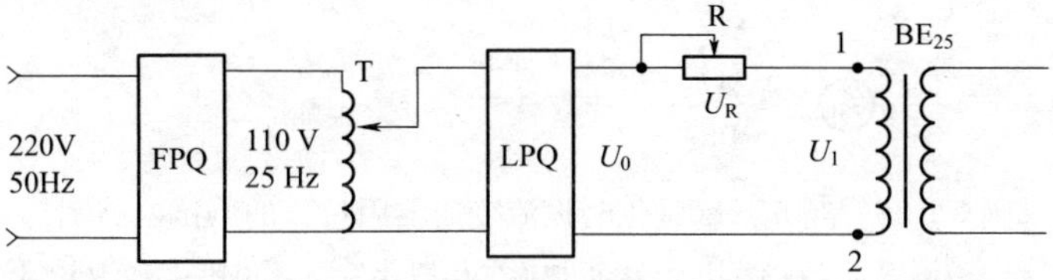

图 5—25　未经 50 Hz 磁化时扼流变压器阻抗值的测试电路图

BE_{25}—被测扼流变压器；R— 无感电阻，2.2 Ω/10 A；LPQ — 滤波器；T—调压器；FPQ—分频器，产生 25 Hz 测试电源；U_0、U_R、U_1——使用同一块表的同一挡测得的电压值。

②测试步骤：

a. 调节 T，使得 $U_1 \approx 0.4$ V 时，测 U_0，U_R；

b. 计算：

$$Z_{测} = \frac{U_1}{U_R} \times R$$

$$\theta = \arccos\left(\frac{U_0^2 - U_1^2 - U_R^2}{2 \times U_1 \times U_R}\right)$$

c. 重复 a、b，多次测试，求 $Z_{测}$、θ_Z 的平均值；

d. 调节 T，使得 $U_1 \approx 2.5$ V 时，重复 a、b、c 步骤。

(2)牵引线圈经 50 Hz 磁化后阻抗值的测试

①测试电路(见图 5—26)

测试时为了达到等效于信号线圈开路的目的，除一台被测扼流变压器外，另设一台辅助扼流变压器，其信号线圈反向串联后接于 25 Hz 电源。当 50 Hz 电源接通牵引线圈后，分别在信号线圈上感生电压，但因两线圈反串，所以信号线圈中电流为零。这样连接后等效于信号线圈开路。测试电路如图 5—26 所示。

②测试步骤：

a. 用失真度测试仪测试滤波器输出波形失真度应不大于 5%；

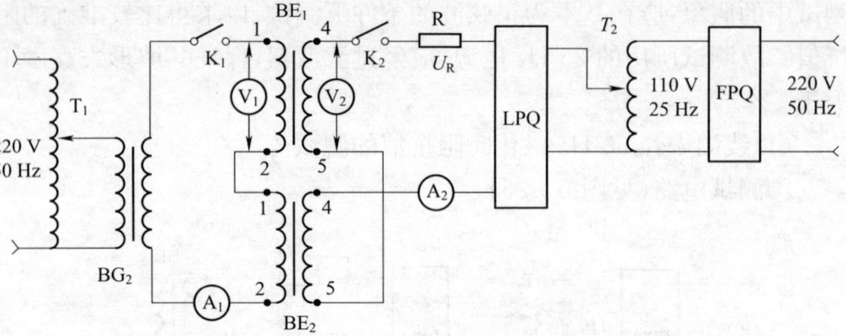

图 5—26　经 50 Hz 磁化时扼流变压器阻抗值的测试电路图

BE_1— 被测扼流变压器；BE_2—基准扼流变压器；R —无感电阻，2.2 Ω/10 A。

b. 打开 K_2 接通 K_1，调整 T 使 V_1 读数为 15 V。断开 K_1 接通 K_2 使 V_2 读数为 7.5 V(因变比 $n=3$，相当于牵引线圈电压为 2.5 V)，再接通 K_1，记录 A_2 的电流值；

c. 计算同时磁化的阻抗值：将电流值 A_2、变比 $n=3$、$V_2=7.5$ V 代入公式 $Z=\frac{V_2}{A_2 n^2}(\Omega)$，即得所求阻抗值。

6. 牵引线圈未经磁化移频阻抗试验

(1)试验电路(见图 5—27)

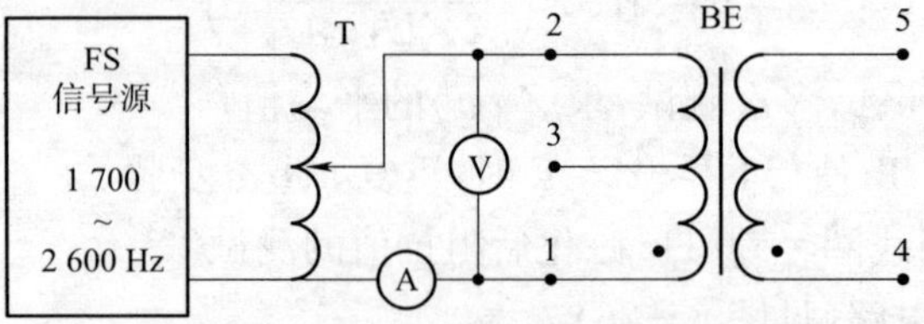

图 5—27　牵引线圈未经磁化移频阻抗试验电路

FS—信号源；T—调压器，250 V、3 kVA；V、A—数字真有效值表；BE—被测变压器。

(2)试验步骤与计算方法

调节调压器 T，使电压表 V 读数为 0.6～8 V，同时分别对应读取电流表 A 的示值 I，按下式进行计算。

$$Z_{\text{移频}}=\frac{V}{I}$$

式中　$Z_{移频}$——牵引线圈移频阻抗；

V——牵引线圈 1-2 移频电压；

I——牵引线圈 1-2 移频电流。

7. 牵引线圈经直流电源磁化阻抗试验(以 BE1-600/25 为例)

(1)试验电路(见图 5—28)

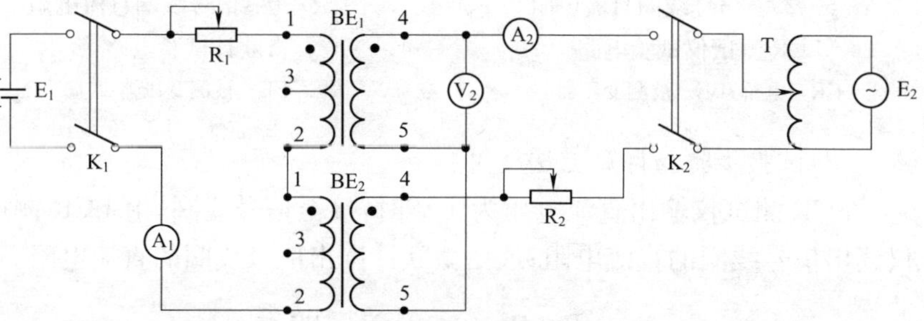

图 5—28　牵引线圈经直流电源磁化阻抗试验电路

K_1、K_2—闸刀开关，双刀单掷，250 V、15 A；T—调压器，250 V、3 kVA；V_2—数字真有效值表；A_1—直流电流表，0～20 A；A_2—交流电流表，0～5 A；E_1—直流电源，12 V、20 A；E_2—25 Hz 电源，经滤波器失真度应小于 5%；R_1—变阻器，1.1 Ω/110 W 无感电阻；R_2—变阻器，2.2 Ω/220 W 无感电阻；BE_1—被测变压器；BE_2—合格变压器。

(2)试验步骤与计算方法

合上开关 K_1，调节 E_1，使直流电流 A_1 的数值为 10 A；断开开关 K_1，合上开关 K_2，调节调压器 T，使交流电压表 V_2 的数值为 1.2 V；再合上 K_1，记下 V_2 和 A_1、A_2 的值，A_1、A_2 的值如有摆动取其较大值，按下式进行计算。

$$Z_{直流}=\frac{V_2\times N^2}{A_2}$$

式中　$Z_{直流}$——牵引线圈经直流电源磁化阻抗；

V_2——信号线圈 4-5 电压；

N——变压器匝比，$N=1:3$；

A_2——信号线圈 4-5 电流。

8. 信号线圈直流电阻试验

(1)试验电路(见图 5—29、图 5—30)

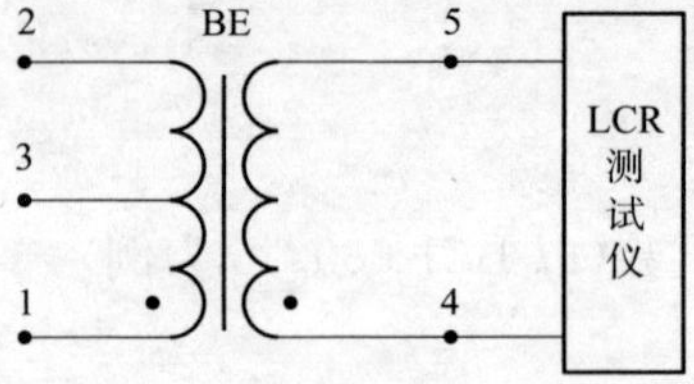

图 5—29　信号线圈直流电阻 LCR 测试仪试验电路

LCR—电桥;BE—被测变压器。

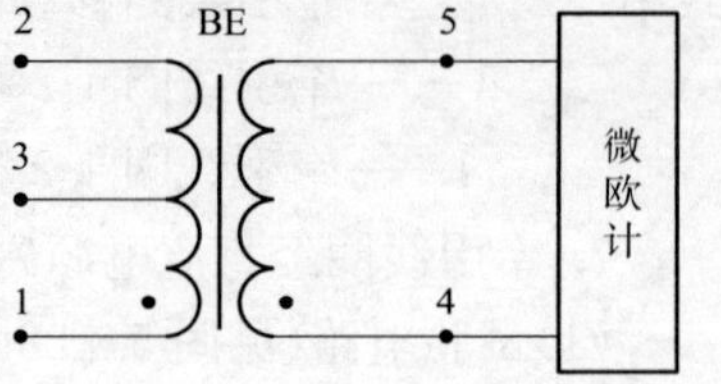

图 5—30　信号线圈直流电阻微欧计试验电路

BE—被测变压器。

(2)试验步骤与计算方法

LCR 测试仪输出直流电压为 1 V 时,接至信号线圈,由 LCR 测试仪读出信号线圈的直流电阻;或由微欧计读出信号线圈的直流电阻。

第四节　轨道变压器

一、用　　途

97 型 25 Hz 相敏轨道电路的送电端和受电端使用同一类型的变压器。新型号为 BG_2-130/25、BG_3-130/25、BG-R130/25。超长区段采用 BG_4-150/25、BG_5-150/25。1 000 ~1 600 A 牵引区段采用 BG_4-220/25、BG_5-220/25。在 97 型 25 Hz 相敏轨道电路中作为送电端供电变压器或受电端 $JRJC_1$-70/240 交流二元轨道继电器的匹配变压器。

1. BG_2-130/25、BG_4-150/25、BG_4-220/25 采用 CD 型 400 Hz 铁芯,主要用于移频电码化区段。

2. BG_3-130/25、BG_5-150/25、BG_5-220/25 采用 CD 型 50 Hz 铁芯。

3. BG-R130/25 采用 R 型铁芯,R 型变压器优点传输损耗小。但不能开气隙易饱和,抗冲击干扰性能差,不适用于电气化牵引区段。

当用于送电端时作为供电变压器,根据轨道电路的类型和不同长度供以不同电压。用作中继变压器时,为使交流二元轨道继电器的高阻抗与轨道的低阻抗相匹配,其变比是固定的,与扼流变压器连接时,变比采用 1/13.89,无扼流变压器直接与轨道连接时,变比采用 1/50。

二、使用环境

1. 大气压力：不低于 70.1 kPa(海拔不超过 3 000 m)

2. 周围空气温度：−40℃～+70℃。

3. 空气相对湿度：不大于 90%(+25℃)。

4. 振动频率：10～200 Hz，加速度幅值：20 m/s²(2*g*)。

5. 周围无腐蚀金属、破坏绝缘和引起爆炸危险的有害气体及导电尘埃。

三、结构和外形

1. 轨道变压器型号及其代表的含义

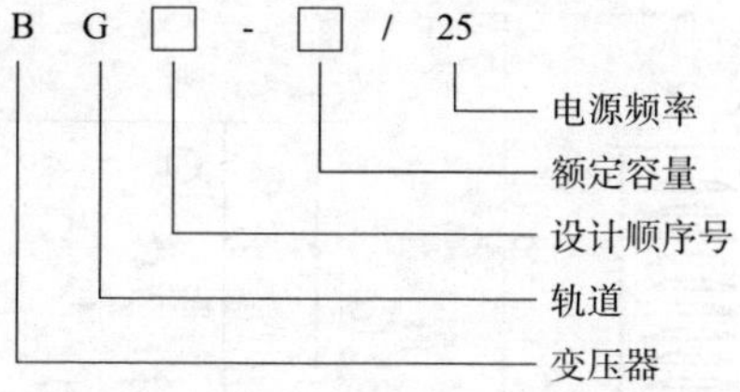

2. 轨道变压器结构示意见图 5—31、图 5—32、图 5—33 所示。

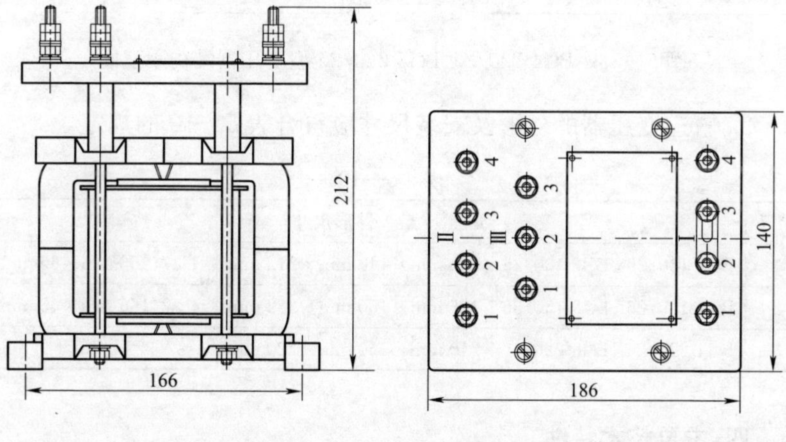

图 5—31　BG2-130/25、BG3-130/25 型变压器结构示意图(单位：mm)

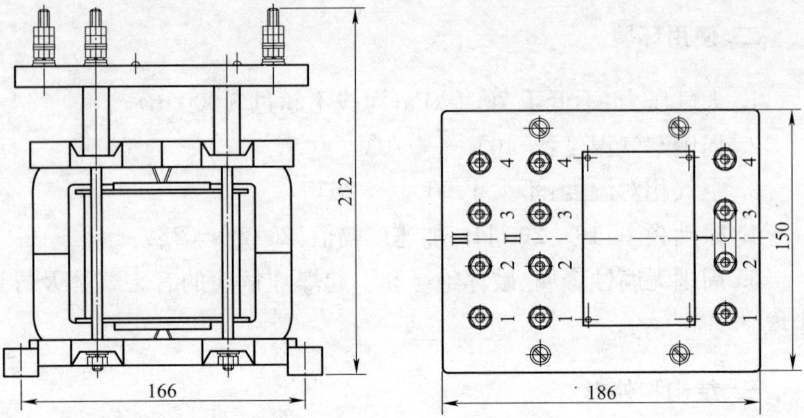

图 5—32　BG4-150/25 、BG5-150/25 型变压器结构示意图(单位:mm)

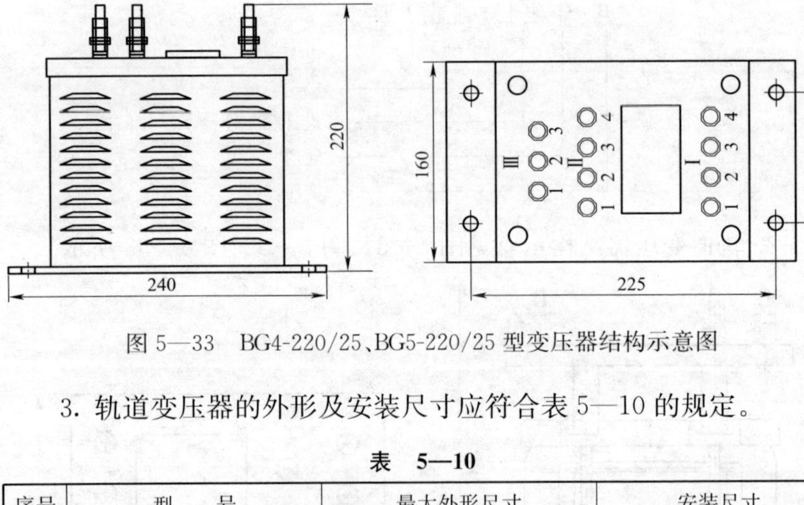

图 5—33　BG4-220/25、BG5-220/25 型变压器结构示意图

3. 轨道变压器的外形及安装尺寸应符合表 5—10 的规定。

表　5—10

序号	型　　号	最大外形尺寸	安装尺寸
1	BG2-130/25 、BG3-130/25	186 mm×140 mm×212 mm	4-ϕ7(166 mm×65 mm)
2	BG4-150/25 、BG5-150/25	186 mm×150 mm×212 mm	4-ϕ7(166 mm×65 mm)
3	BG4-220/25 、BG5-220/25	240 mm×160 mm×220 mm	4-ϕ7(225 mm×120 mm)

四、主要技术特性

1. 轨道变压器的电气特性应符合表 5—11 的要求,一次侧激磁阻抗角不应小于 75°。

表　5—11

型　号	额定容量 VA	额定频率 Hz	铁芯频率 Hz	一次线圈			二次线圈	
				额定电压 V	空载电流不大于 mA	激磁阻抗不小于 kΩ	额定电压 V	额定电流 A
BG2-130/25	130	25	400	220	30	7.35	0.44、0.88、1.32、5.28、10.56、18.48	7
BG3-130/25	130	25	50	220	30	7.35	0.44、0.88、1.32、5.28、10.56、18.48	7
BG4-150/25	150	25	400	220	40	5.50	0.44、0.88、1.32、3.52、5.28、10.56、22	7
BG4-220/25	220	25	400	220	40	5.50	0.44、0.88、1.32、5.28、10.56、18.48	12
BG5-150/25	150	25	50	220	40	5.50	0.44、0.88、1.32、3.52、5.28、10.56、22	7
BG5-220/25	220	25	50	220	40	5.50	0.44、0.88、1.32、5.28、10.56、18.48	12

2. BG2-130/25、BG3-130/25、BG4-220/25、BG5-220/25 型轨道变压器的绕组连接和相应端子号如图 5—34 所示，BG4-150/25、BG5-150/25 型轨道变压器的绕组连接和相应端子号如图 5—35 所示。

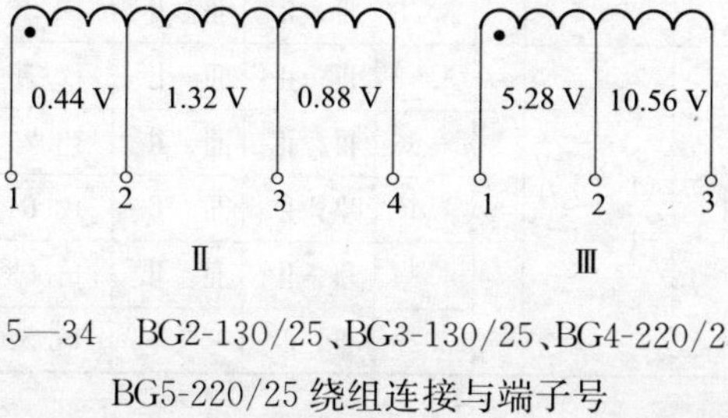

图 5—34　BG2-130/25、BG3-130/25、BG4-220/25、BG5-220/25 绕组连接与端子号

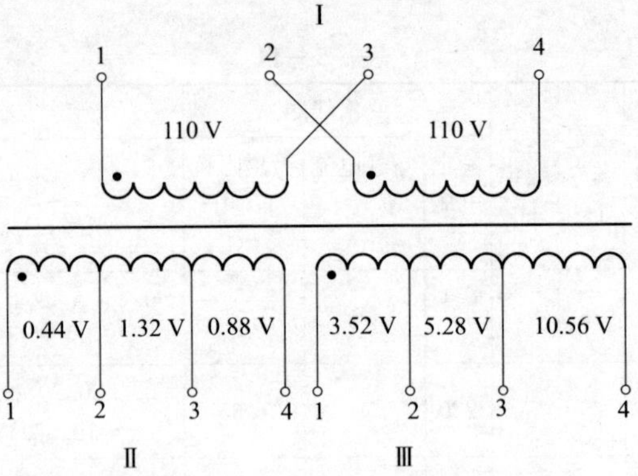

图 5—35　BG4-150/25、BG5-150/25 绕组连接与端子号

3. BG2-130/25、BG3-130/25、BG4-220/25、BG5-220/25 型轨道变压器的一次侧和二次侧各端子间的额定电压值见表 5—12，BG4-150/25、BG5-150/25 型轨道变压器的一次侧和二次侧各端子间的额定电压值见表 5—13。

表　5—12

	电压 V	使用端子	连接		电压 V	使用端子	连接端子	电压 V	使用端子	连接端子
一次线圈	110	Ⅰ$_1$-Ⅰ$_4$	Ⅰ$_1$-Ⅰ$_2$ Ⅰ$_3$-Ⅰ$_4$	二次线圈	0.44	Ⅱ$_1$-Ⅱ$_2$	—	9.68	Ⅲ$_2$-Ⅱ$_3$	Ⅲ$_3$-Ⅱ$_4$
					0.88	Ⅱ$_3$-Ⅱ$_4$	—	10.12	Ⅲ$_2$-Ⅱ$_1$	Ⅲ$_3$-Ⅱ$_2$
					1.32	Ⅱ$_2$-Ⅱ$_3$	—	10.56	Ⅲ$_2$-Ⅲ$_3$	—
					1.76	Ⅱ$_1$-Ⅱ$_3$	—	11.00	Ⅱ$_1$-Ⅲ$_3$	Ⅱ$_2$-Ⅲ$_2$
					2.20	Ⅱ$_2$-Ⅱ$_4$	—	11.44	Ⅱ$_3$-Ⅲ$_3$	Ⅱ$_4$-Ⅲ$_2$
					2.64	Ⅱ$_1$-Ⅱ$_4$	—	11.88	Ⅱ$_2$-Ⅲ$_3$	Ⅱ$_3$-Ⅲ$_2$
					3.08	Ⅲ$_1$-Ⅱ$_2$	Ⅲ$_2$-Ⅱ$_4$	12.32	Ⅱ$_1$-Ⅲ$_3$	Ⅱ$_3$-Ⅲ$_2$
	110	Ⅰ$_1$-Ⅰ$_4$	Ⅰ$_1$-Ⅰ$_2$ Ⅰ$_3$-Ⅰ$_4$		3.52	Ⅲ$_1$-Ⅱ$_1$	Ⅲ$_2$-Ⅱ$_3$	12.76	Ⅱ$_2$-Ⅲ$_3$	Ⅱ$_4$-Ⅲ$_2$
					3.96	Ⅲ$_1$-Ⅱ$_2$	Ⅲ$_2$-Ⅱ$_3$	13.20	Ⅱ$_1$-Ⅲ$_3$	Ⅱ$_4$-Ⅲ$_2$
					4.40	Ⅲ$_1$-Ⅱ$_3$	Ⅲ$_2$-Ⅱ$_4$	13.64	Ⅲ$_1$-Ⅱ$_2$	Ⅲ$_3$-Ⅱ$_4$
					4.84	Ⅲ$_1$-Ⅱ$_1$	Ⅲ$_2$-Ⅱ$_2$	14.08	Ⅲ$_1$-Ⅱ$_1$	Ⅲ$_3$-Ⅱ$_3$
					5.28	Ⅲ$_1$-Ⅲ$_2$	—	14.52	Ⅲ$_1$-Ⅱ$_2$	Ⅲ$_3$-Ⅱ$_3$

续上表

	电压 V	使用端子	连接		电压 V	使用端子	连接端子	电压 V	使用端子	连接端子
一次线圈	110	Ⅰ$_1$-Ⅰ$_4$	Ⅰ$_1$-Ⅰ$_2$ Ⅰ$_3$-Ⅰ$_4$	二次线圈	5.72	Ⅱ$_1$-Ⅲ$_2$	Ⅱ$_2$-Ⅲ$_1$	14.96	Ⅲ$_1$-Ⅱ$_3$	Ⅲ$_3$-Ⅱ$_4$
					6.16	Ⅱ$_3$-Ⅲ$_2$	Ⅱ$_4$-Ⅲ$_1$	15.40	Ⅲ$_1$-Ⅱ$_1$	Ⅲ$_3$-Ⅱ$_2$
	220	Ⅰ$_1$-Ⅰ$_4$	Ⅰ$_2$-Ⅰ$_3$		6.60	Ⅱ$_2$-Ⅲ$_2$	Ⅱ$_3$-Ⅲ$_1$	15.84	Ⅲ$_1$-Ⅲ$_3$	—
					7.04	Ⅱ$_1$-Ⅲ$_2$	Ⅱ$_3$-Ⅲ$_1$	16.28	Ⅱ$_1$-Ⅲ$_3$	Ⅱ$_2$-Ⅲ$_1$
					7.48	Ⅱ$_2$-Ⅲ$_2$	Ⅱ$_4$-Ⅲ$_1$	16.72	Ⅱ$_3$-Ⅲ$_3$	Ⅱ$_4$-Ⅲ$_1$
					7.92	Ⅱ$_1$-Ⅲ$_2$	Ⅱ$_4$-Ⅲ$_1$	17.16	Ⅱ$_2$-Ⅲ$_3$	Ⅱ$_3$-Ⅲ$_1$
					8.36	Ⅲ$_2$-Ⅱ$_2$	Ⅲ$_3$-Ⅱ$_4$	17.60	Ⅱ$_1$-Ⅲ$_3$	Ⅱ$_3$-Ⅲ$_1$
					8.80	Ⅲ$_2$-Ⅱ$_1$	Ⅲ$_3$-Ⅱ$_3$	18.04	Ⅱ$_2$-Ⅲ$_3$	Ⅱ$_4$-Ⅲ$_1$
					9.24	Ⅲ$_2$-Ⅱ$_2$	Ⅲ$_3$-Ⅱ$_3$	18.48	Ⅱ$_1$-Ⅲ$_3$	Ⅱ$_4$-Ⅲ$_1$

表　5—13

	电压 V	使用端子	连接		电压 V	使用端子	连接端子	电压 V	使用端子	连接端子
一次线圈	110	Ⅰ$_1$-Ⅰ$_4$	Ⅰ$_1$-Ⅰ$_2$ Ⅰ$_3$-Ⅰ$_4$	二次线圈	0.44	Ⅱ$_1$-Ⅱ$_2$	—	11.44	Ⅱ$_3$-Ⅲ$_4$	Ⅱ$_4$-Ⅲ$_3$
					0.88	Ⅱ$_3$-Ⅱ$_4$	—	11.88	Ⅱ$_2$-Ⅲ$_4$	Ⅱ$_3$-Ⅲ$_3$
					1.32	Ⅱ$_2$-Ⅱ$_3$	—	12.32	Ⅱ$_1$-Ⅲ$_4$	Ⅱ$_3$-Ⅲ$_3$
					1.76	Ⅱ$_1$-Ⅱ$_3$	—	12.76	Ⅱ$_2$-Ⅲ$_4$	Ⅱ$_4$-Ⅲ$_3$
					2.20	Ⅱ$_2$-Ⅱ$_4$	—	13.20	Ⅱ$_1$-Ⅲ$_4$	Ⅱ$_4$-Ⅲ$_3$
					2.64	Ⅱ$_1$-Ⅱ$_4$	—	13.64	Ⅱ$_2$-Ⅲ$_2$	Ⅱ$_4$-Ⅲ$_4$
					3.08	Ⅱ$_1$-Ⅲ$_1$	Ⅱ$_2$-Ⅲ$_2$	14.08	Ⅱ$_1$-Ⅲ$_2$	Ⅱ$_3$-Ⅲ$_4$
					3.52	Ⅲ$_1$-Ⅲ$_2$	—	14.52	Ⅱ$_2$-Ⅲ$_2$	Ⅱ$_3$-Ⅲ$_4$
	110	Ⅰ$_1$-Ⅰ$_4$	Ⅰ$_1$-Ⅰ$_2$ Ⅰ$_3$-Ⅰ$_4$		3.96	Ⅱ$_1$-Ⅲ$_2$	Ⅱ$_2$-Ⅲ$_1$	14.96	Ⅱ$_3$-Ⅲ$_2$	Ⅱ$_4$-Ⅲ$_4$
					4.40	Ⅱ$_3$-Ⅲ$_2$	Ⅱ$_4$-Ⅲ$_1$	15.40	Ⅱ$_1$-Ⅲ$_2$	Ⅱ$_2$-Ⅲ$_4$
					4.84	Ⅱ$_2$-Ⅲ$_2$	Ⅱ$_3$-Ⅲ$_1$	15.84	Ⅲ$_2$-Ⅲ$_4$	—
					5.28	Ⅲ$_2$-Ⅲ$_3$	—	16.28	Ⅱ$_1$-Ⅲ$_4$	Ⅱ$_2$-Ⅲ$_2$
					5.72	Ⅱ$_1$-Ⅲ$_3$	Ⅱ$_2$-Ⅲ$_2$	16.72	Ⅱ$_3$-Ⅲ$_4$	Ⅱ$_4$-Ⅲ$_2$
					6.16	Ⅱ$_3$-Ⅲ$_3$	Ⅱ$_4$-Ⅲ$_2$	17.16	Ⅱ$_2$-Ⅲ$_4$	Ⅱ$_3$-Ⅲ$_2$
					6.60	Ⅱ$_2$-Ⅲ$_3$	Ⅱ$_3$-Ⅲ$_2$	17.60	Ⅱ$_1$-Ⅲ$_4$	Ⅱ$_3$-Ⅲ$_2$

续上表

	电压 V	使用端子	连接		电压 V	使用端子	连接端子	电压 V	使用端子	连接端子
一次线圈	110	I_1-I_4	I_1-I_2 I_3-I_4	二次线圈	7.04	II_1-III_3	II_3-III_2	18.04	II_2-III_4	II_4-III_2
					7.48	II_2-III_3	II_4-III_2	18.48	II_1-III_4	II_4-III_2
	220	I_1-I_4	I_2-I_3		7.92	II_1-III_3	II_4-III_2	18.92	II_1-III_1	II_2-III_4
					8.36	II_1-III_1	II_2-III_3	19.36	III_1-III_4	—
					8.80	III_1-III_3	—	19.80	II_1-III_4	II_2-III_1
					9.24	II_1-III_3	II_2-III_1	20.24	II_3-III_4	II_4-III_1
					9.68	II_3-III_3	II_4-III_1	20.68	II_2-III_4	II_3-III_1
					10.12	II_2-III_3	II_3-III_1	21.12	II_1-III_4	II_3-III_1
					10.56	III_3-III_4	—	21.56	II_2-III_4	II_4-III_1
					11.00	II_1-III_4	II_2-III_3	22.00	II_1-III_4	II_4-III_1

4. 轨道变压器各次级绕组开路，初级绕组施加额定频率的额定电压时，一次侧空载有效值电流应符合表 5—11 的规定，其二次侧各端子间的有效值电压应符合表 5—11 的规定，其误差不应大于额定值的 +5%。

5. 轨道变压器在额定负载条件下，初级绕组施加额定频率的额定电压时，其二次侧各端子间的电压不应低于表 5—12、表 5—13 规定的额定值的 90%。

6. 轨道变压器在额定输入电压下，输出端接额定负载时的效率不应小于 85%。

7. 轨道变压器四个绕组的 I_1、I_2、II_1、III_1、均为同名端，如图 5—34、图 5—35 所示。

8. 在大气压力不低于 89.9 kPa 条件下(相当于海拔高度 1 000 m 以下)，变压器各绕组间及绕组对外壳间应能承受交流 50 Hz 正弦波及表 5—14 的试验电压，历时 1 min，应无闪络击穿现象；试验时泄漏电流不应大于 10 mA，该试验一般只允许进行一次，重复试验的试验电压值为原试验电压值的 75%。

表　5—14

变压器额定电压 V		
$U<60$	$60<U\leqslant220$	$220<U\leqslant380$
试验电压 V		
1 000	2 000	2 500

9. 轨道变压器的绝缘电阻应符合下列规定：

①在环境温度为＋15℃～＋35℃时，相对湿度为45%～75%，大气压力在86～106 kPa的试验大气条件下，轨道变压器的一次线圈与二次线圈之间，一次线圈、二次线圈与其他金属部分（铁芯、外壳）之间的绝缘电阻不应小于1 000 MΩ。

②轨道变压器经12天的交变湿热试验后，其绝缘电阻应不小于1.5 MΩ。

10. 在环境温度为＋70 ℃，变压器一次侧电压为220 V、二次侧为额定电流时，其稳定后温升应符合表5—15的规定。

表　5—15

变压器部位	极限允许温升 K	测量方法
线圈（长期工作制）	55	电阻法
线圈（间断长期或反复短时工作制）	70	

五、电气特性测试

1. 测试要求

(1)进行各项测试前，均应首先检查如下内容：

①25 Hz输入电源的失真度：≤5%。

②输入信号频率：25 Hz±0.5 Hz。

③温度：＋15 ℃～＋35 ℃。

④相对湿度：25 %～75 %。

⑤气压：86～106 kPa。

(2)仪表使用

除特殊注明的仪表外,测试用仪表为真有效值表,准确度不应低于0.5 级。

(3)取样电阻的选取

用三电压法测阻抗时,电阻阻值的选取应以电阻上的电压降近似等于被测阻抗的电压降为原则。

2. 测试(以 BG2-130/25 为例)

(1)测试内容

①同名端检查;

②一次侧激磁阻抗;

③二次侧空载抽头的电压检查;

④变压器输出特性。

(2)测试电路

测试电路见图 5—36。

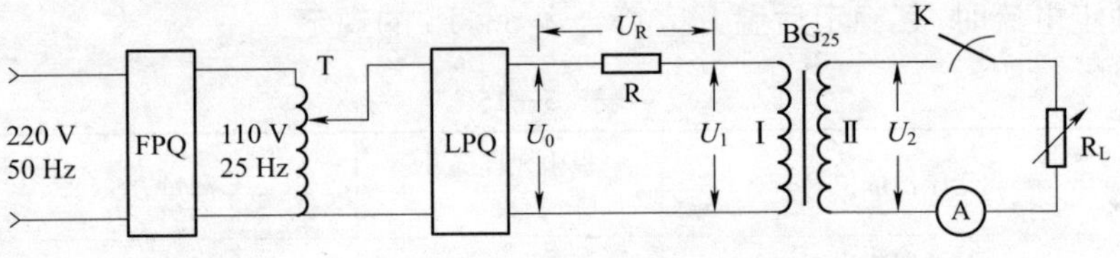

图 5—36　轨道变压器一次侧激磁阻抗测试电路图

(3)同名端检查

同名端检查同“扼流变压器”。

(4)一次侧激磁阻抗

①测试电路见图 5—36。

②测试步骤:

a. 在二次空载状态下,调节 T,使 U_1=220 V 时,测 U_0、U_R;

b. 重复上述测试多次,求其平均值。

③测试表格见表 5—16。

表　5—16

R	序号	U_1	U_R	U_0	Z_K	θ
	平均					

说明：$Z_K = |U_1/U_R| \times R(\Omega)$；

$\theta = \arccos[(U_0^2 - U_R^2 - U_1^2)/(2U_R U_1)](°)$。

(5)二次侧空载抽头的电压检查

①测试电路见图 5—36。

②测试步骤：

变压器一次侧为 220 V 时，按名牌分别测量各抽头间的额定电压值。

③测试表格见表 5—17。

表　5—17

型号＼抽头	Ⅱ$_1$-Ⅱ$_2$	Ⅱ$_2$-Ⅱ$_3$	Ⅱ$_3$-Ⅱ$_4$	Ⅲ$_1$-Ⅲ$_2$	Ⅲ$_2$-Ⅲ$_3$

(6)输出特性测试

①测试电路见图 5—36，开关 K 闭合，将 R_L 接入；调整变阻器 R_L，使电流表 A 指示为满载 7 A，此时测出二次各端子间电压值应符合表 5—11 规定，且不小于额定值的 85%。

②测试步骤：

a. 由(5)知空载时的 U_2 值；

b. 测输出电压 U_2'；

c. 计算：$U_2'/U_2 \geqslant 0.9$。

③测试表格见表 5—18。

表　5—18

变压器号	空载 U_2	接入 R_L 后 U_2'	U_2'/U_2 值

第五节　HF-25 系列防护盒

一、用　　途

HF-25 系列防护盒用于 97 型 25 Hz 相敏轨道电路，其在电路中起的主要作用是：

1. 减少 JRJC 型轨道继电器上 50 Hz 牵引电流的干扰电压。

2. 对 25 Hz 信号频率的无功分量进行补偿。

3. 减少 25 Hz 信号在传输中的衰耗和相移，使轨道线圈电压和局部线圈电压产生较好的相位差，保证 JRJC 型轨道继电器正常工作。

HF-25 系列防护盒由螺栓固定在组合上，其 1、3 号端子分别连接至 $JRJC_1$-70/240 型交流二元轨道继电器的轨道线圈两端。

二、使用环境

1. 周围空气温度：－25 ℃～＋40 ℃。

2. 周围空气相对湿度：不大于 95%(温度为＋25 ℃时)。

3. 大气压力：不低于 70.1 kPa(相当于海拔 3 000 m 以下)。

4. 振动频率：10～150 Hz；加速度幅值：5 m/s^2。

5. 周围无腐蚀金属、破坏绝缘和引起爆炸危险的有害气体及导电尘埃。

三、结构和外形

1. HF-25 系列防护盒型号及其代表的含义。

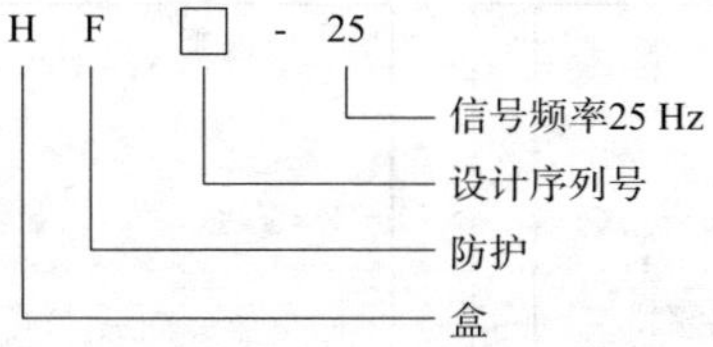

2. HF-25 系列防护盒结构示意见图 5—37、图 5—38、图 5—39 所示。

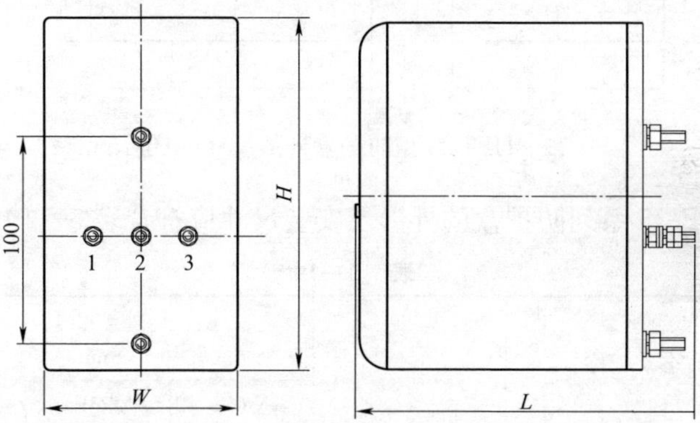

图 5—37　HF2-25 型防护盒外形尺寸(单位:mm)

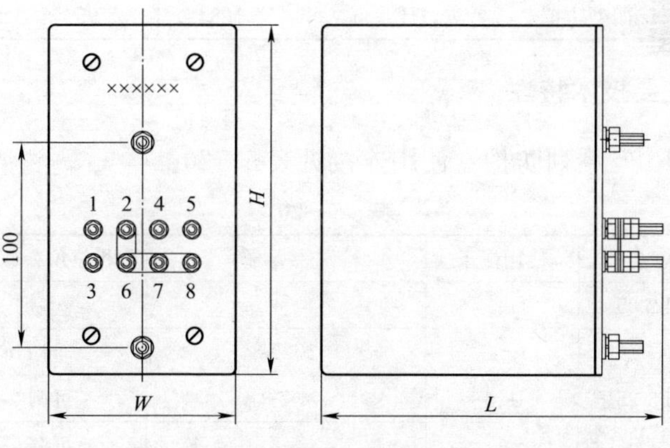

图 5—38　HF3-25 型防护盒外形尺寸(单位:mm)

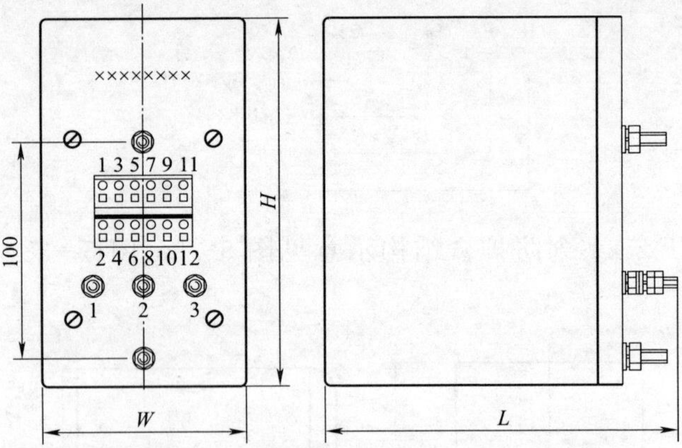

图 5—39　HF4-25 型防护盒外形尺寸(单位:mm)

3. HF-25 系列防护盒的外形及安装尺寸应符合表 5—19 的规定。

表　5—19

序号	名　　称	型号	外形尺寸 mm		
			长(L)	宽(W)	高(H)
1	25 Hz 二型防护盒	HF2-25	168	92.5	170.5
2	25 Hz 三型防护盒	HF3-25	168	92	170
3	25 Hz 四型防护盒	HF4-25	168	95	170

四、主要技术特性

1. HF-25 系列防护盒使用连接见表 5—20。

表　5—20

序号	型号	使用端子	连接端子	相位角参考调整幅值
1	HF2-25	1、3	—	—
2	HF3-25	1、3	2-6-7-8	同 HF2-25
			4-7-8	可调 0°～20°
			5-8	可调 0°～40°
3	HF4-25	1、3	A_{11-1}	可下调 0°～30°
			A_{11-3}、A_{4-12}	可下调 0°～15°

续上表

序号	型号	使用端子	连接端子	相位角参考调整幅值
3	HF4-25	1、3	A_{11-5}、A_{6-12}	同 HF2-25
			A_{11-7}、A_{8-12}	可上调 0°～15°
			A_{11-9}、A_{8-12}、A_{2-4}	可上调 0°～30°

2. HF-25 系列防护盒原理如图 5—40、图 5—41、图 5—42 所示。

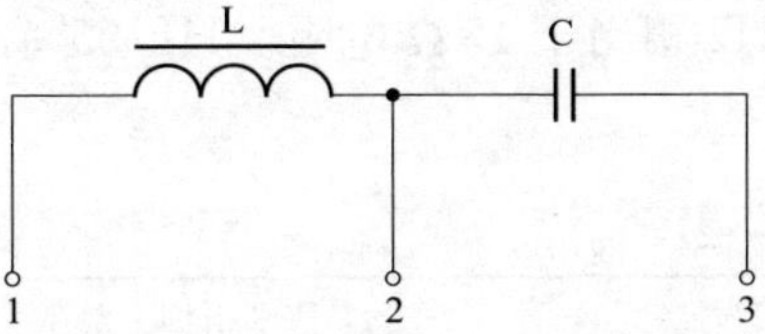

图 5—40　HF2-25 型防护盒原理图

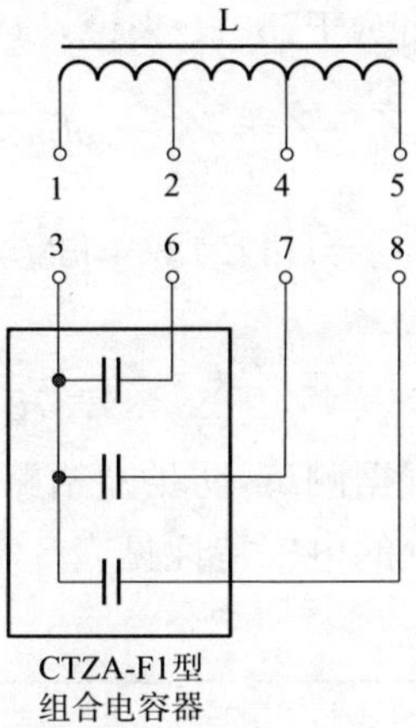

图 5—41　HF3-25 型防护盒原理图

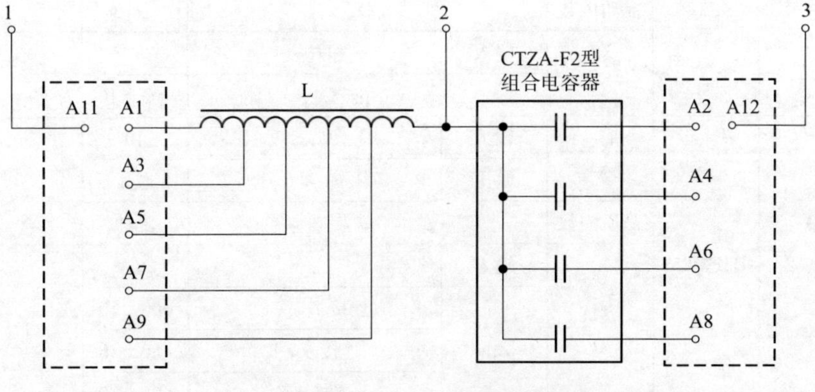

图 5—42　HF4-25 型防护盒原理图

HF_2-25 型防护盒是由电感线圈和电容组成的 L、C 串联谐振电路，线圈电感为0.845 H，电容为12 μF。

其谐振频率为：

$$f_0=\frac{1}{2\pi\sqrt{LC}}=\frac{1}{2\pi\sqrt{0.845\times 12\times 10^{-6}}}$$

$$=\frac{10^3}{2\pi\sqrt{10.14}}=50\ \mathrm{Hz}$$

而对于25 Hz来说，LC 串联相当于一个电容：

$$\dot{Z}=\dot{Z}_L+\dot{Z}_C=\mathrm{j}\omega L+\frac{1}{\mathrm{j}\omega C}=\mathrm{j}2\pi\times 25\times 0.845+\frac{10^6}{\mathrm{j}2\pi\times 25\times 12}$$

$$=\mathrm{j}132.732-\mathrm{j}530.516=-\mathrm{j}397.784=\frac{1}{\mathrm{j}\omega C}$$

所以 $$C=\frac{10^6}{397.784\times 2\pi\times 25}=16.004\approx 16\ \mu\mathrm{F}$$

根据测试，防护盒槽路对于 50 Hz 相当于 15 Ω 电阻。HF-25 系列防护盒的电气特性见表 5—21。

表　5—21

<table>
<tr><th>序号</th><th>型号</th><th colspan="3">项　目</th><th>技术指标</th><th>频率 Hz</th></tr>
<tr><td rowspan="5">1</td><td rowspan="5">HF2-25</td><td rowspan="2">谐振电压
V</td><td>输入</td><td>$U_{1\text{-}3}$</td><td>10</td><td rowspan="3">50</td></tr>
<tr><td>输出</td><td>$|U_{1\text{-}2}-U_{2\text{-}3}|$</td><td>≤3</td></tr>
<tr><td>品质因数</td><td colspan="2">Q</td><td>≥18</td></tr>
<tr><td rowspan="2">容抗
Ω</td><td>输入</td><td>$U_{1\text{-}3}$</td><td>20 V</td><td rowspan="2">25</td></tr>
<tr><td colspan="2">Z_{HF}</td><td>400±10</td></tr>
<tr><td rowspan="7">2</td><td rowspan="7">HF3-25</td><td rowspan="2">谐振电压
V</td><td>输入</td><td>$U_{1\text{-}3}$</td><td>10</td><td rowspan="3">50</td></tr>
<tr><td>输出</td><td>$|U_{1\text{-}2}-U_{2\text{-}3}|$</td><td>≤3</td></tr>
<tr><td>品质因数</td><td colspan="2">Q</td><td>≥18</td></tr>
<tr><td rowspan="4">容抗
Ω</td><td>输入</td><td>$U_{1\text{-}3}$</td><td>20 V</td><td rowspan="4">25</td></tr>
<tr><td rowspan="3">Z_{HF}</td><td>连接 2-6-7-8</td><td>400±15</td></tr>
<tr><td>连接 4-7-8</td><td>480±15</td></tr>
<tr><td>连接 5-8</td><td>600±15</td></tr>
</table>

续上表

<table>
<tr><th>序号</th><th>型号</th><th colspan="3">项　　目</th><th>技术指标</th><th>频率 Hz</th></tr>
<tr><td rowspan="9">3</td><td rowspan="9">HF4-25</td><td rowspan="2">谐振电压
V</td><td>输入</td><td>$U_{1\text{-}3}$</td><td>10</td><td rowspan="3">50</td></tr>
<tr><td>输出</td><td>$\lvert U_{1\text{-}2}-U_{2\text{-}3}\rvert$</td><td>≤3</td></tr>
<tr><td>品质因数</td><td colspan="2">Q</td><td>≥18</td></tr>
<tr><td rowspan="6">容抗
Ω</td><td>输入</td><td>$U_{1\text{-}3}$</td><td>20 V</td><td rowspan="6">25</td></tr>
<tr><td rowspan="5">Z_{HF}</td><td>连接 $A_{11\text{-}9}$、$A_{8\text{-}12}$、$A_{2\text{-}4}$</td><td>300±15</td></tr>
<tr><td>连接 $A_{11\text{-}7}$、$A_{8\text{-}12}$</td><td>340±17</td></tr>
<tr><td>连接 $A_{11\text{-}5}$、$A_{6\text{-}12}$</td><td>400±20</td></tr>
<tr><td>连接 $A_{11\text{-}3}$、$A_{4\text{-}12}$</td><td>480±24</td></tr>
<tr><td>连接 $A_{11\text{-}1}$</td><td>600±30</td></tr>
</table>

注：$U_{1\text{-}2}$——电感器两端的谐振电压值；
$U_{2\text{-}3}$——电容器两端的谐振电压值；
$U_{1\text{-}3}$——防护盒两端的电压值；
Q——谐振槽路的品质因数。

3. HF-25 系列防护盒在大气压力不低于 89.9 kPa 条件下（相当于海拔 1 000 m 以下），引线端子对机壳间（接地端子除外）应能承受交流正弦波 50 Hz、2 000 V 有效电压，漏流 1 mA，历时 1 min 耐压试验，应无击穿，表面无闪络、绝缘介质显著发热或接入电路的电压表读数突然下降等现象。本试验一般只允许进行一次，重复试验时的电压为原试验电压值的 80％。

4. HF-25 系列防护盒的绝缘电阻应符合下列规定：

①在环境温度为＋15℃～＋35℃时，相对湿度为 45％～75％，大气压力在 86～106 kPa 的试验大气条件下，防护盒各端子（除接地端子）对机壳之间，的绝缘电阻不应小于 500 MΩ。

②经 12 天的恒定湿热试验后，其绝缘电阻应不小于 1.5 MΩ。

五、电气特性测试

1. 测试要求

(1)进行各项测试前，均应首先检查如下内容：

①输入电源的失真度：≤5％；

②输入信号频率:50 Hz±1 Hz;

25 Hz±0.5 Hz;

③温度:+15 ℃~+35 ℃;

④相对湿度:25%~75%;

⑤气压:86~106 kPa。

(2)仪表使用

除特殊注明的仪表外,测试用仪表为真有效值表,准确度不应低于0.5 级。

2. 电感线性度测试

(1) 测试电路见图 5—43。

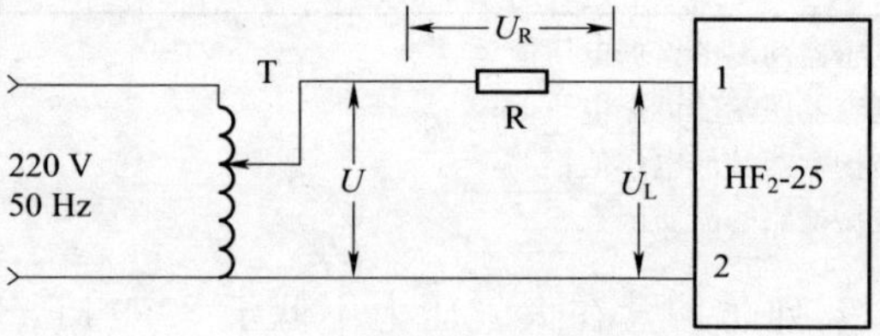

图 5—43　HF_2-25 型防护盒电感线性度测试电路

(2) 测试步骤:

① 调节 T,使 U 的读数从 130~180 V。

② 测 U_R 值。

(3) 测试记录见表 5—22。

表　5—22

R	U	U_R	$\|Z_L\|$	L 值

说明:$Z_L=(U/U_R)\times R$　(Ω)

$L=Z_L/(2\pi f)$　(H)

3. 品质因数 Q 和 50 Hz 谐振电压测试

(1)测试电路见图 5—44。

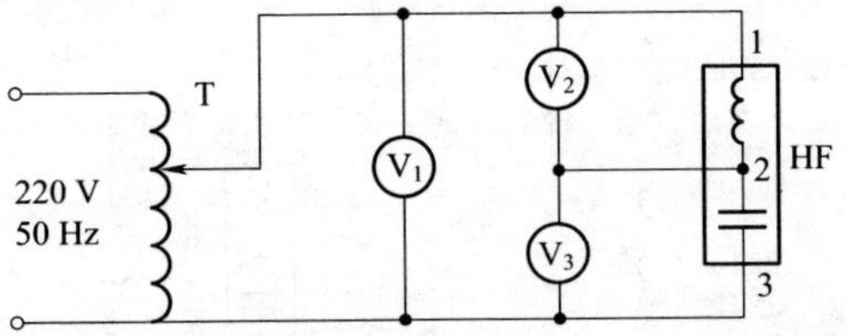

图 5—44　品质因数 Q 和 50 Hz 谐振电压测试原理图

T—调压器，250 V、500 VA；V_1、V_2、V_3—电压表；HF—被测防护盒。

(2)测试步骤。

逐渐升高调压器 T，使电压表 V_1 读数为 10 V，分别测得 U_1、U_2、U_3 的值，按下列公式计算出防护盒的品质因数 Q 值，并计算出 50 Hz 谐振电压 $|U_2-U_3|$ 值。

$$Q=\frac{U}{U_1}$$

式中　Q——品质因数；

U——U_2、U_3 中小的电压；

U_1——防护盒电压。

(3)测试记录见表 5—23。

表　5—23

序号	U_1	U_2	U_3	Q

4. 25 Hz 容抗测试

(1)测试电路见图 5—45。

(2)测试步骤：

R 取值按表 5—21 中所给的容抗值，调节调压器 T，使电压表 V_1 的读数为 20 V，分别测得 U_1、U_2 的值，按下列公式计算防护盒 25 Hz 容抗值。

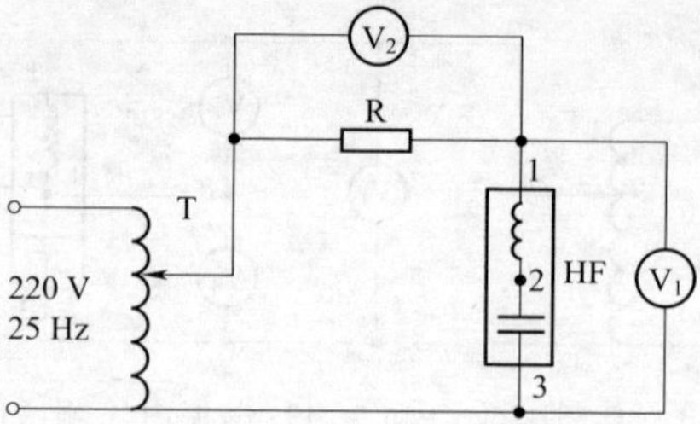

图 5—45　防护盒 25 Hz 容抗测试原理图

T—调压器，25 Hz、250 V、500 VA；R—无感变阻器，200～700 Ω/5 W；

V_1、V_2—电压表；HF—被测防护盒。

$$Z_{HF}=R\times\frac{U_1}{U_2}\ (\Omega)$$

式中　Z_{HF}——防护盒的 25 Hz 容抗值；

R——测试电阻值；

U_1——防护盒电压；

U_2——电阻电压。

(3)测试记录见表 5—24。

表　5—24

R	序号	U_1	U_2	Z_{HF}

第六节　固定抽头式电阻器

一、用　　途

目前在我国铁路信号轨道电路中使用的 2.2 Ω 变阻器为滑动式。在现场长期的使用过程中，由于触头接触不良经常造成故障，使用很不方便，影响轨道电路的正常工作。该滑动式变阻器的电阻丝采用康铜丝绕制而成，电阻丝材料随温度变化系数大。因此，在研制 97 型 25 Hz

相敏轨道电路时，同时开发了 R_1-2. 2/220、R_1-4. 4/440、R_4-4. 4/630 型固定抽头式电阻器。这两种变阻器的电阻丝采用新型合金材料，具有其随温度变化小，长期使用效果良好等优点。

二、使用环境

1. 大气压力：不低于 70. 1 kPa（海拔不超过 3 000 m）。
2. 周围空气温度：－40℃～＋70℃。
3. 空气相对湿度：不大于 90%（＋25℃）。
4. 振动频率：10～500 Hz，加速度幅值：20 m/s^2（2g）。
5. 周围无腐蚀金属、破坏绝缘和引起爆炸危险的有害气体及导电尘埃。

三、结构和外形

1. 固定抽头式电阻器型号及其代表的含义

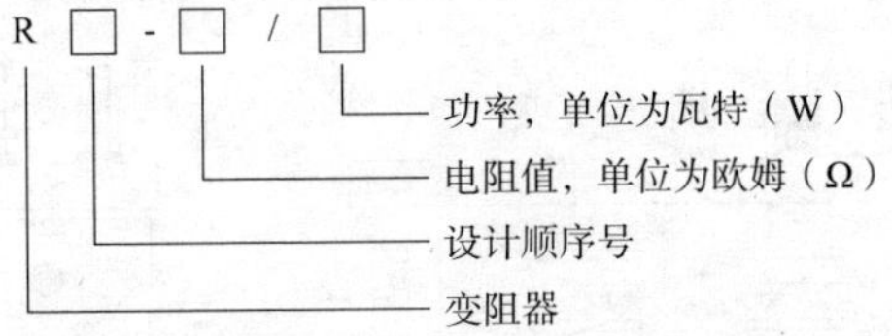

2. 固定抽头式电阻器接线方式如图 5—46、图 5—47 所示。

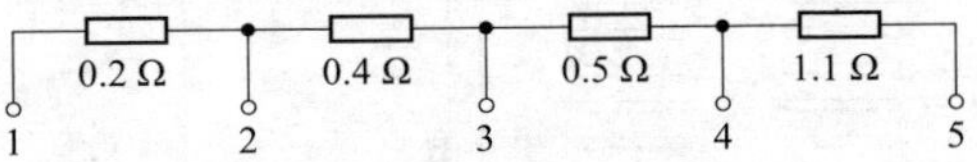

图 5—46　R1-2. 2/220 型固定抽头式变阻器的接线方式

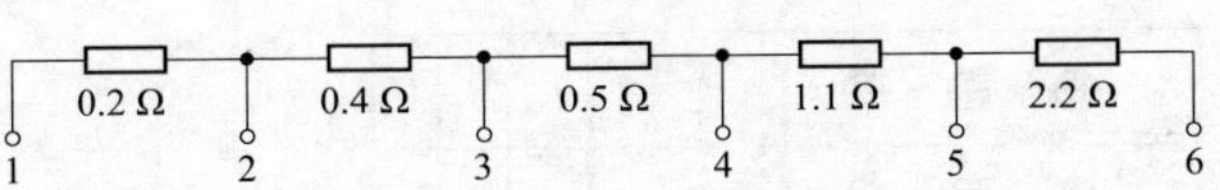

图 5—47　R1-4. 4/440、R4-4. 4/630 型固定抽头式变阻器的接线方式

3. 固定抽头式电阻器外形尺寸如图 5—48、图 5—49 所示。

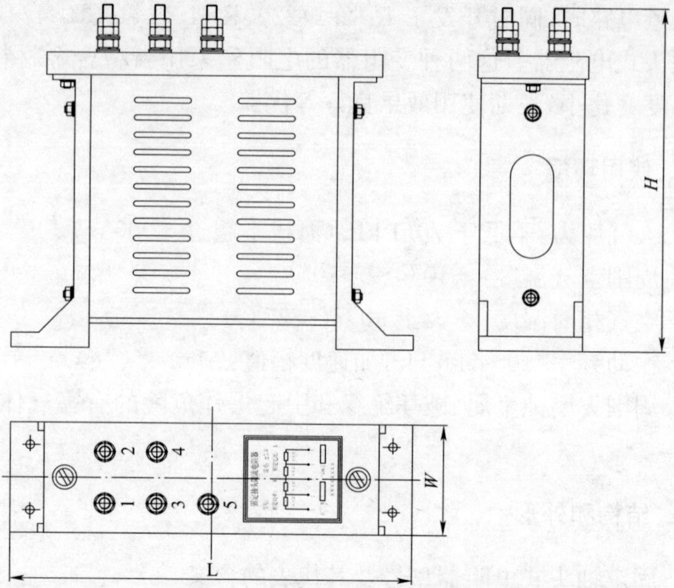

图 5—48　R1-2.2/220 型固定抽头式变阻器外形尺寸图

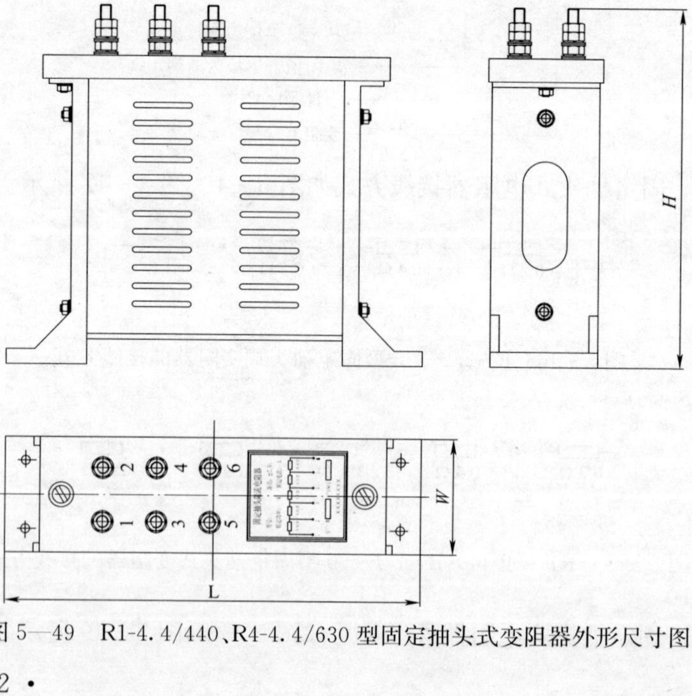

图 5—49　R1-4.4/440、R4-4.4/630 型固定抽头式变阻器外形尺寸图

4. 固定抽头式电阻器的规格见表 5—25。

表 5—25

序号	名称	型号	外形尺寸 mm		
			长(*L*)	宽(*W*)	高(*H*)
1	2.2 Ω 固定抽头式变阻器	R1-2.2/220	235	50	220
2	4.4 Ω 固定抽头式变阻器	R1-4.4/440	235	65	220
3	4.4 Ω 固定抽头式变阻器	R4-4.4/630	235	75	220

四、主要技术特性

1. 固定抽头式电阻器的电气特性应符合表 5—26 的规定,阻值误差不大于±7.5%。

表 5—26

序号	型号	电阻值 Ω	允许电流 A	额定功率 W
1	R1-2.2/220	0.2+0.4+0.5+1.1	10	220
2	R1-4.4/440	0.2+0.4+0.5+1.1+2.2	10	440
3	R4-4.4/630	0.2+0.4+0.5+1.1+2.2	12	630

2. 在环境温度为+70 ℃,固定抽头式电阻器在额定负荷时,其所测得的温升不应超过表 5—27 的规定值。

表 5—27

序号	型号	电阻值 Ω	极限允许温升 K
1	R1-2.2/220	2.2	105
2	R1-4.4/440	4.4	210
3	R4-4.4/630	4.4	320

注:如相邻部件为绝缘材料,则极限允许温升按相邻部件的极限允许温升考虑。

3. 固定抽头式电阻器在大气压力不低于 89.9 kPa 条件下(相当于海拔 1 000 m 以下),引线端子对机壳间(接地端子除外)应能承受交流正弦波 50 Hz、2 000 V 有效电压,漏流 1 mA,历时 1 min 耐压试验,应无击穿,表面无闪络、绝缘介质显著发热或接入电路的电压表读数突然下降等现象。本试验一般只允许进行一次,重复试验时的电压为前一次试验电压值的 80%。

4. 固定抽头式电阻器的绝缘电阻应符合下列规定:

①在环境温度为+15℃～+35℃时,相对湿度为 45%～75%,大气压力在 86～106 kPa 的试验大气条件下,固定抽头式电阻器引线端子对机壳间(接地端子除外)的绝缘电阻不应小于 1 000 MΩ。

②固定抽头式电阻器经 12 天的交变湿热试验后,其绝缘电阻应不小于 1.5 MΩ。

五、电气特性测试

1. 测试要求

(1)进行各项测试前,均应首先检查如下内容:

①温度:+15 ℃～+35 ℃;

②相对湿度:25%～75%;

③气压:86～106 kPa;

④输入电源的失真度:≤5%。

(2)仪表使用

试验用仪表的准确度不应低于 0.5 级。

2. 电阻值测试

用准确度不低于 0.5 级的 RCL 测试仪或微欧计,分别测量变阻器的各电阻值。

3. 电阻值误差的验证

变阻器的电阻值误差值测量的电阻值应包括测量端子以内的接线电阻值。测量时应避免测量接线造成的误差。变阻器(或电阻元件)电阻值误差按下列公式计算:

$$r=\left|\frac{R-R_x}{R}\right|\times100\%$$

式中 r——相对误差;

R——变阻器(或电阻元件)的电阻标称值;

R_x——电阻的实际测量值。

第七节　补偿防护器

一、用　　途

补偿防护器用于 97 型 25 Hz 相敏轨道电路,其在电路中起的主要作用是:

1. 减少牵引电流或浪涌对轨道接收器的影响。
2. 减少轨道接收器局部侧无功功率损耗。

补偿防护器设计为两种类型。FB-1 型内设两套防护补偿单元,FB-2 型内设一套防护补偿单元。

二、使用环境

1. 周围空气温度:−25 ℃～+40 ℃。
2. 周围空气相对湿度:不大于 95%(温度为+25 ℃时)。
3. 大气压力:不低于 70.1 kPa(相当于海拔 3 000 m 以下)。
4. 振动频率:10～150 Hz;加速度幅值:5 m/s²。
5. 周围无腐蚀金属、破坏绝缘和引起爆炸危险的有害气体及导电尘埃。

三、结构和外形

1. 补偿防护器型号及其代表的含义

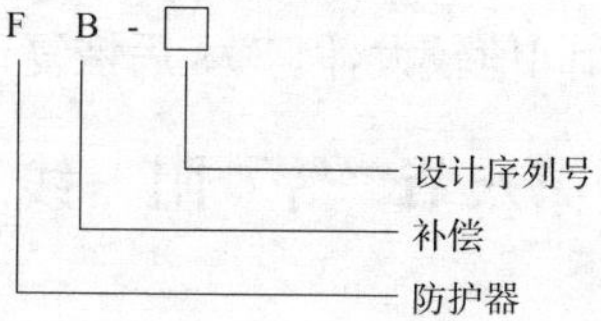

2. 补偿防护器的原理如图 5—50 和图 5—51 所示。

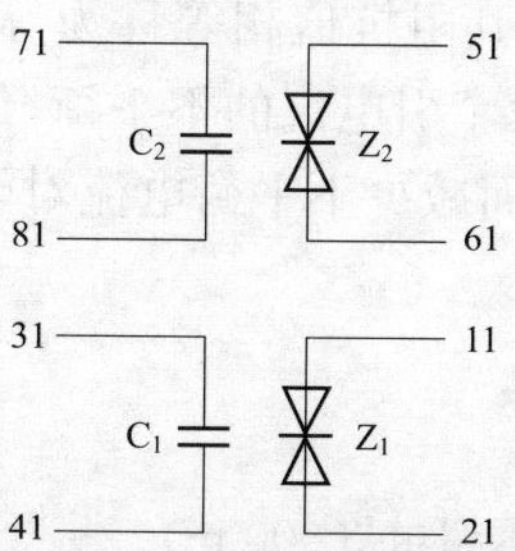

图 5—50　FB-1 型防护补偿器原理图

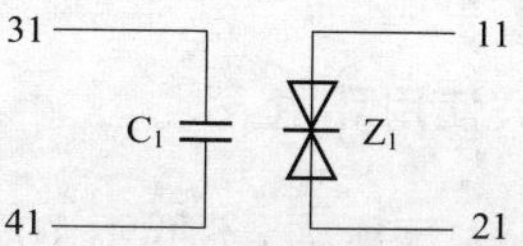

图 5—51　FB-2 型防护补偿器原理图

四、主要技术特性

补偿防护器的电气特性应符合下列要求：

1. 电容器耐压不小于 250 V。

2. 接收工作电压为 90 V。

五、电气特性测试

1. 使用数字电桥对补偿防护器的内置电容进行测量。

2. 补偿防护器内硒堆测试电路见图 5—52。

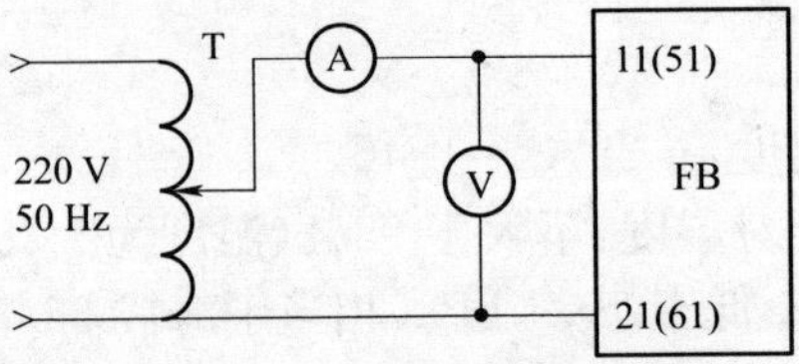

图 5—52　补偿防护器硒堆测试原理图

测试步骤：

按图 5—52 连接好电路，硒堆两端(FB-1 继电器底座 11、21 和 51、6，FB-2 继电器底座 11、21)分别输入 50 Hz、90 V 电压，电流表 A 值应不大于 6.2 mA(若电流表通电瞬间值较大，但 30 s 后恢复正常，也为合格品)。

第八节　等　阻　线

一、用　　途

同一扼流变压器的两根钢轨引接线，其阻抗值相等称为等阻线。等阻线的作用主要是减小电气化牵引区段牵引电流的不平衡，使牵引电流回归系统的不平衡系数得以降低，从而减少不平衡电流对轨道电路的影响。

二、使用环境

1. 大气压力：不低于 70.1 kPa(海拔不超过 3 000 m)。

2. 周围空气温度：－40℃～＋70℃。

3. 空气相对湿度：不大于 90%（＋25℃）。

4. 振动频率：10～500 Hz，加速度幅值：20 m/s^2（2g）。

5. 周围无腐蚀金属、破坏绝缘和引起爆炸危险的有害气体及导电尘埃。

三、结构和外形

1. 型号及其含义

YGE–/□ □ □ □

- □（第四个）——扼流变压器中点允许通过电流，单位为安培（A）
- □（第三个）——引接线长度，单位为毫米（mm）
- □（第二个）——设计顺序号（移频轨道电路用1表示；25 Hz相敏轨道电路、不对称脉冲轨道电路用2表示）
- □（第一个）——引接线类型（等阻线用D表示，其他不表示）
- E——扼流变压器
- G——钢轨
- Y——引接线

示例：YGED-1800/400 表示为中点允许通过电流为 400 A，长度为 1 800 mm 的扼流变压器等阻钢轨引接线。

2. 品种及参数

（1）钢轨引接线的基本长度有 1 800 mm、3 800 mm 两种，其型号、技术参数与基本长度的对应关系及应选用的绞线与扼流变压器中点通过电流的对应关系见表 5—28。

表　5—28

引接线型号	基本长度 L mm	单根引接线直流电阻值不大于(＋20℃) Ω	单根引接线拉力不小于 N	钢线与铜线截面积比不小于	选用的绞线
YGED-1800/400	1 800	0.004 5	6 000	0.016	横截面积不小于 42 mm^2 的钢包铜线
YGED-3800/400	3 800	0.004 5	6 000	0.196	
YGED-1800/600	1 800	0.004 5	6 000	0.016	
YGED-3800/600	3 800	0.004 5	6 000	0.196	

续上表

引接线型号	基本长度 L mm	单根引接线直流电阻值不大于(+20℃) Ω	单根引接线拉力不小于 N	钢线与铜线截面积比不小于	选用的绞线
YGED-1800/800	1 800	0.003 8	6 000	0.034	横截面积不小于 70 mm² 的钢包铜线
YGED-3800/800	3 800	0.003 8	6 000	0.220	
YGED-1800/1000	1 800	0.002 7	6 000	0.070	
YGED-3800/1000	3 800	0.002 7	6 000	0.240	
YGED-1800/1600	1 800	0.001 2	6 000	0.200	横截面积不小于 95 mm² 的钢包铜线
YGED-3800/1600	3 800	0.001 2	6 000	1.222	

(2)用户若对引接线的长度尺寸有特殊要求时,可从 GB/T 2822—2005《标准尺寸》规定的 R 系列中优先选取。

(3)扼流变压器中点通过的电流相同时,相同长度的 YGED1 型与 YGED2 型引接线的单根直流电阻值、单根引接线所承受拉力应相同。

四、主要技术特性

1. 引接线与钢轨的连接方式可采用冷挤接头或胀钉连接方式。

2. 引接线选用的绞线应为符合表 5—28 要求的钢包铜线;绞线不应有断股、腐蚀现象。

3. 温度为+20℃时,引接线的单根直流电阻值应符合表 5—28 的规定。表 5—28 中基本长度以外的引接线,应以长度为 1 800 mm 的引接线单根直流电阻值为基数,长度每增、减 100 mm 所增、减的单根直流电阻值与扼流变压器中点通过电流的对应关系见表 5—29;长度每增加 1 000 mm 所增加的单根直流电阻值与扼流变压器中点通过电流的对应关系见表 5—30。

表 5—29

扼流变压器中点通过的电流 A	单根引接线长度每增、减 100 mm 所增、减的直流电阻值不大于(+20℃) Ω
	钢包铜线
400	0.000 25

续上表

扼流变压器中点通过的电流 A	单根引接线长度每增、减100 mm所增、减的直流电阻值不大于(+20℃) Ω
	钢包铜线
600	0.000 25
800	0.000 2
1 000	0.000 15
1 600	0.000 05

表 5—30

扼流变压器中点通过的电流 A	单根引接线长度每增加1 000 mm所增加的直流电阻值不大于(+20℃) Ω
	钢包铜线
400	0.002 5
600	0.002 5
800	0.002 1
1 000	0.001 5
1 600	0.000 7

4. 配套使用的等阻引接线短线并联后直流阻值与长线并联后直流阻值之差不应大于0.000 5 Ω,短线并联后交流阻抗与长线并联后交流阻抗之差不应大于0.000 5 Ω。

5. 引接线单根能承受的拉力应符合表5—28的规定,且不应松动和断股。

6. 引接线应有绝缘外护层,并应经过防腐工艺处理(防腐层),引接线接头处应有防水防腐措施。

7. 在标准大气条件下,引接线的绝缘电阻不应小于25 MΩ。

8. 在标准大气条件下,引接线的接线环与外护套间应能承受50 Hz正弦波交流有效值电压1 000 V,历时1 min,应无击穿或闪络现象。

五、测试试验

1. 钢线与铜线截面积比值、绞线横截面积、外形及相关尺寸测量

用量具测量并计算。

2. 引接线的拉力试验

从每套引接线中随机抽取一根,从塞钉头处开始截取长度为 20 cm 的一个样件,再从铜接线端子处开始截取长度为 20 cm 的另一个样件,并去除外皮。将试验样件分别安装于试验机上,连续均匀地施加负荷到表 5—28 中规定的力值,历时 3 min。

3. 电阻试验

(1)试验设备

引接线的直流电阻试验采用准确度不低于 0.5 级的测试设备进行。

(2)直流电阻测试

引接线的直流电阻宜在环境温度+20 ℃±2 ℃时进行测试,如果测量时的环境温度与+20 ℃相比不超过 10 ℃时,电阻温度系数可采用下式进行换算,并将测得的电阻值换算到+20 ℃时的数值。

$$K=[\rho_{铜}\times K_{铁}+(S_{铜}/S_{铁})\times\rho_{铁}\times K_{铜}]/[\rho_{铜}+(S_{铜}/S_{铁})\times\rho_{铁}\times K_{铜}]$$

式中 K——钢包铜线电阻温度系数;

$\rho_{铜}$——铜电阻率;

$\rho_{铁}$——铁电阻率;

$S_{铜}$——铜导体截面积;

$S_{铁}$——铁导体截面积;

$K_{铜}$——铜温度系数;

$K_{铁}$——铁温度系数。

当测量时的环境温度不为+20℃时,将测得的电阻值换算到+20℃时的数值,按下式进行换算。

$$R_{20}=\frac{R_t}{1+\alpha(t-20)}$$

式中 R_{20}——换算到+20℃时的电阻值,单位为欧姆(Ω);

R_t——环境温度为 t 时测得的电阻值，单位为欧姆（Ω）；

t——测量时的环境温度，单位为摄氏度（℃）；

α——电阻温度系数。

（3）交流阻抗测试

将配套使用的引接线（两长两短）与对应规格的扼流变压器连接，调整三相变压器给测试系统均匀地加电，使单根引接线中通过的电流为扼流变压器中点流过电流值的 1/2，测试引接线两端的电压值，测试时间为 3 min，按下式计算出引接线的交流阻抗值。

$$Z=\frac{V}{I}$$

式中　Z——交流阻抗值，单位为欧姆（Ω）；

V——受试样品两端电压值，单位为伏特（V）；

I——受试样品中通过的电流值，单位为安培（A）。

4. 引接线等阻差值的检测

测试配套使用的等阻引接线短线并联后阻值与长线并联后阻值，计算其差值。

5. 引接线防腐结构的检测

纵向剖开引接线绝缘外护层进行观察。

第九节　电源屏及轨道组合

一、电 源 屏

原 25 Hz 电源屏内的局部和轨道分频器的容量不配套，即局部容量过小、而轨道容量偏大，其结果是不但给工程设计选用电源屏的型号带来不便（因无法提出统一、简明的适用轨道区段数指标的设计资料），而且常出现局部容量不够，而轨道容量有富裕，只得升级选用更大型的电源屏，造成浪费。

改进后的轨道电路，每一区段的平均传输功率为 20 VA，每个继电器局部线圈加并电容补偿后的功率为 6.5 VA，在综合单受和多受区段的比例后，一个车站的轨道区段数和轨道继电器数，按 1：2 考虑,这样就相当于轨道分频器和局部分频器供给每一段轨道电路分别耗电20 VA和 13 VA。将分频器的容量由原 300、600、1 400 VA 改为 400、800、1 200 VA。组成Ⅰ(PXT-800/25)、Ⅱ(PZT-1600/25)、Ⅲ(PZT-2000/25)、Ⅳ(PDT-4000/25)型四种电源屏,分别适用于 20 个区段以内、20～40 个区段、40～60 个区段、60～120 个区段的车站使用。

25 Hz 电源及电源屏的详细介绍见本书的第四章。

二、25 Hz 轨道组合

1. 25 Hz 轨道组合专为 $JRJC_1$-70/240、HF_2-25、FB-1、FB-2 设计。其后视布置如图 5—53 所示。

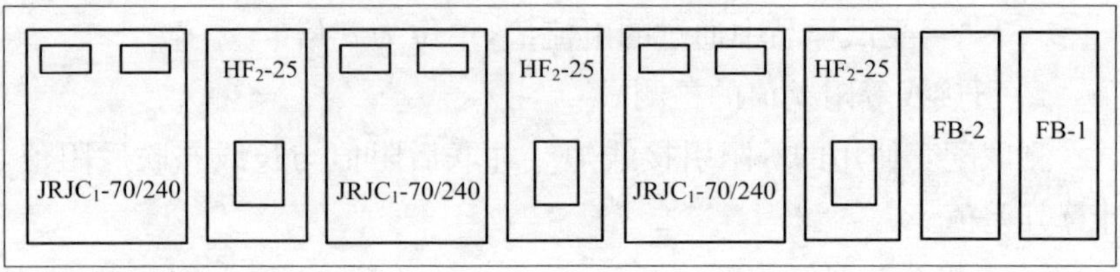

图 5—53 25 Hz 轨道组合后视布置图

2. JXW-25A 单套组合正视图如图 5—54 所示,JXW-25B 双套组合正视图如图 5—55 所示。微电子接收器所用 FB-1、FB-2 防护补偿器可根据需要另行设计组合。

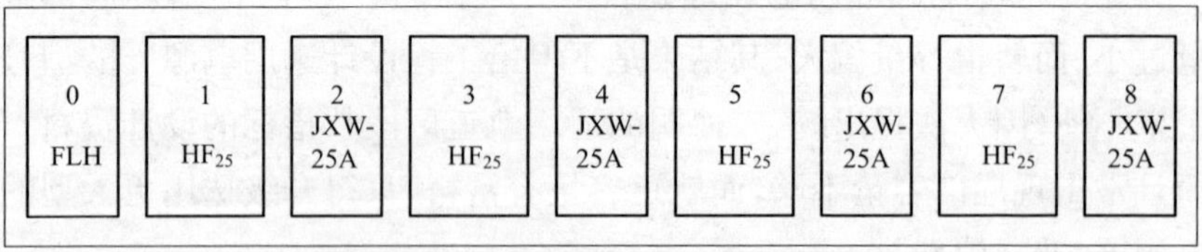

图 5—54 JXW-25A 单套组合正视图

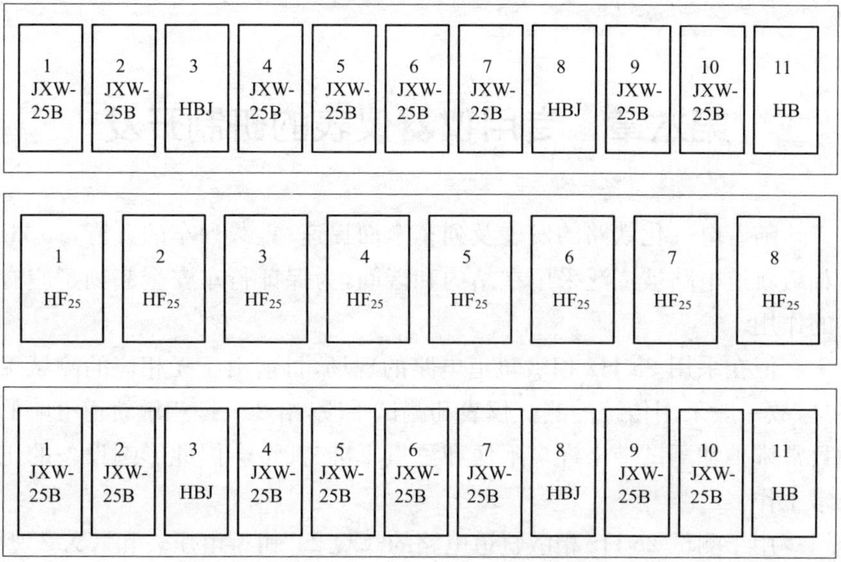

图 5—55　JXW-25B 双套组合正视图

HBJ—接收变压器盒；HB—报警盒。

第六章　专用仪器仪表的研制开发

随着电气化铁路的发展及列车全面提速、重载列车的开行，25 Hz相敏轨道电路被广泛采用在站内和区间，为保证行车安全起到了应有的作用。

但在采用 25 Hz 相敏轨道电路的现场，目前由于无相应的测试工具，故一般采用传统的测试仪表和测试手段，给 25 Hz 相敏轨道电路的日常维护和测试带来许多不便和测量不准，甚至会因此影响设备的正常工作。

用于测试 25 Hz 相敏轨道电路的“CQ-25”钳型电压表和“CX-2”型相位表等传统测试仪表不同程度上存在着缺陷和不足。

(1)“CQ-25”钳型电压表精度低(5.0 级)，近效校正电路工作不稳定，元器件易损。

(2)“CX-2”型相位表的输入阻抗低(30 kΩ)，有效角度测量范围窄(10°～170°)、精度低(±3°)，不便于使用。

因此现场急需有对 25 Hz 相敏轨道电路能“在线”动态测试的专用仪表。

第一节　选频电压表和相位表的研制

在电气化牵引区段，钢轨中同时存在牵引电流和信号电流，牵引电流对信号电流的测试有较大的影响。由于测量工具的落后，使现场的正常测试工作难以开展。为适应电气化铁路发展的需要，确保 25 Hz相敏轨道电路稳定可靠的工作，应尽快研制适用于 25 Hz 相敏轨道电路“在线”动态测试的专用仪表，完善 25 Hz 相敏轨道电路的测试装备。

一、ME25 型相敏轨道电路测试表

ME25 型相敏轨道电路测试表是一款铁路电务专用仪表，适合电

务工区日常对 25 Hz 相敏轨道电路检测和维护使用。该仪表以数字信号处理技术为核心，采用精密的信号调理器件和点阵液晶屏显示，精度高，不受干扰影响。体积小，重量小于 250 g。该仪表适用于室内相角测量、室外极性交叉测量以及其他工频电压（50 Hz）的相角测量。25 Hz 相敏轨道电路（含极性交叉）测量时，可同屏显示：局部电压、轨道电压、轨道电压有效值、信号频率、相位角。ME25 型相敏轨道电路测试表外观和测试屏如图 6—1 所示。

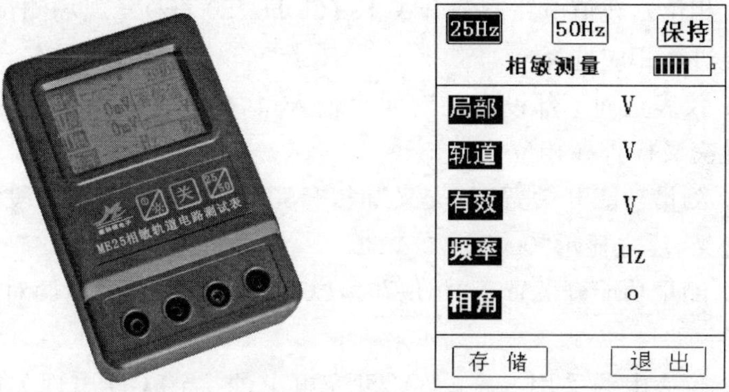

图 6—1　ME25 型相敏轨道电路测试表外观和测试屏

1. 主要技术指标

（1）电压真有效值测量范围：0～450 V；

（2）电压真有效值显示分辨力：1 mV、0. 01 V、0. 1 V；

（3）电压真有效值测量误差：±1. 0％＋1 d；

（4）相角测量显示分辨力：0. 1°；

（5）相角测量误差：±0. 5°＋1 d；

（6）轨道电压有效值：25 Hz 时等于轨道电压×sin（相角）；50 Hz 时等于轨道电压×cos（相角）。

2. 使用方法

ME25 型相敏轨道电路测试表由两路输入信号，把局部、轨道信号接入仪器的相应输入端，约 1 s，即可测出相位差、局部电压、轨道电压及轨道电压的有效值。

二、CT268A 型轨道电路相位/极性交叉检查仪

CT268A 型轨道电路相位/极性交叉检查仪适用于 25 Hz 相敏轨道电路相位角的检查;25 Hz 相敏轨道电路和交流连续式轨道电路邻接轨道区段极性交叉的检查。

1. CT268A 采用 LCD 液晶显示。

2. 仪表正面中部设有电源开关 K_1(ON/OFF)、功能选择开关 K_2(交叉/相位)、轨道电路制式开关 K_3(25 Hz/50 Hz)。现场测试时,根据需要进行相应选择。

3. 仪表正面下部设有两对 4 个输入口,分别配有两对输入线,用于极性交叉检查和相位检查。

4. 测量功能开关置于"交叉"时,"180"表示邻接轨道区段实现了极性交叉,反之显示"000"。

5. 测量功能开关置于"相位"时,LCD 显示的是被测量两对象电压相位差。

6. 仪表电源采用 5×1.2 V 可充电电池,当 LCD 出现欠电显示时,需及时进行充电。

7. 为方便携带,备有便携包。

8. 主要技术指标

(1)相位检查:0°～180°(误差±1°)。

(2)极性交叉检查:交叉显示"180",未交叉显示"000"。

(3)使用环境:温度－25 ℃～50 ℃,湿度(20%～80%)RH。

三、CT267A 型 25 Hz 相敏轨道电路相位/电压监测仪

CT 267A 型 25 Hz 相敏轨道电路相位/电压监测仪安装在轨道测试盘上,可测量 25 Hz 相敏轨道电路相位、电压,替代既有站轨道电路测试盘上面安装的电压表。

1. 测量量程:相位 0°～180°(误差±1°)

轨道电压(0～50 V)

局部电压(0～120 V)

2. 测量频率:25 Hz。

3. 防卫度:≥30 dB(抗 50 Hz 干扰)。

4. 使用环境:温度－25 ℃～50 ℃。

湿度(20%～80%)RH。

5. 外形尺寸:280 mm×128 mm×80 mm。

四、ME2000I 型绝缘节测试仪

ME2000I 绝缘节测试仪是针对铁路部门而研制的专用检测仪器,适用于机械绝缘节、轨距杆绝缘等日常检测和维护使用。

ME2000I 绝缘节测试仪可直接对绝缘节两端进行测量,不影响正常的轨道电路信号,测试简单,安全。通过分析待测阻抗的阻抗谱,能够测出其电阻大小,测量结果受轨间扼流变电感及钢轨与夹板间分布电容影响较小,可以在铁路现场复杂环境下达到很高的测量精度,同时具有大容量的存储功能和具有故障分析功能,从而辨别其绝缘性能的好坏。ME2000I 绝缘节测试仪外观和测试屏如图 6—2 所示。

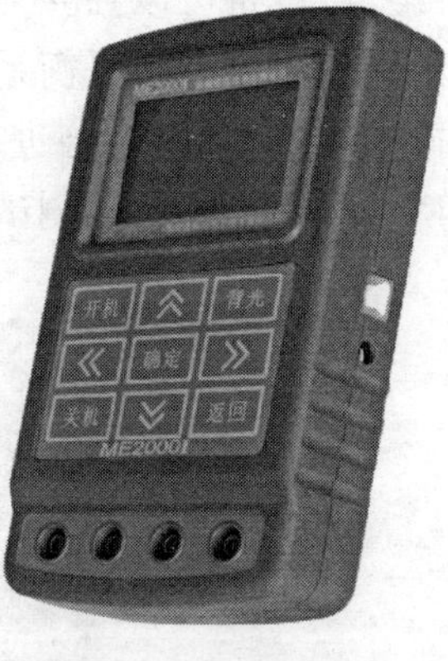

图 6—2　ME2000I 绝缘节测试仪外观

1. 使用条件

(1)工作温度:－20℃～50℃。

(2)工作湿度:≤80% RH。

(3)供电方式:四节镍氢可充电电池,可持续供电 8 h。

(4)大气压强:74～107 kPa(海拔 4 500 m 以下)。

2. 主要技术指标

(1)测量范围:0～500 Ω 显示为具体值;500 Ω 以上显示“>500 Ω”超量,不显示具体数值。

(2)显示分辨率:0.1 Ω、1 Ω。

(3)测量误差:无扼流变测量准确度:2%±1 d。

(4)有扼流变测量准确度:8%±1 d。

(5)绝缘节良好时,绝缘节阻抗值:>20 Ω。

(6)绝缘节两端钢轨与钢轨夹板之间的绝缘良好时,则它们之间的绝缘阻抗值:>1 kΩ。

(7)轨距杆之间等其他的绝缘阻抗值正常情况下:>1 kΩ。

五、ME2000A 型牵引不平衡电流测试仪

ME2000A 型牵引不平衡电流测试仪是专为铁路电务研制的专用仪器,可精确测量轨道电路轨面牵引电流,并可以将数据进行记录,方便数据的分析和管理。

该设备可以独立工作,完成牵引电流的测量和记录,以及运算显示不平衡电流和不平衡系数,也可以使用笔记本电脑通过 WIFI 无线连接到设备,利用电脑进行远距离的数据测量、记录和分析。ME2000A 型牵引不平衡电流测试仪外观和测试屏如图 6—3 所示。

图 6—3　ME2000A 型牵引不平衡电流测试仪外观

1. 功能说明

(1)实时测量:可以实时显示两路牵引电流的大小,以及不平衡电流的大小和不平衡系数,也可以显示两路牵引电流的波形。

(2)数据记录:将实时测试到的数据进行记录和保存,便于以后的

数据分析和管理。

(3)数据回放:将设备中记录的数据进行回放,或通过 WIFI 由无线导入到电脑,由电脑进行数据的回放和分析。

(4)独立工作和无线工作模式:该设备可以独立工作,完成牵引电流的测量和记录,以及运算显示不平衡电流和不平衡系数,该设备也可通过 WIFI 无线连接到笔记本电脑,由电脑远距离完成数据的实时测试和记录、回放的操作。

2. 使用条件

(1)工作温度:－20 ℃～＋50 ℃;

(2)工作湿度:≤80% RH;

(3)供电方式:锂离子可充电池;

(4)大气压强:74～107 kPa(海拔 4 500 m 以下);

(5)连续工作时间:>10 h;

(6)无线信号距离:≤30 m。

3. 牵引电流测量指标

(1)信号类型:50 Hz 工频牵引电流;

(2)显示分辨率:1 A;

(3)频率测量误差:±1 A+1 d。

4. 人机界面

ME2000A 型牵引不平衡电流测试仪主界面如图 6—4 所示,实时曲线显示界面如图 6—5 所示,实时波形显示界面如图 6—6 所示。

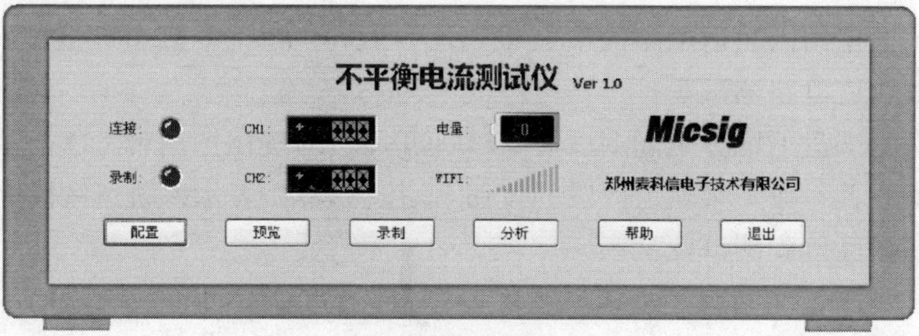

图 6—4　不平衡电流测试仪主界面

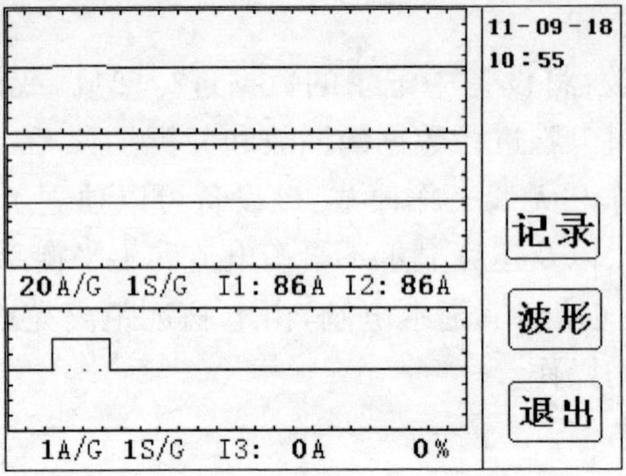

图 6—5 实时曲线显示界面

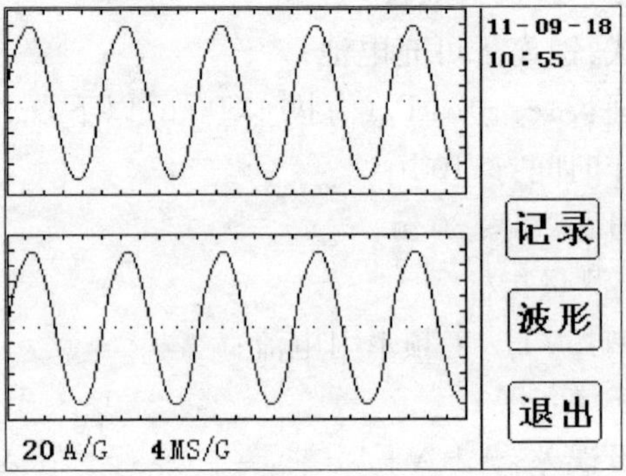

图 6—6 实时波形显示界面

第二节 25 Hz 相敏轨道电路测试盘

根据站内轨道电路区段数量,分为 26 位、48 位 CT267C 型 25 Hz 相敏轨道电路测试盘。

测试盘上区分不同测试对象(轨道区段)的按钮选用带 LD 指示的电子开关。按下某轨道区段的按钮,该按钮亮灯,表示该轨道区段的电气参数已传到测试仪上。

测试仪能同时显示该轨道区段 25 Hz 轨道电压值、该区段局部电压与轨道电压之间的相位差。如果轨道继电器选用 JXW-25 型微电子相敏接收器,测试仪直流 LED 将显示接收器供给执行继电器的直流电压值。

CT267C 型轨道电路测试盘是一种能直接显示 25 Hz 交流电压、相位、直流电压等参数，测量一次性完成的 25 Hz 相敏轨道电路测试盘。测试盘仪表采用大规模集成电路和微处理器等先进技术，具有测量精度高、安装操作方便等特点。

一、安装配线

1. 测试盘按国家标准电气集中车站组合架、组合柜图样加工，用安装继电器组合方式固定到组合架或组合柜。

2. 施工单位根据电气集中车站施工设计轨道测试盘内部配线图，将各轨道区段按配线图接入测试盘背面 3×18 柱端子板即可。

3. 将各轨道区段名称卡片按配线对应的按钮位置放入该按钮上方各名称卡片框。

二、使用方法

1. 测量开始时打开电源开关，测试仪相位显示 LED(上部)出现"—EE—"，交流电压显示 LED(中部)出现"000"，直流电压显示(下部)LED 出现"000"。根据接入测试盘的局部电源 1 或局部电源 2，分别按下相位显示 LED 旁联锁按钮中局部一或局部二按钮，表示该路局部电压已接入测试仪，否则相位显示将出现错误。按下轨道、局部、移频中任一按钮时，交流电压显示 LED 将显示被测轨道区段的 25 Hz 轨道电压、25 Hz 局部电压、叠加的移频发码电压。

2. 按下需要测量轨道区段对应的按钮，该按钮指示 LD 点亮，表示该区段电气参数接入测试仪。此时相位 LED 指示该轨道区段局部电压与轨道电压之间的相位差，交流电压 LED 在处于"轨道"位时表示该轨道区段的轨道电压，处于"局部"位时表示该轨道区段局部电源电压，处于"移频"位时表示叠加有移频发码轨道区段的移频发码电压。直流电压 LED 显示的是采用 JXW-25 型微电子相敏接收器的轨道区段执行继电器的工作电压，如果灯不亮，无轨道电压，无相位，说明该区段占用有车或出现故障；如果有轨道电压，有相位，说明 JXW-25 型微电子相敏接收器无输出。

3. 需要改变测试对象(改变不同轨道区段)时,先按压着灯按钮一次,该按钮灭灯,让正在测试的区段退出测试仪;再按代表需测试轨道区段的按钮,该按钮 LD 点亮,表示该轨道区段电气参数已代替先前测试区段进入测试仪。读取的数据为新区段电气指标。

4. 该测试盘设有自动关机功能,要停止测试工作时,可按压电源开关一次退出。也可以让其自动停时关机,当测量时间过长,测试仪发生自动关机后,等待 5 s 后用户再打开电源开关可重复开机,自动停时出厂时暂定为 40 min 左右。

5. 若电源开关按下后,相位表显示乱码,是微处理器复位不全,只需重新按一次电源开关即可正常工作。

6. 当把相位开关按钮置相位关或轨道区段有车占用时,电压 LED 显示器显示轨道区段残压,相位显示 LED 将出现"—EE—"符号。

7. 用户如果不需要写字板记录台,可自行卸去。

8. 采用 JXW-25 型微电子相敏接收器的轨道区段占用时直流 LED 显示 000,该区段按钮按下不亮灯,进行测试工作时仍按第 3 条办理。

9. 当某一咽喉大多数轨道区段相位显示 LED 出现相位为"—××.×°",可由局部一变换成局部二(或反之)。相位显示 LED"—"号即能消失。个别区段出现"—××.×°"时,表示该轨道区段实际相位为[180°+(—××.×°)],即大于 90°。

第七章　25 Hz 相敏轨道电路的种类

97 型 25 Hz 相敏轨道电路按轨道电路送电端、受电端是否设有扼流变压器可分为：送电端、受电端均设扼流变压器和送电端、受电端均不设扼流变压器两种情况。其中，第二种用于没有回归牵引电流但需要防护牵引电流对轨道电路有干扰的轨道区段，并且也可用于非电气化区段的轨道区段。

在有回归牵引电流流过的轨道区段，应采用带扼流变压器的轨道电路。对于没有回归牵引电流流过的轨道区段，但需防止牵引电流对轨道电路的干扰，可采用无扼流变压器的轨道电路。无扼流变压器的轨道电路也可用于非电气化区段。下面根据轨道电路的受电端的设置情况可分为一送一受、一送两受和一送三受三种情况分别进行介绍。

第一节　一送一受轨道电路

一、概　　述

按轨道电路送电端、受电端是否设有扼流变压器可分为两种情况：送电端、受电端均设扼流变压器（见图 7—1）；送电端、受电端均不设扼流变压器（见图 7—2）。图中 E/①、E/②、 /④、 /⑤分别为 25 Hz 相敏轨道电路的第一种、第二种、第四种、第五种单元类型。E 代表设有扼流变压器。 /④代表未设扼流变压器。XB 表示信号变压器箱。

在表 7—1 中列出了上述一送一受（不带空扼流变压器和无受电分支）时轨道电路的计算结果。其钢轨阻抗为0.62∠42° Ω/km，道砟电阻为0.6 Ω·km，轨道电路长度为1.5 km。

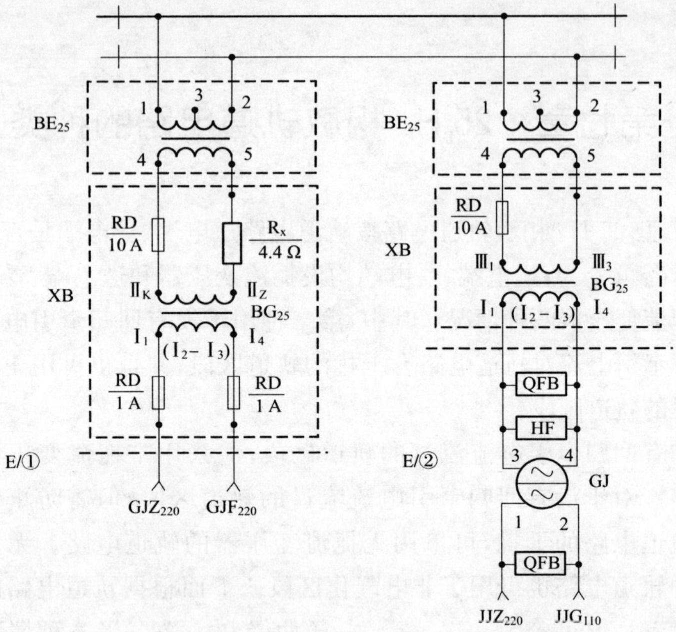

图 7—1　带扼流变压器的一送一受电路图

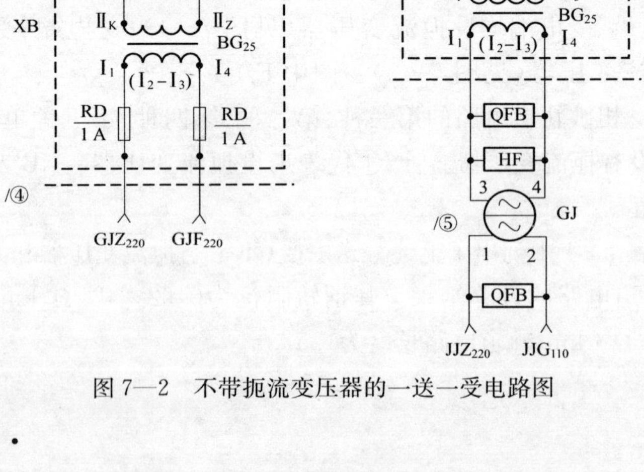

图 7—2　不带扼流变压器的一送一受电路图

表　7—1

项目 / 轨道电路类型	限流电阻 Ω	调整状态时供电变压器电压 V	受端分路时供电变压器允许电压 V	送端分路时供电变压器允许电压 V	余量 %
双　扼　流	4.4	11.7	17.4	16.1	15.9
无　扼　流	0.9	6.0	9.2	9.4	21.5

表 7—1 说明，带扼流变压器的轨道电路在受电端分路时供电变压器允许电压（简称 $U_{受分}$，以下同）高，而在送电端分路时供电变压器允许电压（简称 $U_{送分}$，以下同）相对较小，轨道电路的分路最不利地点是在轨道电路的送电端，而轨道电路的受电端分路的余量（对于余量的计算方法将在第九章中说明）虽然较大，但不能被利用，所以最终限制了轨道电路的极限长度。对于送、受电端均无扼流变压器的轨道电路，由于 $U_{送分}$ 与 $U_{受分}$ 比较接近，且高出调整状态时供电变压器的供电电压较多，因而可以达到较大长度（这一点可由表 7—1 中的余量值得出）。而两者的区别在于轨道电路送电端的限流电阻器 R_x 取值的不同。

无扼流变压器时 $R_x=0.9\ \Omega$，而有扼流变压器时 $R_x=4.4\ \Omega$，通过变比约为 3∶1 的扼流变压器反射到轨面的阻抗约为 $1/9\times4.4=0.49\ \Omega$。经计算各类轨道电路的调整状态（$Z_g=0.62\angle42°\ \Omega/\text{km}$、$R_d=0.6\ \Omega\cdot\text{km}$、$l=1.5\ \text{km}$）送电端轨面视入阻抗基本相同，约为 $0.60\sim0.65\ \Omega$，相比之下有扼流变压器时的 $R_x=4.4\ \Omega$，比起无扼流变压器时 $R_x=0.9\ \Omega$显得偏小。适当增大有扼流轨道电路的送电端的限流电阻阻值，可以改善轨道电路的送电端分路状态，而受电端分路状态将略有变差。但受电端分路的余量本来较大，即使降低一些，仍能保证有分路检查。因此可用增大 R_x 来增大余量的方法，进一步改善轨道电路的分路状态。轨道电路的送电端原理如图 7—3 所示。

对于一定类型、一定长度的轨道电路，U_T、I_T 和 U_F、I_F 是与 R_x 大小无关的固定值，且有 $U_{BT}=U_T+I_TR_x$、$U_{BF}=U_F+I_FR_x$（U_{BT}、U_{BF}分别为调整状态和分路状态时供电变压器的供电电压）。

令 $K=\dfrac{U_{BF}}{U_{BT}}$，当 $K\geqslant1$ 时，方可兼顾轨道电路调整状态与分路状态，

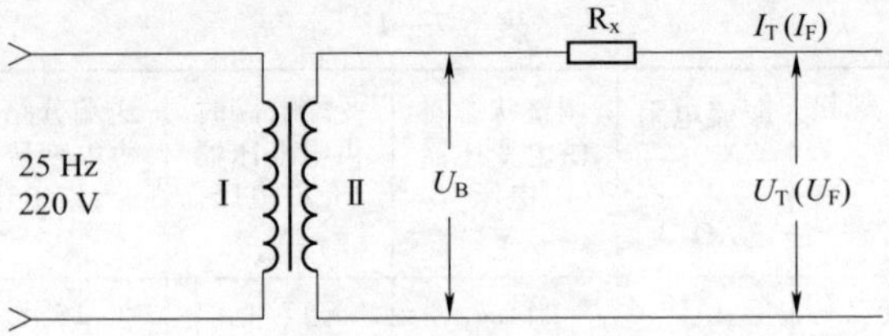

图 7—3　轨道电路的送电端原理图

U_T、I_T—满足调整状态要求的轨面电压和电流；

U_F、I_F—满足分路检查要求的轨面电压和电流。

K 愈大表明轨道电路分路愈好。

U_T、I_T、U_F、I_F 均为复数，为简化分析暂按一般无向量的代数值进行考虑，K 与 R_x 的关系如下：

$$\frac{dK}{dR_x}=\frac{d}{dR_x}\left(\frac{U_F+I_F\cdot R_x}{U_T+I_T\cdot R_x}\right)=\frac{U_T\cdot I_F-U_F\cdot I_T}{(U_T+I_T\cdot R_x)^2}$$

当 $U_T\cdot I_F-U_F\cdot I_T>0$ 时，K 是 R_x 的增函数；

当 $U_T\cdot I_F-U_F\cdot I_T<0$ 时，K 是 R_x 的减函数。

增函数说明 R_x 愈大则轨道电路的分路性能愈好；反之，减函数则相反。现将钢轨阻抗 $Z_g=0.62\angle 42°\ \Omega/km$、道砟电阻 $R_d=0.6\ \Omega\cdot km$、轨道电路长度 $l=1.5$ km的各类轨道电路的 U_T、I_T、U_F、I_F 计算值列于表 7—2 中。

表　7—2

项目＼类型	双扼流	无扼流
调整流状态 U_T/I_T	6.03/1.33	2.16/3.57
送电端分路 U_F/I_F	1.90/3.00	0.53/9.15
$U_TI_F-U_FI_T$	15.56	17.87
受电端分路 U_F/I_F	10.52/1.82	4.75/4.89
$U_TI_F-U_FI_T$	−3.02	−6.40

表中 $U_TI_F-U_FI_T$ 值，送电端分路时均为正值，受电端分路时均为负值。由此可知，97 型 25 Hz 相敏轨道电路增大 R_x 能提高送电端的分路灵敏度，而降低受电端分路灵敏度。对于允许长度因受送电端分

路灵敏度限制的轨道电路，在增大 R_x 后能延长其长度是符合规律的。通过计算，1.5 km的带扼流变压器的轨道电路将 R_x 由4.4 Ω增大到4.7 Ω时，$U_{调}$（调整状态时供电变压器的电压）＝12.1 V、$U_{送分}$＝16.9 V、$U_{受分}$＝17.34 V，虽然仍是送电端分路限制了轨道电路的分路允许电压，但余量则由15.9%提高到16.85%，满足轨道电路分路余量大于8.0%的要求。

考虑国外经验和考虑留有足够的余量，经计算后，现将一送一受时(无受电分支及空扼流变压器)轨道电路的允许极限长度值列于表7—3。

表　7—3

轨道电路类型	限流电阻 Ω	允许长度 m
双　扼　流	4.4	1 500
无　扼　流	0.9	1 500

对于车站的预告区段，当采用相敏轨道电路，因其属于区间，大多数均采用长度为25 m的钢轨，故其单位钢轨阻抗值较长度为12.5 m的钢轨的单位钢轨阻抗值低，其值为0.5∠52° Ω/km。区间道砟电阻较站内的道砟电阻高，按《设规》规定为1.0 Ω·km，故对预告区段的双扼流轨道电路，当限流电阻为4.4 Ω时，其轨道电路允许长度可达2 000 m；若在该轨道电路内设连接吸上线的扼流变压器时，限流电阻仍为4.4 Ω。

二、迂回回路的处理

在电气化牵引区段，为了使回归牵引电流畅通无阻地流回牵引变电所，则相邻轨道电路的扼流变压器中点需相连。如果全部采用双扼流的轨道电路，在中点相连后，则易于构成迂回电路，有可能造成在轨道电路不完整或有列车占用的情况下失去检查，使轨道继电器错误吸起。图7—4就是一个例子。

图7—4中虚线为迂回电路的径路，1G区段轨道继电器在有车占用或断轨的情况下，可能经迂回电路而错误吸起。这并非制式本身带来的问题，而是由于上述原因产生的迂回回路造成的。

为了减少迂回回路对轨道电路产生的影响，在确保回归牵引电流

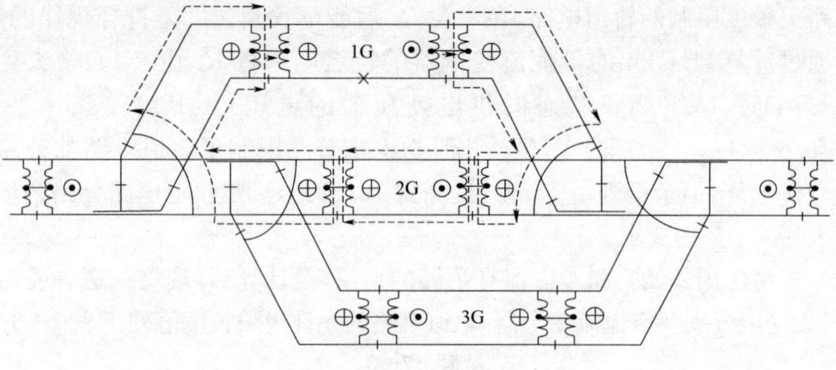

图 7—4　轨道电路的迂回电路径路示意图

畅通的条件下,应将个别扼流变压器的中间接点连线不连。这样,可切断了迂回电路。但必须注意,正线(包括正线上的道岔区段和无岔区段)装置扼流轨道电路中间接点连线必须相连接。

三、空扼流的使用

轨道电路区段内,不连接送、受电端轨道电路室内设备且只用于通过牵引电流的扼流变压器称为空扼流[标准图《97 型 25 Hz 相敏轨道电路》(通号〔99〕0047)中也称为附加扼流]。

为了构通牵引电流的回流通路,为连接吸上线或有些车站由接触网取电的馈电地线也可在轨道电路区段内设置一个空扼流。

凡装设的空扼流变压器均应补偿,其补偿原则既要考虑 25 Hz 相敏轨道电路信息的传输,又要兼顾机车信号信息的传输。空扼流补偿器的作用:

1. 对轨道电路的信号传输进行补偿,减少空扼流变压器对轨道电路信号能量的消耗,以减小轨道电路的总功耗,从而使轨道电路的供电变压器的二次电压不致因增设空扼流后增大太多。因此,当该空扼流断线后,不致因轨道电路的分路检查条件被恶化而影响轨道电路的允许长度。

2. 在轨道电路电码化区段,为了满足机车信号的入口电流的要求,补偿器还应对机车信号的信息进行补偿,以减少空扼流对机车信号信息的能量消耗,从而使机车信号的工作稳定可靠。对于不同制式的自动闭塞区段,在对站内 25 Hz 相敏轨道电路的空扼流变压器的补偿所需的补偿器(BCQ)应随不同的机车信号制式而异。在进行工程设计时,应结合具体工程选择相应的补偿器。

早期为满足国铁应用的不同制式的自动闭塞区段,分别研制了三种类型的补偿器:①交流计数区段,采用 BCQ-J 型补偿器;②国产 4、8、18 信息移频区段,采用 BCQ-Y 型补偿器;③ZPW-2000(或 UM)系列区段,采用 BCQ-U 型补偿器。随着技术的发展和现场用户需求,BCQ-U、BCQ-Y、BCQ-J 三种类型的空扼流补偿器统一改进为 BCQ-T 型通用型空扼流补偿器。

对于不连接送、受电端轨道电路室内设备的空扼流,其信号线圈经 BG1-130/25 型轨道变压器与补偿器相连。空扼流处设备接线方式:BG2-130/25(或 BG3-130/25)型轨道变压器采用 110/17.6 的匝比,一次侧使用 I_1、I_4(连接 I_1-I_2、I_3-I_4),接 BCQ-T 补偿器,二次侧 II_1、III_3(连接 II_3-III_1)接 BE_{25} 扼流变压器信号侧。空扼流设置电路如图 7—5 所示。

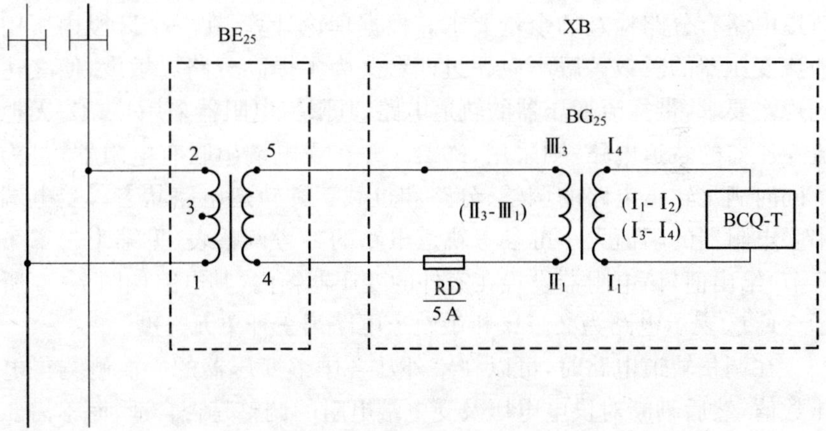

图 7—5　空扼流设置电路图

注意:有空扼流的轨道电路区段应注意要接通断路器后在进行调整。

一送一受时轨道电路可以设长度不大于 65 m 的三个或三个以下的无受电分支,并为了构通牵引电流的回流通路,可以在其中一个分支上设置一个空扼流。

在一送一受的情况下,轨道电路带有无受电分支及有附加扼流变压器时的允许长度见表 7—4。

表 7—4

类型	一个分支		两个分支		三个分支		无分支但有附加扼流
	无附加扼流	有附加扼流	无附加扼流	有附加扼流	无附加扼流	有附加扼流	
双扼流 m	700	700	600	600	500	500	1 500
无扼流 m	1 000		900		800		

第二节 一送多受轨道电路

一、有关说明

对于道岔区段的轨道电路,为了监督线路完整和有良好的分路检查,均按一送多受进行设计,一般采用一送两受或三受。在一个区段内,所用扼流变压器的总数应考虑轨道变压器供电电压的数值和保证轨道电路有分路检查的余量要求。根据理论计算,在一个区段内所用扼流变压器的总数一般不应超过四台。为了提高分路灵敏度,使之达到规定要求,带扼流变压器的轨道电路,其限流电阻器采用4.4 Ω;无扼流变压器的轨道电路,则采用1.6 Ω。并在受电端串联有电阻器,是为了同时满足轨道电路的调整、分路和过载三种轨道电路状态。受电端串联电阻器的阻值大小可参考轨道电路的参考调整表(见第十二章第三节)给出值,该电阻器设置在室外的变压器箱内,其电路如图 7—6 所示。E/③表示电路为 25 Hz 相敏轨道电路第三种单元类型。

在调整轨道电路时,可以在室外从各中继变压器的一次侧测得电压数值,然后判断对供电电压及受电端电阻的调整是否合适,而不需要在室内读取继电器电压数值,且可以使室内配线定型化,以便进行工厂化生产,从而缩短施工工期。

如果在设计中碰到《97 型 25 Hz 相敏轨道电路》(通号〔99〕0047)图册未包括的布置,则应按照所提出特定的各段及无受电分支长度具体进行单独的理论计算。

二、一送两受轨道电路

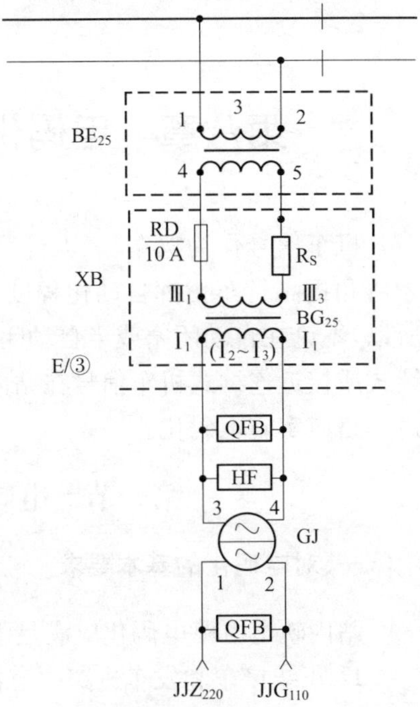

图 7—6　串联电阻的受电端单元电路图

一送两受轨道电路根据有无受电分支的数量情况，可以有 20 种不同布置，即两个分支的 12 种、一个分支的 6 种及无分支的 2 种。各种布置中所附带分支的长度不大于 65 m 的无受电分支，在该分支的末端并可允许设一个为构通牵引电流的附加空扼流。一送两受区段轨道电路空扼流的处理方式与一送一受轨道电路区段相同，设置电路如图 7—6 所示。

1. 不附带无受电分支，轨道电路各段的长度允许在 0～200 m 范围内。

2. 附带有一个无受电分支各段长度允许在 0～120 m 范围内。

3. 轨道电路不带扼流变压器，则各段长度允许在 0～200 m 范围内。

4. 附带有两个无受电分支轨道电路带扼流变压器，其分支末端带空扼流变压器时，其各段长度允许在 0～80 m 范围内。

5. 轨道电路带扼流变压器，其分支末端不带空扼流变压器时，其各段长度允许在 0～120 m 范围内。

6. 轨道电路不带扼流变压器，则各段长度允许在 0～120 m 范围内。

三、一送三受轨道电路

一送三受时轨道电路根据无受电分支的数量情况，可以有 5 种不同布置，即一个分支的 3 种及无分支的 2 种。

不带扼流变压器的轨道电路允许带一个长度不大于65 m的无受电分支，各段的长度允许在0～80 m范围内。

带扼流变压器的轨道电路不可以带无受电分支，各段的长度允许在 0～80 m 范围内。

第八章　电码化区段的轨道电路

机车信号作为机车"三大件"之一，对解决铁路行车安全与效益的矛盾和提高行车指挥自动化程度，确保安全运输，发挥了重要的作用。所以，不论在自动闭塞或半自动闭塞区段，均安装了机车信号。由于连续式或接近连续式机车信号在站内应能得到连续显示，因此，站内的轨道电路应实施电码化。

第一节　电码化的有关规定

一、对电码化的基本要求

站内轨道电路电码化应满足下列基本条件：

1. 正线接车和发车进路内道岔区段，仅在正线列车信号开放的条件下，列车进入进路内的轨道电路区段时，应及时地向机车发送机车信号信息。当列车"冒进"信号时，至少其占用的列车进路的第一区段不应发码。当列车出清所占用的轨道区段后，应及时恢复原轨道电路工作状态。

2. 当轨道电路电码化时，在任何情况下，只要轨道电路设备正常，轨道电路应能正确地反映其"空闲"与"占用"，且不应降低轨道电路原有的技术性能。

3. 当轨道电路电码化时，在最不利条件下，机车入口处的最小短路电流应能满足机车信号的工作需要。

4. 当预告区段的轨道电路采用电码化时，除应满足上述 2、3 两项要求外，当列车进入该轨道电路区段时，应及时向机车发送机车信号信息，而不需其他附加条件。

5. 当轨道电路实施电码化后，不应损坏轨道电路设备。

6. 当轨道电路电码化时，有效电码中断的最长时间应不大于机车信号允许中断的最短时间。

二、电码化范围

1. 列车进路为进直出直时，为接、发车进路中的所有区段。

2. 列车进路为进弯出直时，为股道区段和发车进路中的所有区段。

3. 列车进路为进直出弯时，为接车进路中的所有区段。

4. 列车进路为进弯出弯时，为股道区段。

5. 色灯电锁器车站，站内咽喉区原则上不设电码化。

6. 位于半自动闭塞的车站，不设发车进路电码化，进路信号机前方的接近区段应电码化。

三、接口设备的基本功能

站内电码化作为确保铁路行车安全的重要措施之一，原铁道部对此十分重视，并做出了明确的规定：在干线及繁忙的支线上，站内正线、到发线股道均应实现电码化。股道电码化应逐步过渡到叠加预发码方式，在行车速度大于120 km/h区段或机车装有超防设备时，应积极推广叠加预发码方式电码化，保证电码化信息的连续。因此，25 Hz 相敏轨道电路叠加机车信号信息时，其实现叠加的接口设备应具备以下的基本功能：

1. 防止 25 Hz 相敏轨道电路的供电电源被发送机车信号信息的发送设备盘短路。

2. 防止发送机车信号信息的发送设备被 25 Hz 相敏轨道电路的供电电源短路。

3. 接口设备的引入应不降低原有轨道电路的技术性能。

4. 接口设备应具备铁路信号的“故障—安全”性能。

下面就结合各种机车信号信息，从原理上讲一下 25 Hz 相敏轨道电路电码化的问题。

第二节　8、18 信息移频电码化

在第二章中已说明 25 Hz 相敏轨道电路具有可靠的频率选择性，

即当交流二元轨道继电器局部线圈供以 25 Hz 电源,若在轨道继电器的轨道线圈中通以移频机车信号信息电流时,移频机车信号信息电压是不会使交流二元轨道继电器的翼板产生转矩而错误吸起。因此,轨道电路实施电码化,可以直接将移频机车信号叠加在轨道电路上,当轨道电路被列车分路时,轨道继电器的轨道线圈内虽有移频机车信号信息电流,也不会使翼板产生转矩,轨道继电器仍会失磁落下。当轨道电路由"占用"状态变为"空闲"状态时,轨道继电器的轨道线圈内瞬间除有移频机车信号电流外,同时还可接收到轨道电路送电端供给的 25 Hz 的轨道信号电流,因而可以使轨道继电器励磁吸起并切断电码化电路。

由于移频机车信号信息频率在音频的范围之内,电缆电容已不容忽视。因此,应考虑电缆电容对发送移频机车信号的影响。按信号电缆的电容指标,应不大于0.05 μF/km,故当电缆长度为2 km时,则电缆电容的变化范围为 0~0.1 μF。轨道长度随列车分路地点的变化和轨道区段长度不同在 0~2.0 km范围内变化。在这些参数变化的范围内,为保证机车信号车上接收设备的正常工作,应满足以下基本条件:

1. 50 Hz 电源电压为198 V(额定值向下波动−10%)、电缆电容最大(相当于电缆质量刚符合0.05 μF/km指标,且长度为2 km)、道砟电阻最低为0.6 Ω·km,以0.06 Ω标准分路电阻在轨道电路的入口处短路,其钢轨内的电流应满足机车信号的工作需要。

2. 50 Hz 电源电压为242 V(额定值向上波动+10%)、电缆电容、轨道区段长度、道砟电阻为范围内任意值时,电缆线路的综合电压,不应超过电缆的允许工作电压500 V。

3. 由轨道电路的受电端发送机车信号信息时,施加在交流二元轨道继电器轨道线圈两端的机车信号信息电压,虽不致误动轨道继电器,但当其电压过高时,轨道继电器的翼板会产生较大的颤动声。长此下去,将会缩短轨道继电器的使用寿命。因此,必须采取措施克服这种现象。根据试验,当移频电压降至30 V以下,则听不到和看不到翼板颤动,故规定交流二元轨道继电器的轨道线圈上的移频信息电压应在30 V以下。

4. 为防止电缆串音的干扰，发送机车信号信息的电缆应符合机车信号信息和轨道电路信息对电缆的要求。

经过室内分析，当采用一定措施后均能满足上述基本要求。25 Hz相敏轨道电路电码化实施移频机车信号信息电码化时，其电路如图 8—1所示。

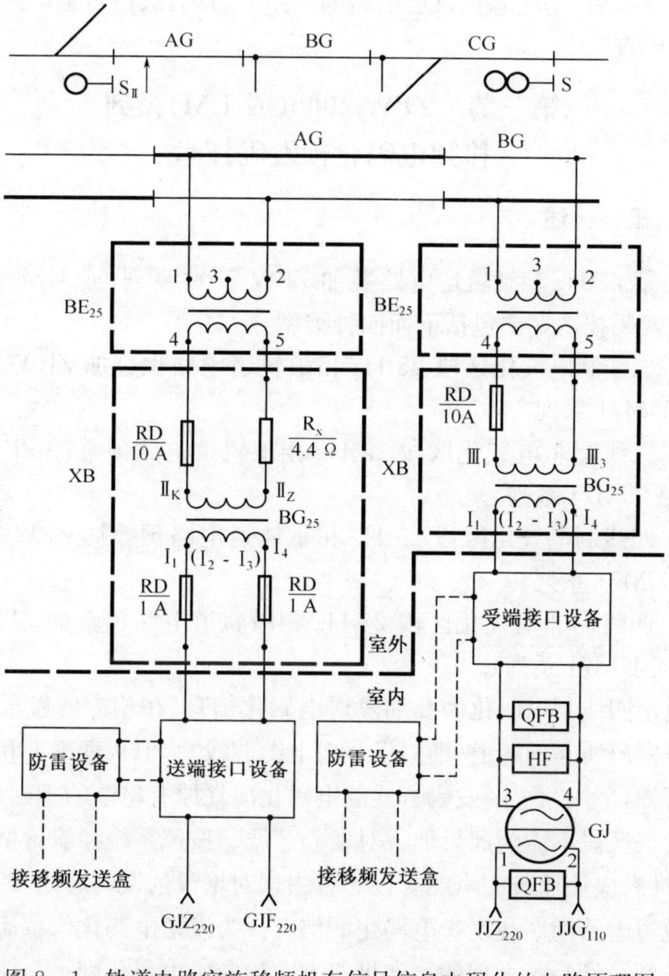

图 8—1　轨道电路实施移频机车信号信息电码化的电路原理图

根据上述的要求，图中的接口设备和防雷设备应根据所使用的移频发送设备的功放输出类型、输出阻抗特性及功出电压等参数进行设计,不可简单套用。同时,还应考虑轨道电路的长度。否则,除对机车信号工作的影响外,还可能影响轨道电路的正常工作。轨道电路电码化时,在轨道电路中增加了上述接口设备后,应分析对 25 Hz 相敏轨道电路本身的影响程度,并应给出相应的说明。其原则:在轨道电路中增加接口设备后,不应恶化轨道电路的分路。否则,会使轨道电路可能失去分路检查。

第三节　ZPW-2000(或 UM)系列移频电码化预发码技术

一、概　　述

97 型 25 Hz 相敏轨道电路叠加 ZPW-2000 系列(或 UM71 系列)移频预发码技术主要包括下面四种类型:

1. 二线制电气化区段 25 Hz 相敏轨道电路预叠加 ZPW-2000 系列(或 UM71 系列)。

2. 二线制非电气化区段 25 Hz 相敏轨道电路预叠加 ZPW-2000 系列(或 UM71 系列)。

3. 四线制电气化区段 25 Hz 相敏轨道电路预叠加 ZPW-2000 系列(或 UM71 系列)。

4. 四线制非电气化区段 25 Hz 相敏轨道电路预叠加 ZPW-2000 系列(或 UM71 系列)。

由于四线制电码化为叠加发送电码化信息,在相应的发送处增设了一条发码所需的通道(即另设一对电缆芯线)。但从理论上和技术上分析可知,采用“叠加”发码方式的电码化应在原有电缆的基础上实现,每个发码区段不需为此另加一对发码芯线。按照系统性能价格比的要求,设计者应该而且完全能够设法省去这对增设的发码芯线,即仅依靠原来轨道电路的芯线发送电码化的信息。为发送电码化信息而另增一对芯线则显然是不合理的。如果双方向均实施电码化则每个轨道电路区段需增加四芯电缆,造成工程上的浪费。并且四线制电码化单独发送电码化信息,平时不能检查发送电码化的电缆断线,因此在电码化设计时，一般不采用此种方式的电码化。

二、合用芯线的必要性及可行性

从理论上和技术上分析可知，采用“叠加”发码方式的电码化应首先考虑轨道电路信息和机车信号电码化信息共用电缆通道，以求技术合理和降低工程造价。

ZPW-2000（或 UM71）信息的最低频率为 1 700 Hz，轨道电路信息的频率为 25 Hz，两者之比值为 68 倍。轨道电路信息和 ZPW-2000（或 UM71）信息共用同一对电缆芯线传输两种信号信息，只要方案得当，则满足两种信息传输的要求，而又互不影响，或虽有影响，但能将其影响控制在规定的允许范围内，在理论上是完全可行的。已投入使用的“京九”线的交流连续式轨道电路叠加移频信息电码化，移频信息的最低频率为 550 Hz，而交流连续式轨道电路信息的频率为 50 Hz，两者之比值为 11 倍，这两者间的比值远小于 ZPW-2000（或 UM71）信息与 25 Hz 信息间 68 倍的比值，它们尚可在站内电码化时进行成功地隔离。因此，ZPW-2000（或 UM71）信息与 25 Hz 相敏轨道电路信息间的叠加也应是可行。

从理论上合用电缆芯线是可行的。这样，不仅可节省电缆，也可利用轨道电路来检查其电码化信息传输通道的完整性，有利于及时发现故障，以便及时克服故障，从而减少故障对行车的影响。

三、补偿电容

根据通道参数并兼顾低道砟电阻道床传输，选择电容器容量，使 ZPW-2000 电码化传输通道趋于阻性，保证 ZPW-2000 电码化具有良好传输性能，同时尽可能降低对原有站内轨道电路的影响。

1. 设置方法

（1）设置原则

当电码化轨道电路长度超过 300 m 时，须设置电容补偿。

（2）载频选择

①限于 1 700 Hz、2 000 Hz

电容容量：80 μF。

②限于 2 300 Hz、2 600 Hz

电容容量：60 μF。

(3)设置方法

补偿电容的安装方法，是按照等间距设置补偿电容的方法。其具体方法如下：

等间距　$\Delta=\dfrac{L(\text{轨道电路长度})}{\sum(\text{电容个数})}$

数量：$\sum=N+A$

式中　N——百米位数；

A——个位、拾位数为 0 时为 0，个位、拾位数不为 0 时为 1；

Δ——表示等间距长度，轨道电路两端与第一个电容距离为 $\Delta/2$。

安装允许误差±0.5 m。

2. 举例计算

(1)$L=900$ m(见图 8-2)

$N=9, A=0, \sum=9+0=9, \Delta=\dfrac{900}{9}=100$。

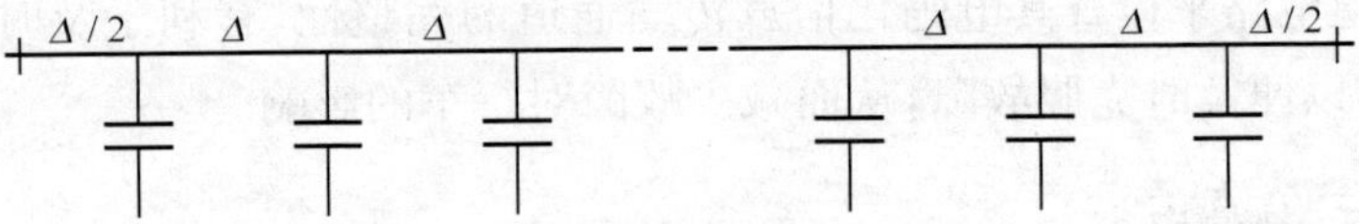

图 8—2　补偿电容布置示意

(2)$L=920$ m(见图 8-3)

$N=9, A=1, \sum=9+1=10, \Delta=\dfrac{920}{10}=92$。

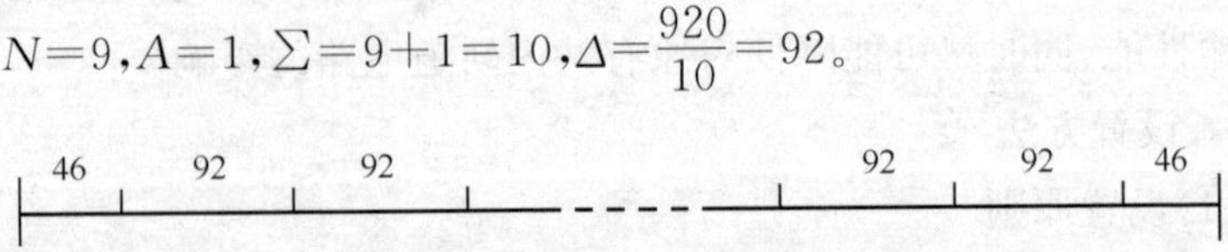

图 8—3　轨道电路加补偿电容举例

3. 设置参考表(见表 8—1)

表　8—1

轨道电路长度 L m	补偿电容个数 $\sum(N+A)$	设置间隔 Δ m	轨道电路长度 L m	补偿电容个数 $\sum(N+A)$	设置间隔 Δ m
300	3	100	950	10	95
350	4	87.5	1 000	10	100
400	4	100	1 050	11	95.45
450	5	90	1 100	11	100
500	5	100	1 150	12	95.83
550	6	91.67	1 200	12	100
600	6	100	1 250	13	96.15
650	7	92.86	1 300	13	100
700	7	100	1 350	14	96.43
750	8	93.75	1 400	14	100
800	8	100	1 450	15	96.67
850	9	94.44	1 500	15	100
900	9	100			

四、二线制电气化区段

电气化区段电码化设备由 ZPW-2000 系列(或 UM71 系列)无绝缘移频自动闭塞电码化发送柜,ZPW-2000 系列(或 UM71 系列)发送器,电码化发送检测盘,室内防雷单元,送、受电端室内外隔离器,扼流变压器、轨道变压器(不应采用 R 型铁芯的轨道变压器)、HF 型防护盒、室内调整变压器等构成。

在不同的电路制式、不同的外部条件下(例如在电气化或非电气化区段),当技术要求相同时,其实施电码化的方式也可能不尽相同。另外,轨道电路与电码化信息共用一对电缆芯线,便于工程实施,具体原理图如下。

1. 二线制电气化 97 型预叠加 ZPW-2000 电码化简图如图 8—4 所示。

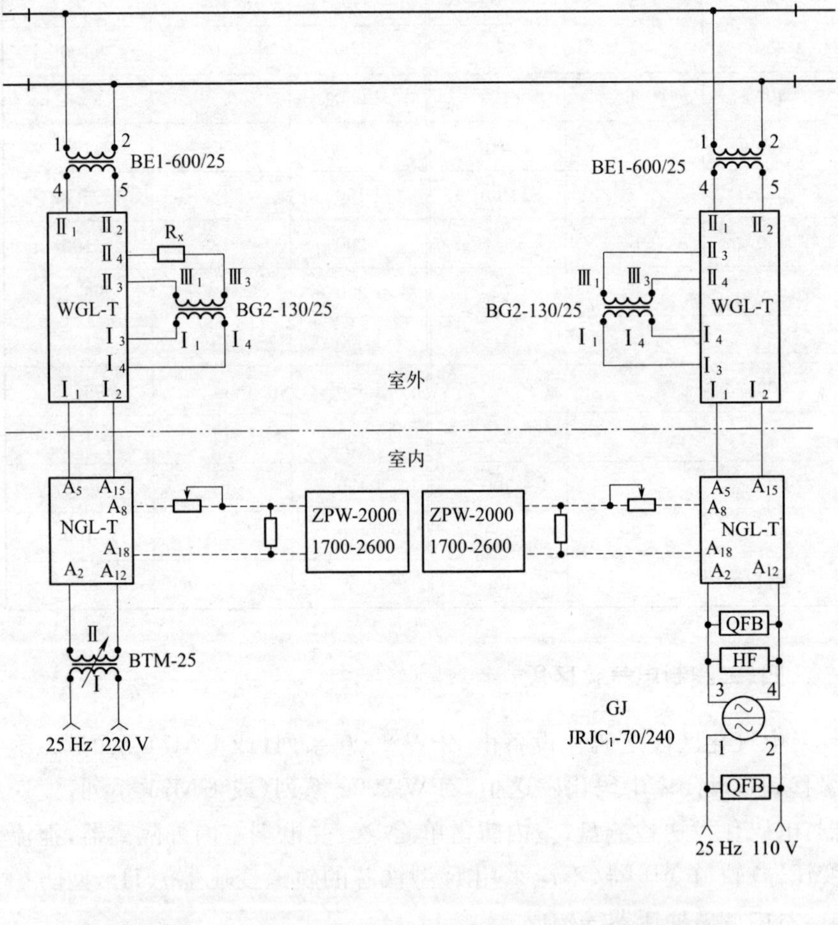

图 8—4 二线电气化 97 型预叠加 ZPW-2000 电码化简图

2. 二线电气化 97 型(微电子)预叠加 ZPW-2000 电码化简图如图 8—5 所示。

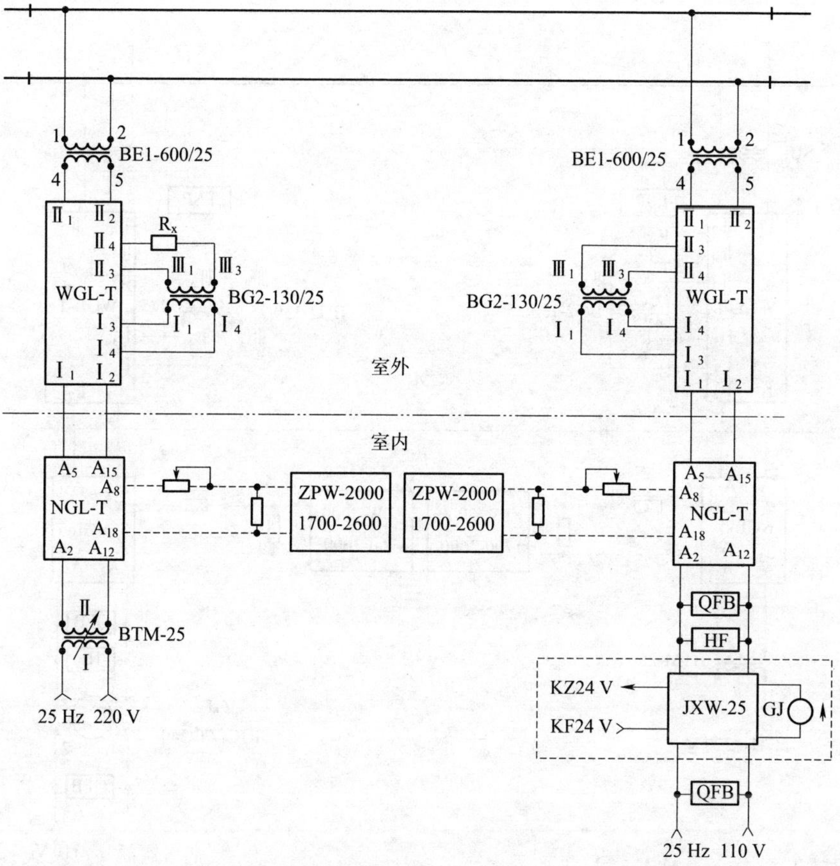

图 8—5　二线电气化 97 型(微电子)预叠加 ZPW-2000 电码化简图

3. 二线电气化适配器型预叠加 ZPW-2000 电码化简图如图 8—6 所示。

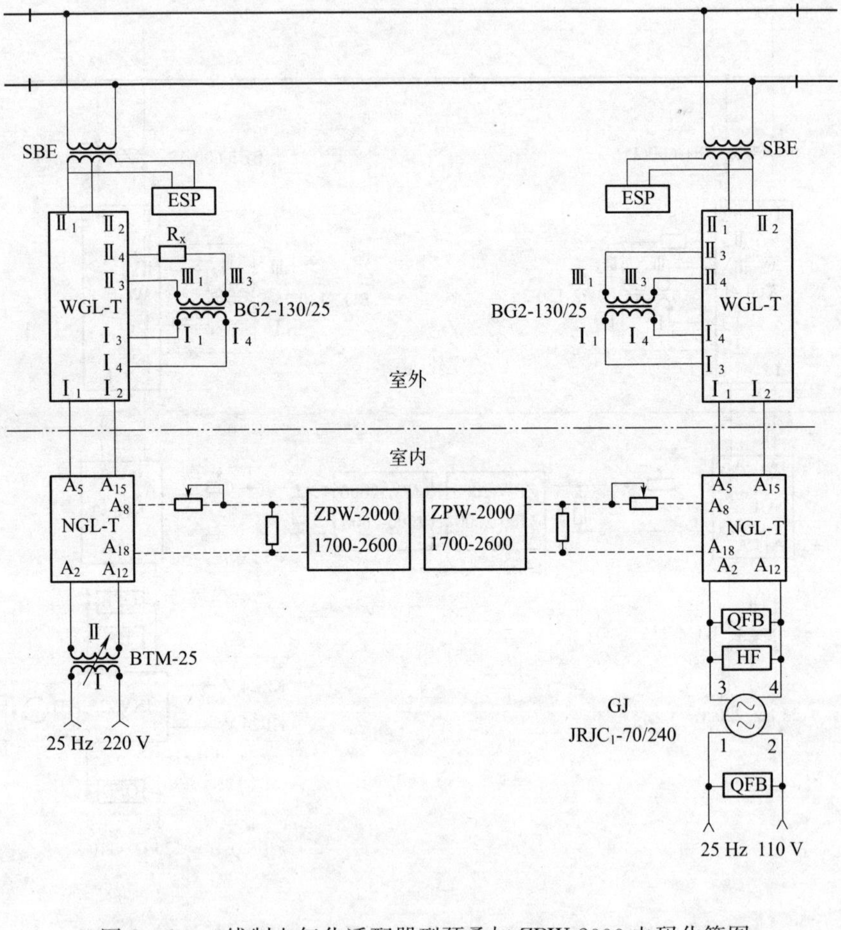

图 8—6 二线制电气化适配器型预叠加 ZPW-2000 电码化简图

五、二线制非电气化区段

非电气化区段正线采用预叠加发码方式,股道采用叠加发码方式。非电气化区段电码化设备由 ZPW-2000A 移频发送盒，室内、外防雷单元，送、受电端室内外隔离器，轨道变压器、HF-25 型防护盒等构成。

1. 二线非电气化 97 型预叠加 ZPW-2000 电码化简图如图 8—7 所示。

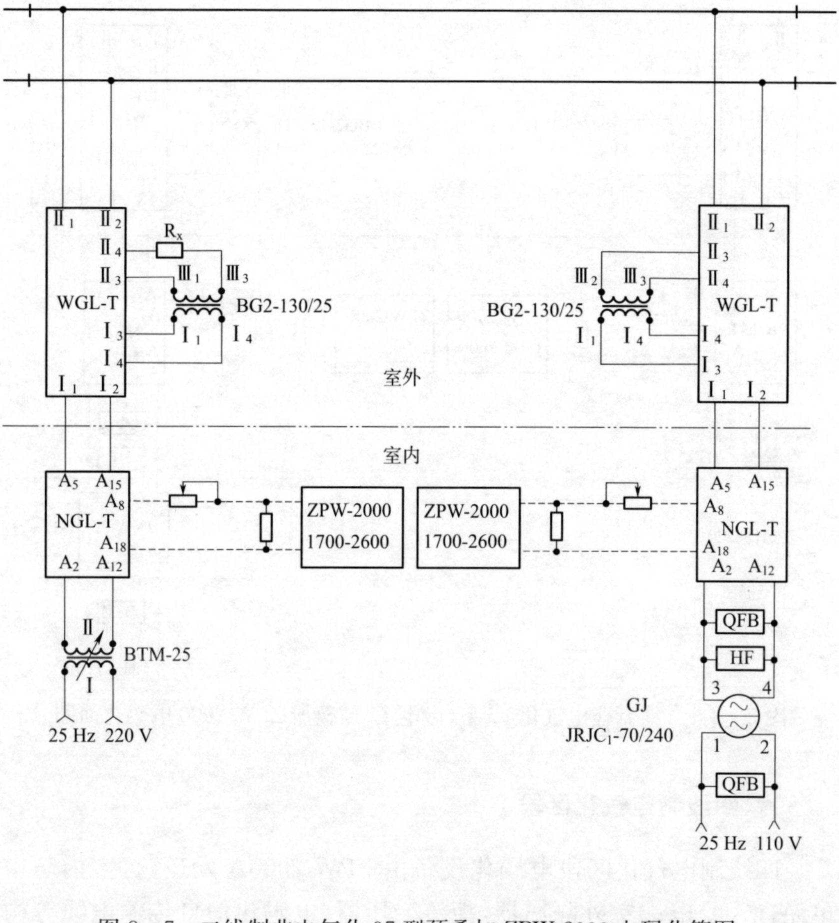

图 8—7　二线制非电气化 97 型预叠加 ZPW-2000 电码化简图

2. 二线非电气化 97 型(微电子)预叠加 ZPW-2000 电码化简图如图 8—8 所示。

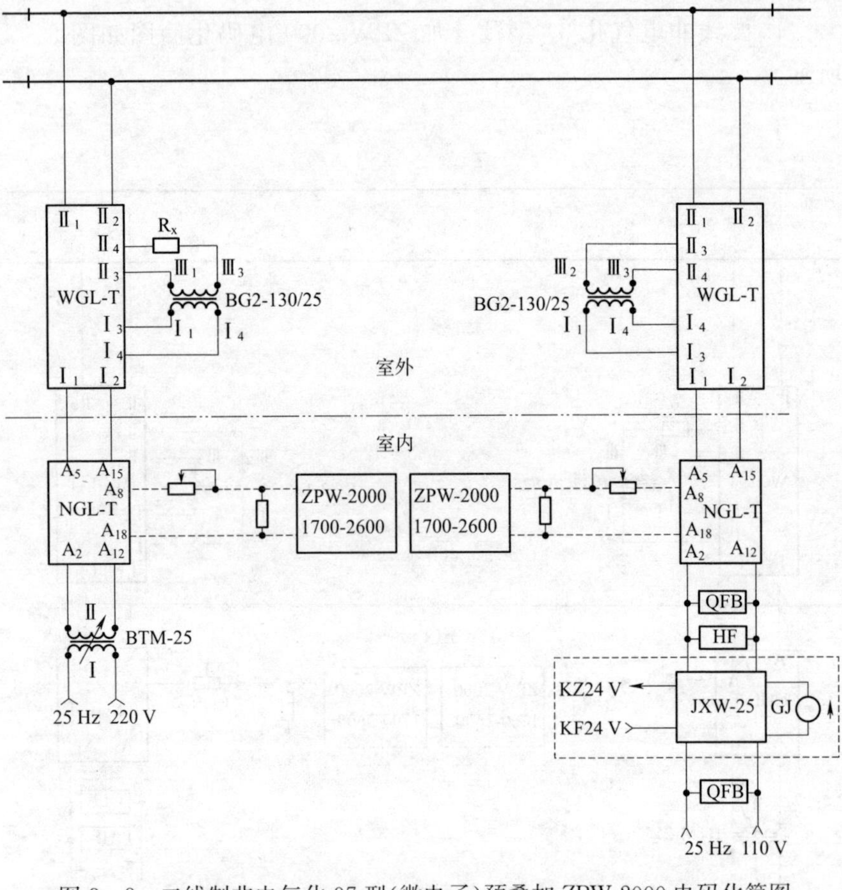

图 8—8 二线制非电气化 97 型(微电子)预叠加 ZPW-2000 电码化简图

六、四线制电气化区段

四线制电气化区段电码化设备由 ZPW-2000A 发送盒,室内防雷单元,送、受电端室外隔离器,扼流变压器,电码化信息传输电缆等构成。四线制电气化 25 Hz 预叠加 ZPW-2000 电码化简图如图 8—9 所示。

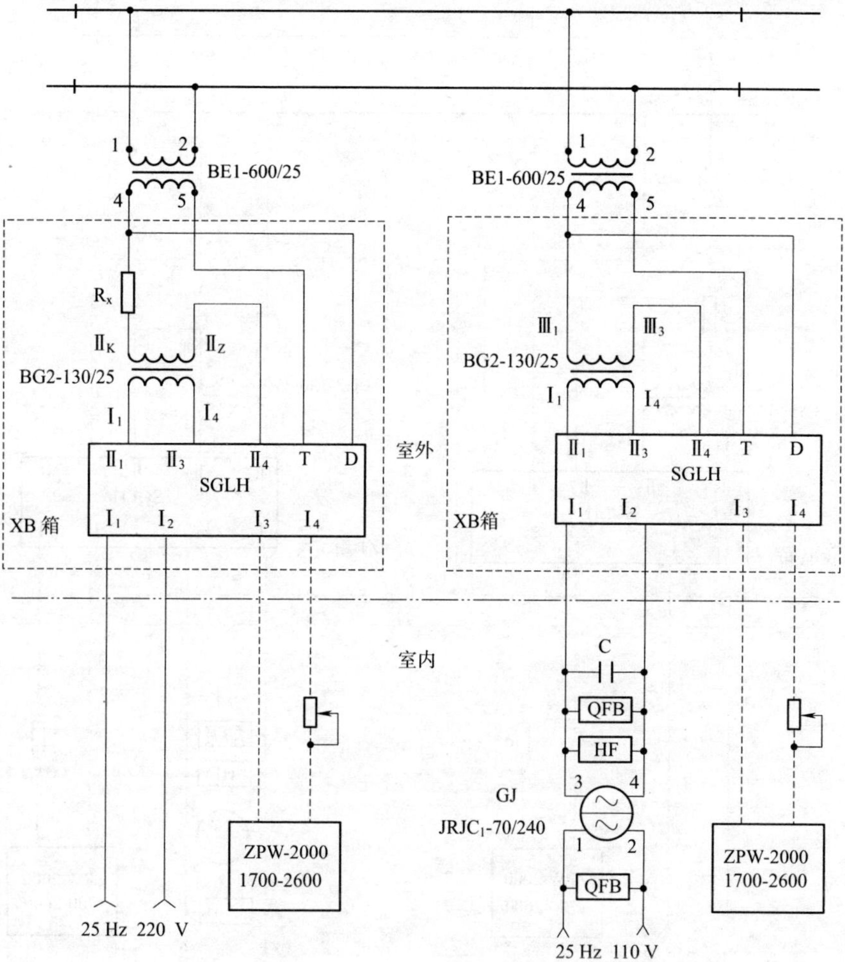

图 8—9　四线制电气化 25 Hz 预叠加 ZPW-2000 电码化简图

七、四线制非电气化区段

非电气化区段正线采用预叠加发码方式,股道采用叠加发码方式。非电气化区段电码化设备由 ZPW-2000(或 UM)系列移频发送盒,室内防雷单元,送、受电端室外隔离器,电码化信息传输电缆等构成。具体原理图如图 8—10 所示。

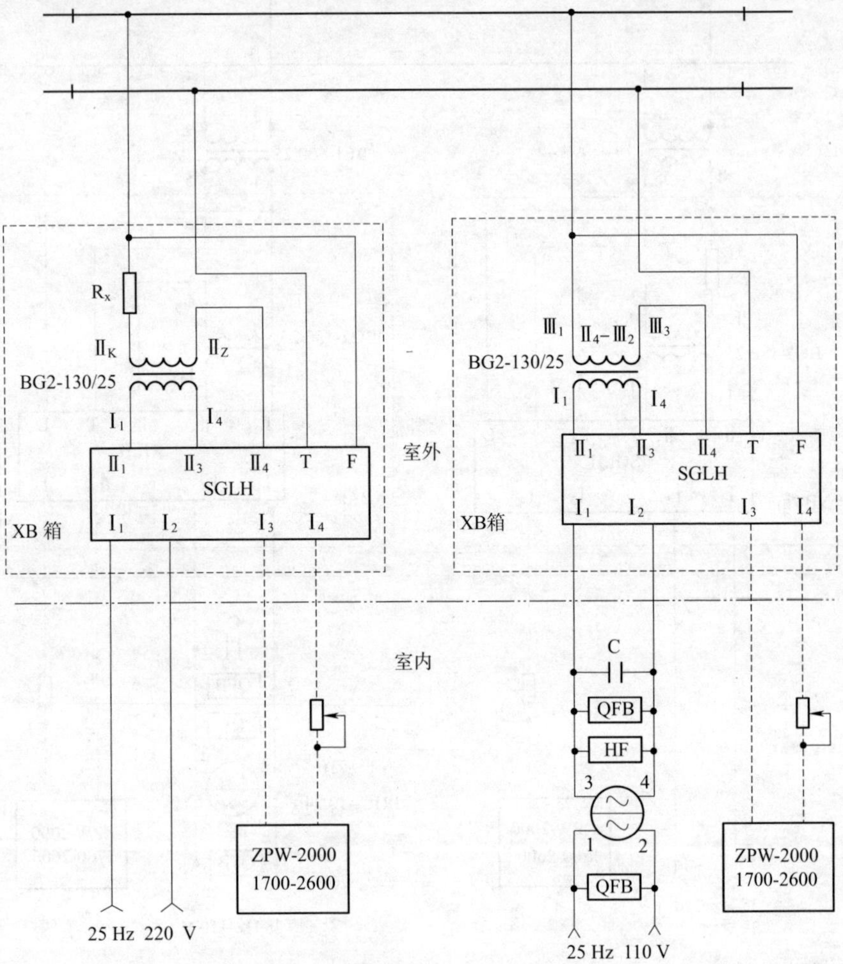

图 8—10　四线制非电气化 25 Hz 预叠加 ZPW-2000 电码化简图

八、钢轨绝缘处钢丝绳的处理

为了保证空间连续，预叠加发码方式的钢轨绝缘处钢丝绳的处理示意图见图 8—11。

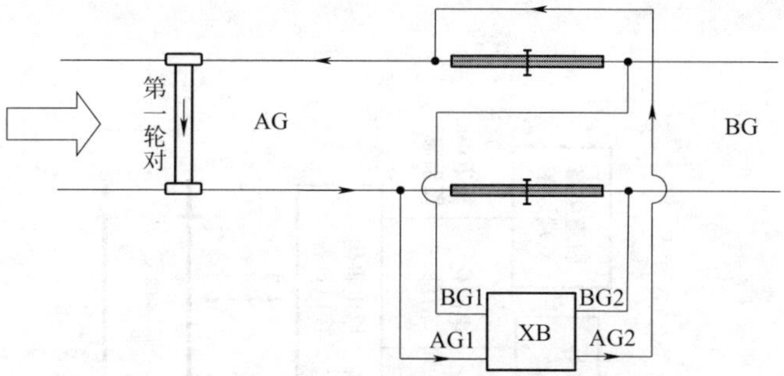

图 8—11　钢轨绝缘处钢丝绳的处理示意图

第四节　闭环电码化

现有的站内电码化是由两个技术叠加而成的，系统发出的机车信号信息仅仅是叠加在轨道电路上，而其信息是否确实发送到了轨道上，并未得到有效的检测（现有的检测报警电路只是检测发送设备本身是否正常工作，而不能检测整个系统的工作是否完好）。随着列车运行速度进一步提高，靠地面信号机的显示已不足以保证行车安全，装备主体机车信号已势在必行的情况下，现有车站电码化技术将不能保证列车在站内的行车安全。

解决这一问题的办法，就是对站内电码化发码电路实现闭环检查（报警），有条件时可纳入联锁。目前的叠加预发码只能做到逐段闭环检查，不满足全部进路检查的需求。因此，应开展这方面的研究，寻找妥善的解决办法。

要实现机车信号主体化，控制列车运行的多种信息由地面信号设备通过轨道向列车的车载信号设备发出，这就对地面信息发送设备的安全性和可靠性提出了更高的要求。对地面设备来说，首先应实现地面设备信息发送的闭环检测，即能够实时检测信息是否确实发送至轨道，若检测出信息未能发至轨道，系统将立即做出反应，向列车发出足以保证运行安全的信息，并发出设备故障报警。闭环电码化原理框图见图 8—12。

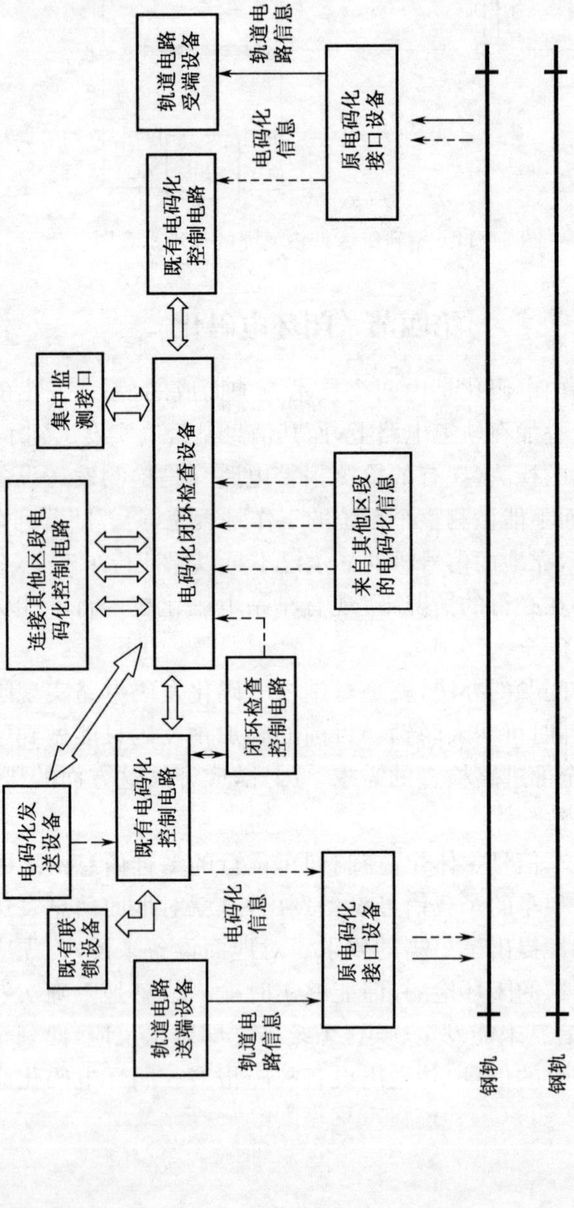

图 8—12　闭环电码化原理框图

具有闭环检查作用的电码化是由电码化发送设备、传输通道、电码化闭环检查设备等设备构成，用于给机车信号提供可靠的地面信息，保证行车安全和提高运输能力的系统。结合中国铁路实际，考虑到未来的发展，本着叠加配置、系统升级、兼容的原则，针对我国主要干线设备装备现状，在现有模式下采取强化改造措施，实现主体化机车信号。根据现场实际情况分别研制出串联方式和并联方式两种类型的闭环电码化，其基本原理相同。

一、并联方式

并联式闭环检测电码化系统框图见图 8—13。并联式闭环检测电码化原理图见图 8—14(见书后插页)。

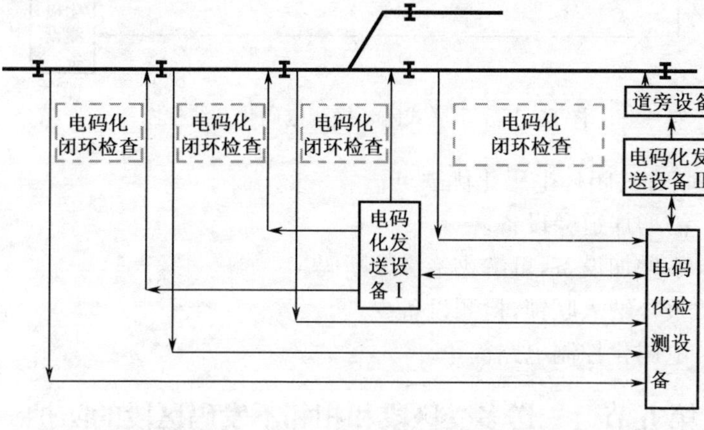

图 8—13　并联式闭环检测电码化系统框图

钢轨绝缘处钢丝绳的处理同预、叠加发码方式，示意图见图 8—11。

并联方式闭环电码化优缺点：

1. 不用增加轨旁设备。
2. 绝缘处需特殊安装。
3. 原发送盒需重新设计。
4. 报警纳入联锁，检测设备根据咽喉区段数量相应增加。
5. 电码化控制电路复杂。

二、串联方式

串联式闭环检测电码化系统框图见图 8—15。串联式闭环检测电码化原理图见图 8—16(见书后插页)。

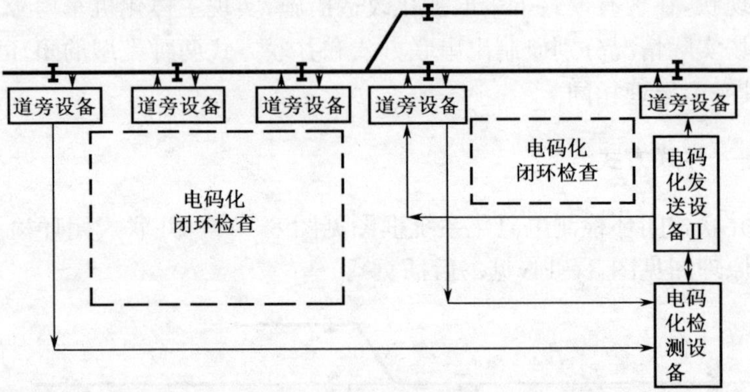

图 8—15　串联式闭环检测电码化系统框图

并联方式闭环电码化优缺点：

1. 需增加道旁设备。
2. 不增加设备,可解决绝缘处断码。
3. 报警纳入联锁,检测设备少。
4. 电码化控制电路简单。

第五节　一送多受区段和相邻不发码区段的防护

轨道电路实施电码化后,增加了相应器材会对轨道电路的正常工作造成影响,因此必须进行必要的防护。一送多受区段和相邻不发码区段预叠加电码化和闭环电码化防护的处理方式是一样的。

电气化区段 97 型叠加电码化一送多受区段和相邻不发码区段的防护见图 8—17,非电气化 97 型叠加电码化一送多受区段和相邻不发码区段的防护见图 8—18,电气化四线 97 型叠加电码化一送多受区段和相邻不发码区段的防护见图 8—19,非电气化四线 97 型叠加电码化一送多受区段和相邻不发码区段的防护见图 8—20。

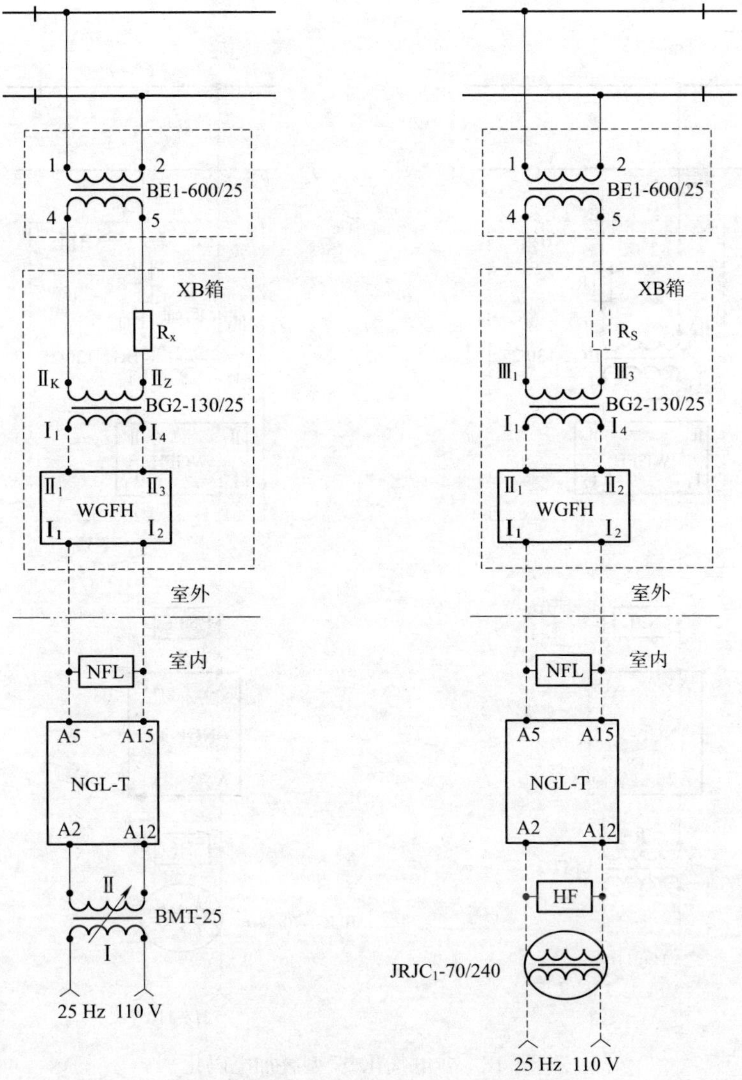

图 8—17　电气化区段 97 型叠加电码化
一送多受区段和相邻不发码区段的防护

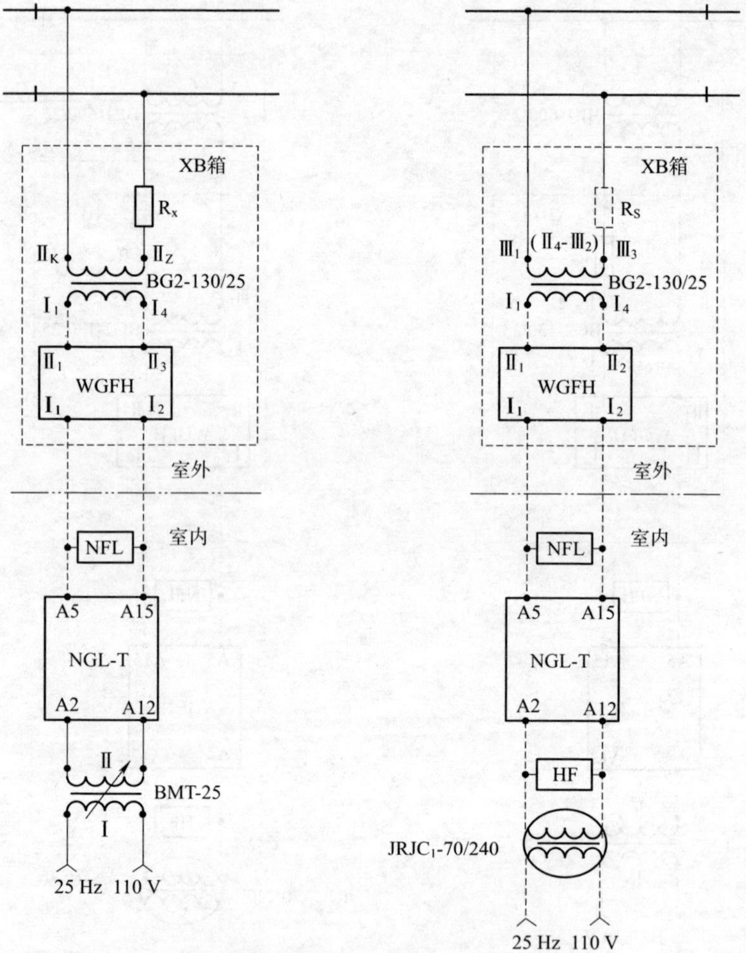

图 8—18　非电气化 97 型叠加电码化
一送多受区段和相邻不发码区段的防护

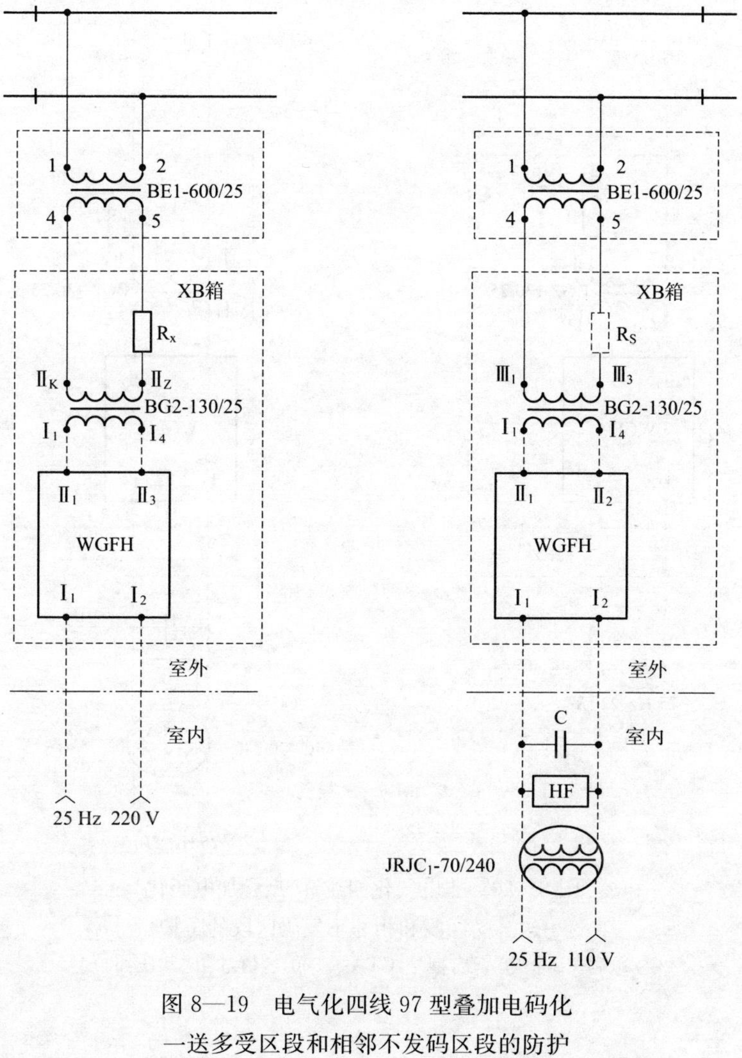

图 8—19　电气化四线 97 型叠加电码化
一送多受区段和相邻不发码区段的防护

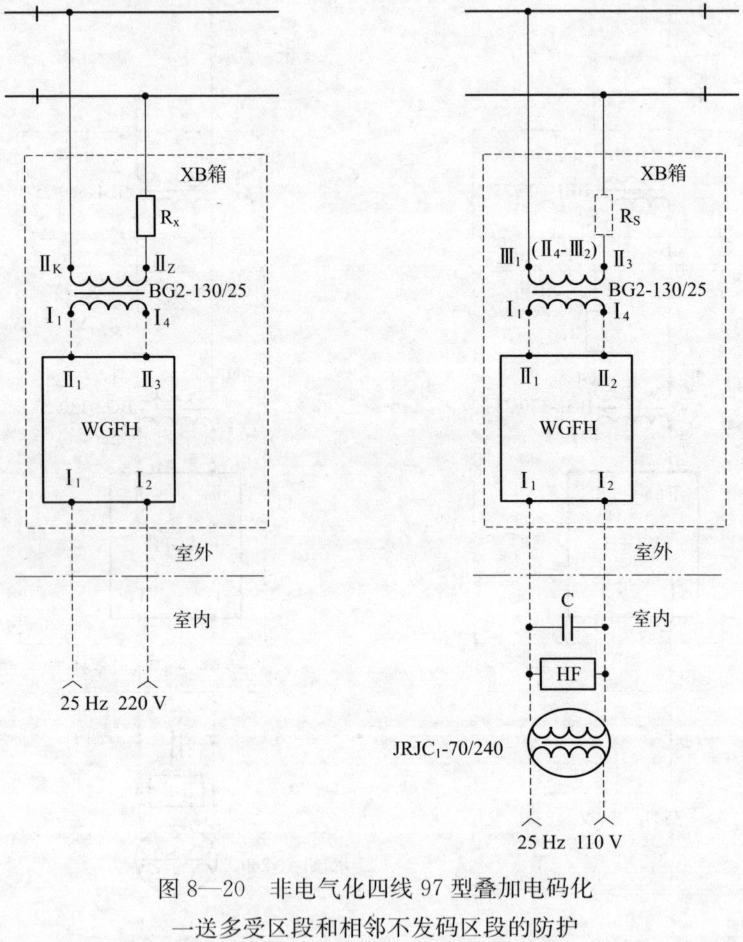

图 8—20 非电气化四线 97 型叠加电码化

一送多受区段和相邻不发码区段的防护

C—电码化防护电容器,型号:CTA-1/500,容值:1 μF,耐压:500 V。

第九章　25 Hz 相敏轨道电路的调整和测试

第一节　25 Hz 相敏轨道电路的调整

25 Hz 相敏轨道电路由于采用集中调相方式，电源屏输出的局部电源电压恒超前于轨道电源电压 90°，因而不需要对轨道电路进行个别调相。在一般情况下，轨道电源经轨道电路的各个环节传输后，到达轨道继电器轨道线圈时将会产生一定相移，从而造成一定的失调角。但失调角并不大，即使是一送多受的轨道电路，在某些情况下其失调角偏大一些，但仍可以用提高供电电压的方法来补偿因失调角引起的转矩减小，以使翼板得到规定的转矩。因此，25 Hz 相敏轨道电路的调整主要是供电电压的调整。

近 20 年来的运用情况表明，25 Hz 相敏轨道电路具有调整比较容易的特点，与整流式轨道电路的调整相比，并无特殊之处，且较整流式轨道电路更能适应较低道砟电阻的情况。原 25 Hz 相敏轨道电路在已交付运营的车站中，除个别轨道区段由于道砟电阻比标准值低得太多之外，其他均能做到一次调整；97 型 25 Hz 相敏轨道电路既克服了原 25 Hz 相敏轨道电路的缺点，又将其分路性能有所提高。因此，对低道砟电阻的轨道电路的适应性更强。

一、调整方法及有关说明

在施工和维修中对 25 Hz 相敏轨道电路的调整，可参考调整表进行。但调整表的编制，如一送一受时的轨道电路，其供电变压器二次输出的调整电压是按特定参数（包括所有器材的阻抗、幅角、电缆、引接线和各部接触电阻，钢轨阻抗、幅角，均匀分布漏泄等）计算所得的，而实际上现场的轨道电路在允许范围内的参数千差万别。同时，在计算时 25 Hz 电源按正弦波和线性电路考虑，而实际中 25 Hz 电源为非正弦波，轨道电路各环节的铁磁元件也是非线性的，因此计算与实际是存在差别的。

曾对某一项器材参数有意选其上限或下限值进行计算,结果其分路余量变化较小,而调整电压却比按额定值计算结果相差超过 10%。再如其他情况(一送一受带分支或空扼流、一送多受),同样存在参数差别,即使假定参数无差别,则尚有因道岔布置、空扼流及无受电分支的位置、各分支的长度等不同而异,在所给定的范围内也有几十种到几百种相互不同的情况,理想化计算时,结果也不相同,故这时轨道电路调整表中的调整电压,是通过计算机按额定器材参数,对可能遇到的几百种情况计算后,比较选出其中的最大和最小值。同理,当道砟电阻为最小和最大值时,轨道继电器电压也按上述原则摘录。

基于以上原因,计算所得的调整表中的供电电压不可能包括实际运用中可能遇到的全部情况,因而只能作为调整轨道电路的参考。

在调整 25 Hz 相敏轨道电路时,应主要参考调整电压,对照检查轨道继电器的端电压,视道砟电阻的情况判断是否符合规律。反之,如仅参考轨道继电器的端电压,则不易发现轨道电路有接触不良等故障。

多年来现场运用情况表明,25 Hz 相敏轨道电路较易做到一次调整,多数区段开通时所调电压,即满足一次调整。只有少数区段经历一次雨季(道砟漏泄最大时),要将轨道继电器端电压调整到不低于其最低值,并确认励磁吸起,待晴天后即道砟电阻达最大值时再检查能否确保有分路检查,即轨道继电器残压应小于7.4 V和前接点分离,如分路良好,即能实现一次调整。

二、调整注意事项

在调整 25 Hz 相敏轨道电路时应注意以下几点:

1. 送电端限流电阻的数值以及受电端中继变压器的变比,应按原理图的规定加以固定,不应作为调整轨道电路的手段进行调整。若调小限流电阻,将恶化轨道电路的分路。若改变中继变压器的变比,会使受电端连接器材的阻抗和轨道电路的阻抗匹配条件遭到破坏。因此在调整前,应首先检查送电端限流电阻的阻值和受电端中继变压器的变比是否符合原理图的规定。然后再调整供电变压器的二次电压,使之满足轨道电路的工作要求。

2. 25 Hz 相敏轨道电路的重要特征之一是具有相位选择性，因而具有可靠的轨端绝缘破损保护。在调整轨道电路前，应检查元件间是否按同名端相连和钢轨的连接是否符合相位要求。在调整供电变压器的电压时，也应注意不要将同名端接错。如遇个别器材的同名端不符合规定时，不允许在器材的外部采取人为交叉方式解决，而应更换器材，避免日后造成错误。

3. 不带空扼流变压器和无受电分支的一送一受的轨道电路，在道砟电阻最高的情况下，用标准分路线(阻值为 0.06 Ω)在送电端及受电端分路时，应有分路检查；对一送多受的轨道电路，随道岔布置的不同，分路最不利的地点也不同，故检查分路除应在送电端和所有受电端进行外，尚需在岔尖及其他地点检查分路；如带有无受电分支，还应在无受电分支的末端检查。一送多受时轨道电路是将所有受电端轨道继电器的前接点串联再控制轨道复示继电器，以其接点用于信号的各电路中。因而只需保证有一个受电端符合有分路检查的要求。

4. 设有空扼流变压器的轨道电路，应对其轨道电路进行补偿。当设有空扼流变压器的轨道电路实施电码化时，除对轨道电路补偿外，还应对机车信号的电码化信息进行补偿。因机车信号信息的不同所需要的补偿器的类型也不同。应根据机车信号信息来选择相应类型的补偿器。在确定了补偿器的基础上再按需要调整轨道电路供电电压。

5. 一送多受时，轨道电路的受电端电阻也应按调整参考表的给定值固定。然后，根据其类型按调整参考表的相应类型来调整轨道电路的供电电压。此时，各轨道继电器上的端电压应在调整参考表给定的允许电压范围内。

6. 一送两受轨道电路附有带空扼流的无受电分支时，可先用方法 4 选定补偿器，然后按方法 5 确定各受电端电阻值，最后再按需要调整轨道电路的供电电压。

7. 已实施了电码化的轨道电路应检查其机车信号的入口分路电流是否满足机车信号工作的要求。在电气化区段，钢轨内除信号电流外，还可能会有不平衡牵引电流，这会影响测试的准确性。因此，最好选在“天窗”时间内进行该项测试,以确保测试的准确性。

机车信号的钢轨最小短路电流是标准分路线上的电流和流入送受电端设备电流的矢量和。测试时可将标准分路线的电流值视为机车信号的钢轨最小短路电流,而将流入送电端或受电端设备的电流作为其余量来考虑。为了测试方便,可将钢轨最小短路电流换算成标准分路线两端的电压,用毫伏表或真有效值表进行测量。如因不平衡牵引电流的干扰而无法测量时,可以用选频表或将接收线圈按其在机车上与钢轨的相对位置,以支架置于入口的钢轨上面,在接收线圈后方 1.5～2 m 处用标准分路线分路,接收线圈与机车滤波器输入端相接,输出端与其负载相当的电阻相接,测量该电阻上的电压值,视其是否满足机车信号工作的需要。

8. 扼流适配变压器型 25 Hz 相敏轨道电路的调整:

(1)首先将用 BES 的 25 Hz 相敏轨道电路系统连接好。

(2)电压调整:现将适配器 3 端子接在Ⅱ-9 端,调整发端轨道变压器变比,使受端轨道继电器电压达到规定要求,保证轨道继电器吸起。

(3)相位调整:25 Hz 相敏轨道电路工作后,要进行相位调整,用相位表测量轨道继电器与局部线圈的相位,若不接近 90°时要进行调整,调整方法是调整适配器连接端 3 与扼流变压器抗干扰线圈的抽头,使之相位达到 90°或接近 90°。如若顺序减小匝比,不能达到接近 90°要求时,可通过跳线跨接不同的线圈,实现各种匝比的要求,该项调整与轨道电路长度及扼流变压器性能有关,是一项细致工作,可原则上参考安装图册进行。一般短轨道电路变比大,长轨道电路变比小。

注意:送端和受端抽头位置应一致或接近一致。

(4)相位调好后,测量受端电压是否符合要求,不满足要求时可调送端轨道变压器变比(或微调串接电阻)使之满足要求,保证受端轨道继电器可靠吸起。相位调好后,以后不需再调。

(5)残压测量:电压及相位调好后要进行分路试验,测量残压值。若不符合标准,要查找原因保证残压达标。上述调整完毕后,要对系统进行测量,并记录各点电压值,以备在维修中参考。电码化区段可测量入口电流是否合格。

第二节　电气化区段道砟电阻阻值的测试

在现场日常的维修工作中需掌握轨道电路道砟电阻的情况，还要做最低道砟电阻的人工模拟试验，这一般用交流法或直流法测试道砟电阻。但对于交流电气化区段，用交流法只能在接触网停电时测量，很不方便。宝鸡电务段在多年的电气化区段轨道电路维修实践中，总结出一种简而易行的直流测试法。因微小的交流干扰对直流电表无影响，故可不受接触网是否停电的限制，只要本区段及其相邻的 2～3 个区段内无电力机车运行，便可进行测试。

现将此法介绍如下，以供参考。

“轨道电路直流参数测试仪”的电路如图 9—1 所示。其原理图如图 9—2 所示。

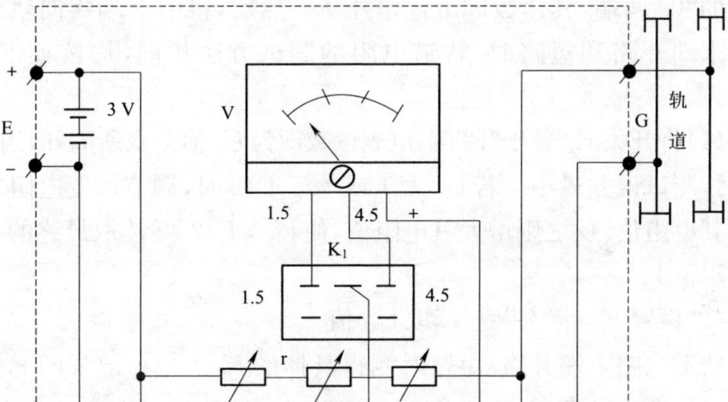

图 9—1　轨道电路直流参数测试仪电路图

V—直流电压表，0～1.5～4.5 V；R—电桥用可变电阻，×1 Ω、×0.1 Ω、×0.01 Ω；E—干电池，3 V；K_1、K_2—双刀双掷开关。

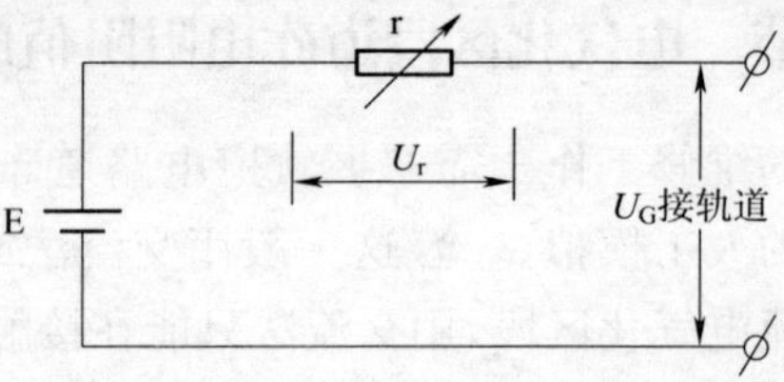

图 9—2　轨道电路直流参数测试仪原理电路图

通过测试轨道电路的开路、短路电阻 R_{kl} 和 R_{dl} 后，用计算法求出轨道电路的一次参数 R_G（钢轨电阻，Ω/km）和 R_d（道砟电阻，Ω · km）。

测试的具体步骤如下。

1. 测试

先将开关 K_2 置于“G”侧，引出端暂不接向轨道，此时电压表接在空载的“G”两端，其读数即电池电压 E。然后，将引出端接向轨道，在轨道末端开路和短路时，轨道电阻的测试方法相同，均按如下方法进行。

(1)将开关 K_2 置于“R”侧，电表读数即为 U_r 值。众所周知，当 $U_r \approx U_G$ 时，测试误差最小。若 U_r 大于或等于 $E/2$ 时，调节可变电阻旋钮，减少其电阻值，反之则增大其电阻值，使 $U_r \approx E/2$，并读取最终的 U_r 值和电阻值 r。

(2)再置 K_2 于“G”侧，读取 U_G 值。

轨道电路末端开路、短路时测得具体的 U_r、U_G 和记录的 r 值，则测试工作即告结束。

2. 计算

(1)由测得的 U_r、U_G、r，按 $U_G \cdot r/U_r$ 分别计算出轨道的开路和短路电阻 R_{kl}、R_{dl}（Ω）。若 $U_G \approx U_r$，则 r 值即为所求的 R_{kl}、R_{dl} 值。

(2)求出 R_{kl}、R_{dl}，结合轨道电路长度 L(km)，利用下面公式计算可得：

传播常数　$\gamma = \dfrac{\arctan \sqrt{R_{dl}/R_{kl}}}{L}$

钢轨电阻　$R_G = \gamma \sqrt{R_{dl} R_{kl}}$　Ω/km

道砟电阻　$R_d=\frac{\sqrt{R_{dl}R_{kl}}}{\gamma}$ Ω·km

钢轨电阻虽不是测试目的，但通过它能间接判断测试结果是否可靠，如测算出的钢轨电阻偏离 0.3～0.6 Ω/km较大，则说明测试有误，需要查找原因，重新测试。

另外，交流轨道电路的道砟电阻用直流法测试时，有约 15％的误差，需将直流法测得的 R_d 乘以 0.85 后作为道砟电阻的最终值。

在进行人工道床（钢轨间加并若干电阻，模拟成最低道砟电阻）测试和试验时，同样，只要本区段和与之相邻的 2～3 个区段无电力机车运行就可进行，但遇有严重的不平衡（指本区段）牵引电流时，应暂不进行，否则会由于钢轨间存在较大电位差烧损加并的人工道砟电阻。此方法不适用于轨道电路的两根钢轨间并有补偿电容的轨道电路（如 UM71 轨道电路）。

第三节　电气化区段轨道电路相位交叉的检查

25 Hz 相敏轨道电路特点之一是具有相位选择性，因而，实行相位交叉后对钢轨绝缘破损有可靠的防护。欲达此目的，必须对相邻轨道电路的相位交叉进行严格的测试检查。

对相邻轨道电路的相位交叉测试检查最简单的办法利用专用的仪表。本节所介绍的方法是在无专用仪表的条件下，利用常用的万用表进行测试检查。

在电气化区段装设扼流变压器的轨道电路，钢轨中可能还流有牵引电流，故仍沿用非电气化区段的传统测试方法，就可能得不出准确的结论。下面具体介绍如下：

首先，由于电气化区段轨道电路内除信号电流外尚有牵引电流，即 25 Hz 的信号电流和 50 Hz 的牵引电流经过钢轨和扼流变压器的阻抗所产生两种频率的电压，其合成波形的平均值和均方根值直接反映到电压表的读数。所以需弄清楚它们之间的关系。

设电路中的电压瞬时值由 25 Hz 信号电压和 50 Hz 牵引电流所产生电压两部分相加而成，即：

$$U=A\sin\omega t+B\sin 2\omega t$$

上式中 A 和 B 分别表示25 Hz和 50 Hz 电压的波幅值。

对于有效值,有:

$$U_{\mathrm{Y}}=\sqrt{\int_{0}^{T}U^{2}\,\mathrm{d}t/T}$$

$$=\sqrt{\frac{\int_{0}^{T}(A^{2}\sin^{2}\omega t+2AB\sin\omega t\sin2\omega t+B^{2}\sin^{2}2\omega t)\,\mathrm{d}t}{T}}$$

化简后得:

$$U_{\mathrm{Y}}=\sqrt{\frac{\frac{1}{2}(A^{2}+B^{2})T+0+0+0}{T}}=\sqrt{\frac{1}{2}(A^{2}+B^{2})}$$

A 和 B 均以其有效值 U_{25} 和 U_{50} 代入后:

$$U_{\mathrm{Y}}=\sqrt{\frac{1}{2}\left[(\sqrt{2}U_{25})^{2}+(\sqrt{2}U_{50})^{2}\right]}=\sqrt{U_{25}^{2}+U_{50}^{2}}$$

必须指出,上述关系与它们的初相角无关。

如用反映均方根值的电磁式电压表测试,便可测得上述结果。

如果使用一般反映平均值(在刻度上按正弦波进行处理后,指示其有效值)的磁电式万用表,由于该类型的电表是把交变电压整流后按其平均值再乘以某固定换算系数后,标出其电压值。所以需分析这种合成电压经整流后的平均值,对此,首先要找合成电压过零点的地方,作为积分的上、下限。如以 θ 表示 ωt,则有:

$$U=A\sin\theta+B\sin2\theta=0$$

即 $\sin\theta(A+2B\cos\theta)=0$ 可求得过零处的角度为 $0°$,$\arccos(-A/2B)$,$180°$(即 π)……则其电压平均值为(因负半周经整流后也起作用,故应取其绝对值):

$$U_{\mathrm{P}}=\left[\left|\int_{0}^{\arccos\left(\frac{-A}{2B}\right)}(A\sin\theta+B\sin2\theta)\,\mathrm{d}\theta\right|+\left|\int_{\arccos\left(\frac{-A}{2B}\right)}^{\pi}(A\sin\theta+B\sin2\theta)\,\mathrm{d}\theta\right|\right]/\pi$$

$$=\frac{A^{2}+4B^{2}}{2\pi B}$$

当50 Hz电压不变时:

$$U_P=f(A),\frac{dU_P}{dA}=\frac{A}{\pi B}>0$$

说明 U_P 是 A 的增函数，即 25 Hz 电压愈高，其合成电压也愈大，如均将波幅值以一般折合成有效值的电压表示（其电压有效值以 U_{25} 和 U_{50} 表示）：

$$U_P=\frac{(\sqrt{2}U_{25})^2+4(\sqrt{2}U_{50})^2}{2\pi\sqrt{2}U_{50}}=\frac{U_{25}^2+4U_{50}^2}{\sqrt{2}\,\pi U_{50}}$$

对于全波整流的磁电式万用表指示出的电压值为：

$$U_P\times 1.11=\frac{1.11(U_{25}^2+4U_{50}^2)}{\sqrt{2}\,\pi U_{50}}$$

式中的 1.11 为正弦波平均值换算为有效值的电表刻度处理系数，与前面介绍合成有效值的情况相同，它们的表达式与它们的初相角无关。在室内曾进行过测试，其结果如表 9—1 所示。

表　9—1

电压 V	按平均值换算成有效值电压 V		按均方根值表示有效值电压 V	
	计算值	磁电式电表实测值	计算值	电磁式电表实测值
U_{25}		245		230
U_{50}		142		142
U	247.5	250	270.3	272
U_{25}		9.5		7.5
U_{50}		147		145
U	147.06	147	145.2	145

注：①U_{25} 为25 Hz电压值；

②U_{50} 为50 Hz电压值；

③U 为25 Hz和 50 Hz 合成电压值。

现将有扼流变压器处的各点电压表示如图 9—3 所示。图中，实线箭头表示50 Hz牵引电流；虚线箭头表示 25 Hz 信号电流；图示为相位交叉情况；假定两边的 25 Hz 电压按图所示方向无相角差。

为方便计，25 Hz 电压以 V 表示，50 Hz电压以 M 表示，并有：

$$\dot{M}_{ab}=\dot{M}_{db}=\dot{M}_{bc}=\dot{M}_{be}=M$$

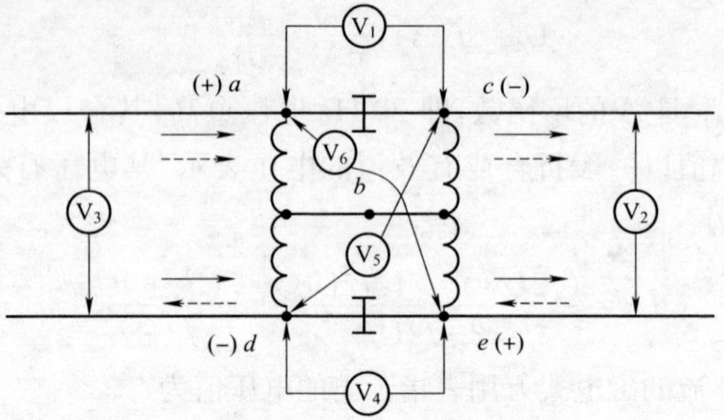

图 9—3　有扼流变压器处的各点电压表示图

$$\dot{V}_{ab}=\dot{V}_{bd}=V_X$$
$$\dot{V}_{eb}=\dot{V}_{bc}=V_Y$$
$$V_1=V_X+M+V_Y+M=(V_X+V_Y)+2M$$
$$V_4=(V_X+V_Y)-2M$$

V_1 和 V_4 的有效值和平均值由前面所介绍公式可知，是相同的。

$$V_2=2V_Y$$
$$V_3=2V_X$$

$$V_5=V_{db}+V_{bc}+2M=-V_{bd}+V_{bc}+2M=(V_Y-V_X)+2M$$
$$V_6=(V_X-V_Y)+2M$$

同理可知　$|V_5|=|V_6|$

根据前面介绍的合成电压表达式知，各处电压的有效值和平均值分别为：

$$V_{1Y}=V_{4Y}=\sqrt{(V_X+V_Y)^2+4M^2}$$
$$V_{1P}=V_{4P}=\frac{(V_X+V_Y)^2+4(2M)^2}{2\pi\sqrt{2}M}$$
$$V_{2Y}=2V_Y$$
$$V_{2P}=\frac{4\sqrt{2}V_Y}{\pi}$$
$$V_{3Y}=2V_X$$
$$V_{3P}=\frac{4\sqrt{2}V_X}{\pi}$$

$$V_{5Y}=V_{6Y}=\sqrt{(V_X-V_Y)^2+4M^2}$$

$$V_{5P}=V_{6P}=\frac{(V_X-V_Y)^2+4(2M)^2}{2\pi\sqrt{2}M}$$

（式中 $V_{1Y},\cdots,V_{6Y}$ 为电压有效值；$V_{1P},\cdots,V_{6P}$ 为电压平均值）

设 $M=KV_X$（K 为大于零的任意数），则有：

$$V_{1P}=\frac{(V_X+V_Y)^2+16K^2V_X^2}{2\pi\sqrt{2}KV_X}$$

$$=\frac{V_X^2+16K^2V_X^2}{2\pi\sqrt{2}KV_X}+\frac{2V_XV_Y+V_Y^2}{2\pi\sqrt{2}KV_X}$$

因为
$$\frac{2V_XV_Y+V_Y^2}{2\pi\sqrt{2}KV_X}>0$$

所以
$$V_{1P}>\frac{V_X^2+16K^2V_X^2}{2\pi\sqrt{2}KV_X}$$

而
$$V_{3P}=\frac{4\sqrt{2}V_X}{\pi}$$

则
$$2V_{1P}-V_{3P}\geqslant\frac{V_X^2+16K^2V_X^2}{\pi\sqrt{2}KV_X}-\frac{4\sqrt{2}V_X}{\pi}$$

$$=\frac{V_X}{\pi}\left(\frac{1}{\sqrt{2}K}+8\sqrt{2}K-4\sqrt{2}\right)$$

$$=\frac{V_X}{\pi}\left[\frac{1}{\sqrt{2}K}(1+16K^2-8K)\right]$$

$$=\frac{V_X}{\pi}\ \frac{1}{\sqrt{2}K}(4K-1)^2>0$$

即 $2V_{1P}>V_{3P}$，同理可知　$2V_{1P}>V_{2P}$。

而磁电式电表测得的电压读数是其平均值乘以 $\frac{\pi}{2\sqrt{2}}\approx1.11$，故磁电式电表测得的值应有：

$2V_1>V_2$ 和 $2V_1>V_3$

因为　$V_X(V_Y)<V_X+V_Y>V_X-V_Y$

所以　$V_{1Y}=V_{4Y}>V_{5Y}=V_{6Y}$

$V_{1P}=V_{4P}>V_{5P}=V_{6P}$

$$V_{3Y} < 2V_{1Y} = 2V_{4Y} > V_{2Y}$$

$$V_{3P} < 2V_{1P} = 2V_{4P} > V_{2P}$$

上述不等式说明无论用何种电表(25 Hz 近效值电表由于内阻很大,故可用它来测试)进行测试,当相位交叉时有:

$$V_1 = V_4 > V_5 = V_6$$

$$V_3 < 2V_1 = 2V_4 > V_2$$

即有两种可供选用的检查方法(参考图 9—3),现以带扼流变压器为例:

方法一:$V_1 > V_5$ 或 $V_1 > V_6$ 或 $V_4 > V_5$ 或 $V_4 > V_6$ 成立时,有相位交叉;

方法二:$2V_1 > V_2$ 或 $2V_1 > V_3$ 或 $2V_4 > V_2$ 或 $2V_4 > V_3$ 成立时,有相位交叉。

对于无扼流变压器的钢轨绝缘处相位交叉的检查测试方法完全与有扼流时相同。因此时所测各处电压基本上就是信号电压,没有或可忽略 50 Hz 牵引电流造成的电压,电压分析时较简单,故不再重复。但需指出的是,采用上面所介绍的两种方法的基础是考虑到实际上轨条对地绝缘不可能是无限大,从而两相邻轨道电路各点对地的电位能构成它们之间的电位差($V_1 \sim V_6$)。

关于扼流变压器处的钢轨绝缘破损问题,由于相邻两扼流变压器的中点相连,则任一组绝缘破损时就造成相当于非电气化区段时的两组绝缘均破损的后果。如图 9—4 所示。

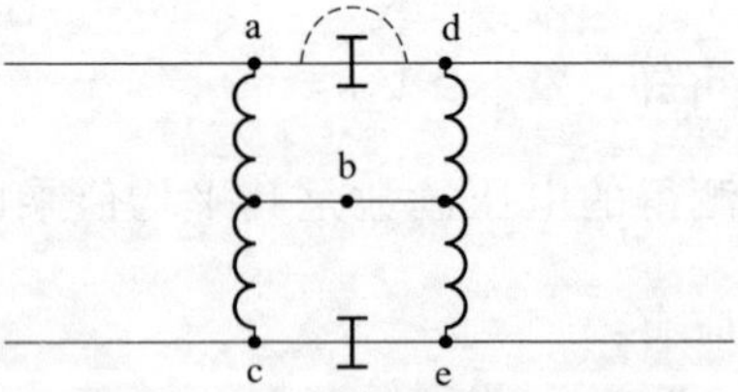

图 9—4　钢轨绝缘破损示意图

设电源由左面向右面供给,b 是中点,ad 间绝缘破损。则有:

$$V_{ab} = V_{bc} = \frac{1}{2}V_{ac};V_{ab} = V_{db}$$

而扼流变压器可看成是一个自耦变压器，故有

$$V_{de}=2V_{db}=2V_{ab}=V_{ac}$$

相当于两组绝缘均破损。所以，电气化区段装设扼流变压器的轨道区段，只要任一组绝缘破损，就会影响轨道电路正常工作。

第四节　现场调整和测试方法参考

一、有关术语

1. 参考调整表：指原铁道部标准图《97 型 25 Hz 相敏轨道电路图册》(通号〔99〕0047)中的参考调整表。

2. 允许失调角：25 Hz 轨道电路传输时，在局部电压导前轨道电压 90°的基础上，还会发生相移，该相移应控制在一定的允许范围，称为允许失调角 β，$\beta=\arccos(U_J/U_{Jmin})$。其中 U_J 为交流二元轨道继电器工作电压，当失调角为零时≤15 V，取 15 V；U_{Jmin} 为交流二元轨道继电器最低工作电压，其值见“通号〔99〕0047”中的参考调整表。由参考调整表可得最大失调角 $\beta=\arccos(15/17.7)=32.06°$，由于 3、4 型可调整型防护盒的使用一般要求允许失调角 β 应在±30°之内。

3. 25 Hz 相敏轨道继电器的有效电压：指经轨道传输后，加在交流二元相敏轨道继电器轨道线圈上的电压，或加在微电子相敏轨道电路接收器接收端上的电压，与允许失调角相关。U_J(有效)$=U_J$(测试)$\times\cos\beta$，不同失调角时，其 U_J(有效)和 U_J(测试)换算举例见表 9—2。

表　9—2

序号	U_J(测试) V	失调角 β	$\cos\beta$	U_J(有效) V	备　注
1	21	0°	1	21	调整状态
2	21	10°	0.985	20.685	
3	21	15°	0.966	20.286	
4	21	20°	0.940	19.740	
5	21	25°	0.906	19.026	
6	21	30°	0.866	18.186	

二、主要技术指标

1. 调整状态时,轨道继电器轨道线圈上的有效电压应大于或等于 15 V,JXW-25 微电子相敏轨道电路接收器接收端有效电压应大于或等于 14.3 V,直流电压输出应为 20～30 V,轨道电压相位角滞后于局部电压相位角应为 90°±30°。

2. 用 0.06 Ω 标准分路电阻线在轨道电路送、受端轨面上任一处分路时,轨道继电器(含一送多受的其中一个分支的轨道继电器)轨道线圈上的电压应小于或等于 7.4 V。JXW-25 微电子相敏轨道电路接收器接收端电压应小于或等于 9.7 V,直流电压输出应小于或等于 2 V,应变时间为 0.3～0.5 s。

3. 轨道电路送、受电端扼流变压器至钢轨应采用等阻线,接线电阻不大于 0.1 Ω。

4. 轨道电路送、受电端轨道变压器至扼流变压器的接线电阻不大于 0.3 Ω。

5. 轨道电路电源屏至送电端轨道变压器一次侧的电缆允许压降为 30 V。轨道继电器至轨道变压器间的电缆电阻不大于 150 Ω。

6. 轨道电路送、受电端的限流电阻器 R_x、R_S,其阻值应按"通号〔99〕0047"图册参考调整表中给出的数值,予以固定,不应调小。

7. 在电码化区段,于机车信号入口端用 0.06 Ω 标准分路电阻线分路时,应满足动作机车信号的最小短路电流的要求[对于 ZPW-2000(或 UM)系列,用 0.15 Ω 标准分路电阻线分路时,1 700 Hz、2 000 Hz、2 300 Hz≥500 mA,2 600 Hz≥450 mA]。

8. 25 Hz 电源屏输出轨道电压 220 V±6.6 V,局部电压 110 V±3.3 V,局部电压相位角恒超前轨道电压相位角 90°±5°;输出 JXW-25 直流电压应为 24(1±15%)V。

9. 相邻轨道区段应满足 25 Hz 相敏轨道电路极性交叉要求。

三、测试项目、内容、标准

按"通号〔99〕0047"图册参考调整表,25 Hz 相敏轨道电路的测试项目、内容、标准见表 9—3。

表　9—3

序号	测试项目和内容	技术标准	备　注
1	25 Hz 电源屏轨道电压、局部电压及相位角；JXW-25 直流电压	轨道 220 V±6.6 V；局部 110 V±3.3 V；局部超前轨道相位角 90°±5°；JXW-25 直流电压应为 24(1±15%)V	—
2	室内调整变压器电压	—	电码化区段测试
3	送、受端变压器Ⅰ、Ⅱ次电压	—	受电端及电码化送电端变比应固定，不应调整
4	限流器电压	—	送电端限流电阻 R_x 应固定，不应调整
5	扼流变压器Ⅰ、Ⅱ次电压	—	—
6	送、受端轨面电压	—	—
7	轨道继电器(JXW-25 接收端)电压(有效电压)	≥15 V；输出 JXW-25 直流电压 20～30 V	
8	轨道继电器相位角	按参考调整表要求	
9	分路残压	≤7.4 V；JXW-25 接收电压≤10 V，输出直流电压≤2 V	—
10	极性交叉	相邻轨道区段应正确	—
11	轨道绝缘	绝缘良好	—
12	送、受端 BE 不平衡电流	≤60 A	电气化区段测试，牵引电流≤800 A
13	机车信号入口电流	1 700、2 000、2 300 Hz≥500 mA；2 600 Hz≥450 mA	电码化区段测试(出口电流≤6 A)
14	电码化电码校验	电码化技术条件	
15	标调		

四、测试调整步骤和方法

1. 在轨道电路调整前，先测试、调整 25 Hz 轨道电源屏。

电源屏输出电源在外电网波动变化条件下，轨道电压应控制在

220 V±6.6 V,局部电压控制在 110 V±3.3 V,局部电压超前轨道电压 90°±5°,方可进行轨道电路的标调工作。25 Hz 相敏轨道电路测试调整步骤见图 9—5。

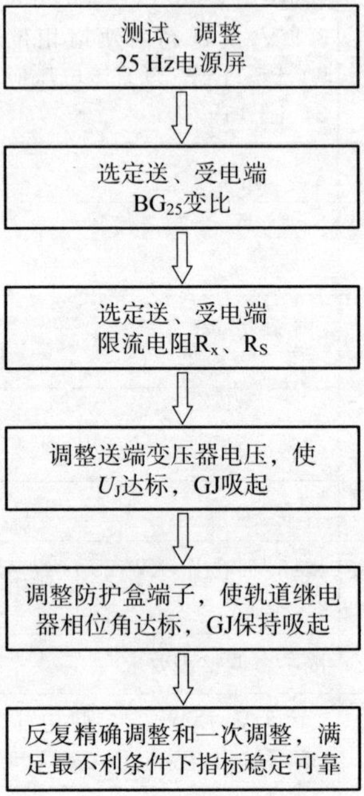

图 9—5　25 Hz 相敏轨道电路测试调整步骤图

2. 选定送、受电端轨道变压器 BG_{25} 的变比。

电码化区段轨道变压器变比应固定,非电码化区段二次电压可微调,各类室内调整变压器、轨道变压器、扼流变压器应注意不要将同名端接错。具体送、受电端轨道变压器变比配置及连接按表 9—4。

3. 选定送、受电端的限流电阻 R_x、R_S。

按"通号〔99〕0047"图册调整参考表中的给出数值选定。其中送电端限流电阻 R_x、受电端调整电阻 R_S 应固定,不应随意调整(随意调整,会破坏轨道电路整体特性,特别是分路特性)。送、受电端电阻选定参考见表 9—5。

表　9—4

区　　段	类型	送电端变压器 BG_2-130/25				受电端变压器 BG_2-130/25			
		一次侧		二次侧		一次侧		二次侧	
		使用端	连接端	使用端	连接端	使用端	连接端	使用端	连接端
电码化区段，由室内调整 BMT-25	有扼流	Ⅰ$_1$-Ⅰ$_4$ [220 V 挡]	Ⅰ$_2$-Ⅰ$_3$	Ⅲ$_1$-Ⅲ$_3$ [15.84 V 挡]	—	Ⅰ$_1$-Ⅰ$_4$	Ⅰ$_2$-Ⅰ$_3$	Ⅲ$_2$-Ⅲ$_3$ [10.56 V 挡]	—
	无扼流	同上		同上		同上		同上	
非电码化段，由室外调整送电端 BG_{25}	有扼流	Ⅰ$_1$-Ⅰ$_4$ [220 V 挡]	Ⅰ$_2$-Ⅰ$_3$	按参考调整表，调整二次电压 U_B		Ⅰ$_1$-Ⅰ$_4$	Ⅰ$_2$-Ⅰ$_3$	Ⅲ$_1$-Ⅲ$_3$ [15.84 V 挡]	—
	无扼流	Ⅰ$_1$-Ⅰ$_4$ [220 V 挡]	Ⅰ$_2$-Ⅰ$_3$	按参考调整表，调整二次电压 U_B		Ⅰ$_1$-Ⅰ$_4$	Ⅰ$_2$-Ⅰ$_3$	Ⅲ$_1$-Ⅱ$_3$ [4.4 V 挡]	Ⅱ$_4$-Ⅲ$_2$

表　9—5

区段类型	区段长度 m	有扼流变压器			无扼流变压器		
		送电端 R_x Ω	受电端 R_S Ω	送电端二次电压 U_B（参考值）V	送电端 R_x Ω	送电端 R_S Ω	送电端二次电压 U_B（参考值）V
无岔区段	100～400	4.4	0	3.2～4.2	0.9	0	1.4～1.9
一送一受（有岔）	100～400	4.4	0	3.3～4.4	1.6	0	2.0～2.9
一送二受（有岔）	≤200	4.4	2.2	4.4～6.4	1.6	0	2.9～4.3
一送三受（有岔）	≤200	4.4	2.2	5.9～8.9	1.6	0	4.0～5.0
无岔区段	500～1 000	4.4	0	4.9～7.8	4.4	0	4.6～7.2
无岔区段	1 100～1 500	4.4	0	8.6～12.8	4.4	0	7.9～11.7

4. 调整轨道电路电码化区段室内调整变压器 BMT-25 的电压,使轨道继电器的端电压 U_J 满足技术指标。

(1)对于电码化区段,调整方法为改变室内调整变压器 BMT-25 的输出端子,同时测量轨道继电器的端电压 U_J 和相位角,使之满足规定的技术指标。

(2)对于非电码化区段,调整方法为按"通号〔99〕0047"图册调整参考表数值,改变送电端变压器 BG_2-130/25 二次侧电压 U_B,同时测量轨道继电器的端电压 U_J 和相位角,使之满足规定的技术指标。

5. 调整防护盒的端子,使轨道继电器的相位角满足技术指标。

25 Hz 轨道电路相位角偏差大时,可调整使用端子和连接端子的接线,HF3-25 型防护盒接线见表 9—6,HF4-25 型防护盒接线见表 9—7。

表 9—6

序号	使用端子	连接端子	参考使用范围
1	1、3	2-6-7-8	同 HF2-25
2	1、3	4-7-8	可调相位 15°～20°
3	1、3	5-8	可调相位 30°～40°

表 9—7

序号	使用端子	连接端子	参考使用范围
1	1、3	11-5、12-6	同 HF2-25
2	1、3	11-3、12-4	上调相位 10°～20°
3	1、3	11-1	上调相位 20°～40°
4	1、3	11-7、12-8	下调相位 10°～20°
5	1、3	11-9、12-8、2-4	下调相位 20°～40°

6. 精确调整和一次调整:

(1)在 25 Hz 相敏轨道继电器 GJ 吸起后,应再检查调整相位角,然后重新调整 GJ 电压,可反复数次后使之达标。如失调角较大时,可适当调高 GJ 电压保证有效值满足标准。应注意：雨天、道床不好时不宜调整过高，当调高时，晴天时需再次确认轨道电路各点分路良好，以使 GJ 的转矩满足技术指标。

(2)25 Hz 相敏轨道电路经首次调整开通后，还需加强检测，并进行一次调整。一般应经历一次雨季和冬季晴天最不利条件测试。

①冬季晴天检查能确保分路。需在调整状态道砟电阻最大、钢轨电阻最小、电源电压最高时，调整测量 GJ 端电压应小于调整表中所列最大值(U_{Jmax})，再用标准分路线(0.06 Ω)进行送分、受分、岔分，GJ 残压应小于 7.4 V(JXW-25 应小于 9.7 V)能可靠释放。如带有无受电分支，还应在无受电分支的末端检查。

②雨季时检查 GJ 能可靠吸起。当道床漏泄最大或实际的道砟电阻小于标准值(0.6 Ω · km)、钢轨阻抗最大、电源电压最低时，把 GJ 端电压调整到不低于调整表中所列最小值(U_{Jmin})，检查 GJ 能可靠吸起无红光带。

(3)25 Hz 相敏轨道继电器端电压均指轨道继电器的有效电压，U_J(有效)＝U_J(测试)×$\cos\beta$，当不同失调角时，U_J(有效)和 U_J(测试)换算参见表 9—2。

五、测试方法

1. 送、受电端轨道变压器Ⅰ、Ⅱ次电压测试

轨道电路在调整状态，用万用表交流挡在轨道变压器Ⅰ、Ⅱ次端子上测得。

2. 限流器电压测试

轨道电路在调整状态，用万用表交流挡在限流器两端测得。

3. 送、受电端轨面电压测试

轨道电路在调整状态，用万用表交流挡在送、受电端轨面测得。

4. 轨道继电器端电压和相位测试

测试方法：在带相位表的 25 Hz 轨道电路测试盘上直读测得。

5. 分路残压测试

室外用 0.06 Ω 标准分路线在轨道送、受电端、无受电分支处轨面分路时,室内在 25 Hz 轨道电路测试盘上直读测得。

6. 轨道绝缘检查测试

内外侧夹板分别对两轨面端进行电压测试,无电压或电压基本平衡为绝缘良好。

7. 送、受电端扼流变压器不平衡电流检查测试

用钳型电流表在两条钢丝绳上测试电流。

8. 扼流变压器Ⅰ、Ⅱ次线圈间绝缘检查

断电时,用兆欧表的两个表棒分别接扼流变压器的Ⅰ、Ⅱ次端子摇绝缘。

9. 极性交叉检查测试

用万用表交流挡在轨端绝缘处轨面测得。在电气化有扼流变压器区段,两轨端绝缘处电压 V_1+V_4 之和约等于两轨面电压 V_2+V_3 之和,或轨端绝缘处电压 V_1、V_4 大于交叉电压 V_5、V_6 时,有相位交叉。极性交叉测试原理见图 9—6。

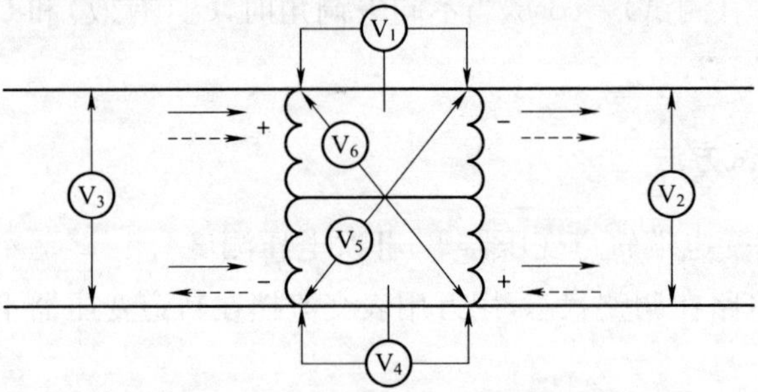

图 9—6　极性交叉测试原理

六、测试记录

25 Hz 相敏轨道电路测试记录表见表 9—8。

表　9—8

日期及天气	25 Hz 电源屏轨道电压及相角	室内调整变压器电压	送电端					受电端							JRJC$_1$-70/240 端电压			轨道绝缘检查	极性交叉检查
			BG_{25}		限流电阻压降	BE_{25}		轨面电压	轨面电压	BE_{25}		限流电阻压降	BG_{25}						
			Ⅰ次	Ⅱ次		Ⅰ次	Ⅱ次			Ⅱ次	Ⅰ次		Ⅱ次	Ⅰ次	直流	相角	残压		
	V/β	V	V	V	V	V	V	V	V	V	V	V	V	V	V	度	V		

第十章 工程设计和现场维护

在工程设计中需要考虑的问题，一种是电气化区段轨道电路所共同存在的问题，在原 25 Hz 相敏轨道电路试点工程中发现，经过研究解决的；另一种是根据 97 型 25 Hz 相敏轨道电路有关指标，除在其他各章已有说明者外，需要加以阐述的。

为提高 97 型 25 Hz 相敏轨道电路的抗干扰能力，将有牵引电流回归的轨道区段(不包括其上无接触网的区段)原不设扼流变压器的送、受电端的类型一律取消，全部采用带扼流类型；除将扼流变压器的牵引引接线改为焊接外，还将连向钢轨的一长一短引接线设计成等阻线接向钢轨。

将牵引引接线改用焊接方式接向钢轨，以克服因接触电阻增大而造成绝缘破损防护性能的失效。

采用 R_1-2.2/220、R_1-4.4/440 或 R_4-4.4/630 固定抽头型电阻器取代原滑线电阻器，以利于现场 97 型 25 Hz 相敏轨道电路的调试和维护。

扼流变压器的使用应根据牵引网流的大小进行选取。一般侧线区段使用的扼流变压器较小，正线区段使用的扼流变压器要与总的钢轨回流相近，靠近牵引变电所的区段使用应选取不小于 60％的牵引网流的扼流变压器。

第一节 有交叉渡线的轨道电路

设有交叉渡线的轨道电路如图 10—1 所示，若按非电气化区段布置轨端绝缘，则在上、下两个区段(A 段及 B 段)轨道电路有一根钢轨相连，如图 10—1 的粗线所示。在电气化区段因设有扼流变压器，相邻两段轨道电路扼流变压器的中点相连，使上述 A、B 两段轨道电路的另一根轨条通过一定的迂回阻抗也相连，如图 10—1 的虚线所示，这就造成了轨道电路工作不稳定。表现在下列情况：

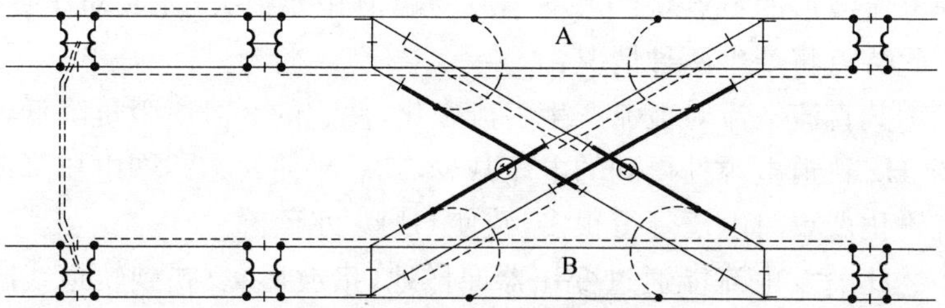

图 10—1　轨道电路迂回回路示意图

一、轨道电路本身问题

1. 调整这两个区段时，改变任一区段的供电电压，影响另一区段轨道继电器的电压。

2. 改变任一区段供电电压极性时（电压保持不变），另一区段的继电器电压变化很大。

3. 任一区段分路时，另一区段继电器电压也降低，甚至不能保持吸起。

二、牵引电流引起的问题

1. 当有稳定的 50 Hz 牵引电流流过时，这两个区段的熔断器有可能熔断（渡线区段空闲）。

2. 渡线区段空闲时，其他区段有机车升弓，造成瞬间冲击电流，有可能熔断渡线区段的熔断器，或未熔断但轨道继电器瞬间落下 0.3 s 左右。

造成上述五方面的原因，是由于在这种渡线道岔的绝缘的设置上没有把两个区段（A 段和 B 段）完全隔开，有一根轨条将两个区段直接连通，而另一轨条经扼流变压器中点通过其他轨条迂回最终也连在一起。其后果是：

其一，直接相连的轨条构成回归牵引电流的捷径，造成“单轨条”性质。一般双轨条轨道电路的不平衡电流是牵引总电流的 5%，而单轨条轨道电路的不平衡电流为牵引总电流。所以对轨道电路的干扰大大增加,可能使熔断器熔断。机车升弓时的冲击电流处于瞬变过程,瞬变过程电流波形的特点是:上、下半波的幅值相差很大(尤其对于铁磁元件),此特点将产生两种情况:

①其直流电流对扼流产生直流磁化,使它的 25 Hz 阻抗降低,因而从 25 Hz 轨道电源处得到的电压减少,其后果使轨道线圈电压降低,当直流磁化严重时电压降得很多,致使 GJ 瞬间落下。

②此瞬变电流能通过变压器原样地(指波形)反映到轨道线圈,此 50 Hz 的瞬态电流由于上、下波形不对称,它与局部线圈正弦的 25 Hz 电流的乘积在一定短时间内的平均值不等于零,即 $\frac{1}{t}\int_0^t i_G i_J \mathrm{d}t \neq 0$,即能产生转矩致使 GJ 瞬间落下或吸起。

另外,轨道线圈与并联的防护盒构成接近 25 Hz 的谐振电路,由电工原理知:固有频率为 25 Hz 的谐振电路接入 50 Hz 的正弦电源时,其过渡电流起初固有频率的波形占主导地位,逐渐被外加频率所代替(当从正弦电压断开时,过渡电流呈回路固有频率的衰减振荡)。所以,升弓瞬间,在轨道线圈内由牵引电流产生的 25 Hz 电流在量和相位上如正好使轨道继电器的翼板产生向下转矩,则可能将已吸起的轨道继电器打落,因瞬变过程很短,所以轨道继电器也瞬间落下(当相位合适时也可能产生向上转矩,使轨道继电器瞬间错误吸起)。

其二,是两个区段有一根轨条直接相连,另一轨条通过一定迂回阻抗相连,形成如图 10—2 所示的等效电路。图中 abcd 为一个区段,efgh 为另一个区段,be 间由未隔开的轨条相连,mn 间经扼流变压器中点和迂回径路阻抗 Z_Y 相连。两个区段受电端的电压随 U_{bd} 和 U_{eg} 而定,根据叠加定理可知 bd 和 eg 支路的电流,当回路阻抗不变时,是两个区段的供电电压 E_1 和 E_2 的函数。不难看出,E_1、E_2 的大小和极性变化时,将直接引起受电端电压的变化,这就是两个区段调整供电电压和改变极性时互相影响,以及任一区段分路时,另一区段受电端支路的电流将减少,引起轨道继电器电压降低的原因。

通过以上分析可知,造成上述五种不正常现象的根本原因是 A、B 两段轨道电路有一处直接相连。另一处经迂回后相连,这与轨道电路制式无关。所以电气化区段有交叉渡线的轨道电路,凡是采用双扼流

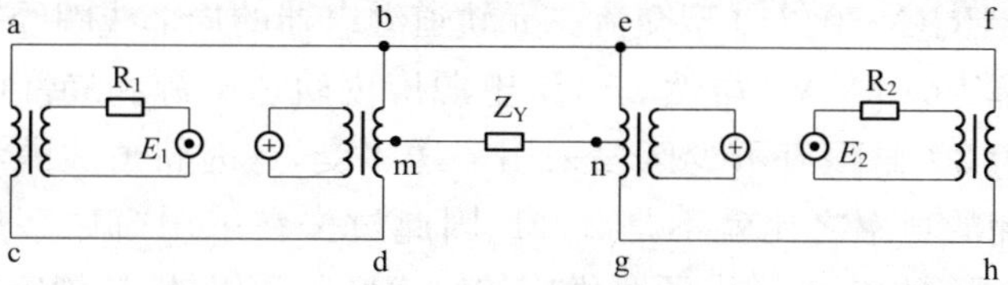

图 10—2 轨道电路迂回回路等效电路

者，任何制式都存在这些问题。而非电气化区段只有一处直接相连，所以不存在上述问题。从上面的等效电路可以看出，增大迂回阻抗 Z_Y 可以减小互相影响程度，但维持轨道电路正常工作的 Z_Y 值既不能根据计算也不能通过全面试验求得确切的数值，这为设计和施工带来不少困难。

三、解决的根本方法

解决的根本方法是将两处相连，改为只有一处相连。而电气化区段要求牵引电流的回归是畅通的，也就是图 10—2 中的 mn 间的连线不可避免。所以只有切断 be 间的连线，即在渡线处加装两处绝缘（图 10—1 圆圈中的绝缘），使 A、B 两段轨道电路完全隔开加以解决。

但目前的道岔结构，在一般情况下，按现有轨缝加装绝缘，死区段的长度往往超出“不大于5 m”的规定，为解决此问题，可采用胶接钢轨绝缘接头或玻璃钢包的叉心绝缘组件。

再有当死区段内停有车辆时，仍有可能出现单轨条流通牵引电流的现象。但在道岔区段不许停留车辆，能构成此现象的几率极少，如果死区段的长度能符合规定，则将不易出现单轨条问题。

第二节 25 Hz 电源屏和电缆线路的使用

一、25 Hz 电源屏的选用

1. 电源屏的选用

组成 25 Hz 电源屏所用的分频器采用混合磁路的“田”字型铁芯分频器。25 Hz 回路中的 50 Hz 成分不大于 2.5%，且波形失真度也有较大改善。97 型 25 Hz 相敏轨道电路的每一个区段的平均传输功率为

20 VA。$JRJC_1$-70/240 型交流二元轨道继电器的局部线圈经补偿后消耗的功率为6.5 VA。虽然 25 Hz 电源屏内轨道电源和局部电源的容量之比为 2∶1,但有不少区段采用一送多受,这时轨道线圈和局部线圈所消耗的功率之比就不是 2∶1,因此过去在采用“口”字型分频器时,电源屏除规定轨道电源可供应的轨道区段数以外,还规定局部电源可供应的轨道继电器数。

97 型 25 Hz 相敏轨道电路采用“田”字型铁芯分频器后,由于局部线圈所消耗的功率可大大降低,且根据统计资料,在车站内轨道区段数与轨道继电器数之比,一般不超过 1∶1.5。因此,在电源屏内轨道和局部电源容量之比仍为 2∶1 的情况下,只规定轨道电源可供轨道电路区段数,而可不必再规定局部电源可供轨道继电器的数目。这样就相当于轨道分频器和局部分频器供给每一段轨道电路分别耗电20 VA和 $6.5\times1.5=9.8\approx10$ VA。

因此,97 型 25 Hz 相敏轨道电路研制了容量为400 W、800 W、1 200 W三种分频器,组成Ⅰ(PXT-800/25)、Ⅱ(PZT-1600/25)、Ⅲ(PZT-2000/25)、Ⅳ(PDT-4000/25)型四种电源屏,分别适用于 20 个区段以内、20～40 个区段、40～60 个区段、60～120 个区段的车站使用。

各种类型 25 Hz 电源屏使用条件如表 10—1 所示。

表 10—1

电源屏类型	主用或备用容量		可供轨道区段数	屏数	备注
	轨道	局部			
Ⅰ	400 VA	400 VA	20	1	主、备各 1 屏;可分 2 束供电
Ⅱ	800 VA	800 VA	40	1	主、备各 1 屏;可分 2 束供电
Ⅲ	1 200 VA	800 VA	60	2	主、备各 1 屏;可分 4 束供电
Ⅳ	2×1 200 VA	2×800 VA	120	4	主、备各 2 屏;可分 4 束供电

2. 电源供电

25 Hz 电源屏输入的 50 Hz 电源由电气集中电源屏经主、副电源转换后供给,25 Hz 电源屏不再设 50 Hz 主、副转换设备。25 Hz 的主用和备用电源的投入均采用人工转换方式。防止在故障未清除前,若采用自动转换,再造成备用电源的损坏。

若信号电源采用接触网供电,一般用铁磁稳压器稳压,但其具有较多谐波成分,故 25 Hz 电源屏输入的 50 Hz 电源,不应取自铁磁稳压器的输出。若在接触网的末端,50 Hz 的供电电压太低,不能满足 25 Hz 分频器起振要求时,可以在 25 Hz 电源屏前接入定值升压装置,当电源电压降至160 V以下时,自动升高电压,保证 25 Hz 分频器正常工作。

试验表明:25 Hz 分频器的启动电压,随输入的 50 Hz 电源的电缆电阻加大而升高。例如分频器的起振电压不大于160 V,当电源变压器至 25 Hz 电源屏间经过一段电缆后,在分频器输入端的电压虽仍不低于160 V,但此时分频器的起振电压将高于此值。所以在设计中由电源变压器至 25 Hz 电源屏的电缆截面,应考虑适当加大,留有足够的余量。

二、电缆线路的使用

1. 干线供电时电缆的使用

轨道电路一般均采用干线供电方式,由 25 Hz 电源屏输出经电缆线束向各送电端供给 25 Hz 220 V电源,允许在电缆上的压降为30 V。当分频器的输出电压为－3%波动时,经电缆传输后,轨道电路供电变压器的一次输入允许最低电压为183 V。每段轨道电路平均消耗功率为20 VA。

2. 室外设备的连接

轨道电路的送电端、受电端及设有空扼流变压器时,扼流变压器与轨道变压器之间的电缆电阻应不大于0.3 Ω。

3. 受电端电缆的使用

受电端轨道变压器的一次侧至轨道继电器间的电缆电阻应不大于150 Ω,即当电缆长度不大于2.5 km时,可以采用单芯。

第三节　停电监督电路

一、停电监督电路的任务

根据电气集中电路的要求,应设计停电监督继电器电路。当轨道电源停电恢复时,由于轨道继电器特性差异,吸起时间不同,为避免错误解锁,所以在停电恢复后,应经过一段延时解锁电源。停电监督继电器的任务就是监督轨道继电器的供电情况。交流二元轨道继电器需要轨道线圈和局部线圈同时供电,才能吸起,若两者中任一停电时,都会造成轨道继电器落下,所以停电监督继电器应同时检查轨道电源和局部电源的供电情况。停电监督继电器电路如图 10—3 所示。

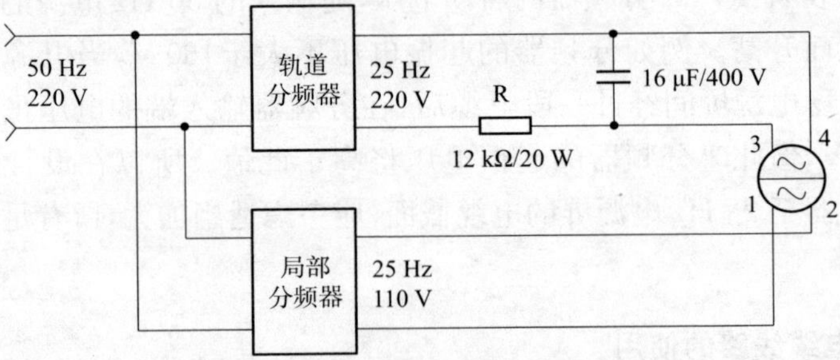

图 10—3　停电监督继电器电路图

二、停电监督继电器的设置

停电监督继电器 TDJ 采用 $JRJC_1$-70/240 型交流二元继电器,其局部和轨道电源由 25 Hz 电源屏的输出端子引接。轨道电源经12 kΩ电阻后可以将电压由220 V降至20 V左右。轨道线圈上并联16 μF电容后,使总阻抗接近纯阻,致使轨道线圈与局部线圈的电压相角接近理想相位角。

假设轨道线圈电流 I_G 的角度为零度,则轨道线圈电压 U_G 为20 V(幅角为 70°)。

并联电容的容抗:

$$X_C=\frac{10^6}{2\pi\times25\times16}=397.89\angle-90^\circ\ \Omega$$

电容电流:

$$I_C=\frac{20\angle70^\circ}{397.89\angle-90^\circ}=0.05\angle160^\circ\ \text{A}$$

轨道线圈并联电容后的总电流:

$$I_G + I_C = \frac{20\angle 70° \times 0.038}{15\angle 70°} + 0.05\angle 160°$$

$$= 0.0159\angle 77.59°\ \text{A}$$

12 kΩ电阻上的压降：

$$U_R = (I_G + I_C)R$$

$$= 0.001\,59\angle 77.59° \times 12\,000$$

$$= 189.6\angle 77.59°\ \text{V}$$

所以要求电源电压：

$$U = U_G + U_R = 20\angle 72° + 189.6\angle 77.59°$$

$$= 228.09\angle 78.12°\ \text{V}$$

从上述推算可以看出：在增加电阻和电容以后，电源电压与轨道线圈上的电压接近同相，即对轨道继电器来说，局部电压和轨道电压之间的相角接近理想相位角，虽存在较小的失调角，但供以20 V电压后，翼板完全可以得到足够的转矩，从而起到了对轨道和局部电源的停电监督作用。

在 25 Hz 电源屏中，轨道电源一般分两束或四束向现场供电，局部电源的划分也应与之相适应，每一组线束应设一个停电监督继电器，保证对任何一个轨道继电器的轨道和局部电源均可靠地得到检查。

停电监督继电器以零散组合方式，采用个别接线和配线，然后安装于组合架上。

第四节　25 Hz 电源屏输入总电流的确定

一、确定输入总电流的意义

25 Hz 电源屏一般由一台专供局部线圈的分频器和数台供轨道电路的分频器组成。为了满足局部电源和轨道电源之间正交相位的要求，局部分频器和轨道分频器的输入应按相差 180°的方式接入 50 Hz 电源，使 25 Hz 输出电压相差 90°，如图 10—4 所示。图中 P_1、P_2、P_3 指输出功率。

各种规格的分频器在额定输入电压和额定负载时有各自固有输入电流值。当三台分频器按图 10—4 方式连接时，它们的总电流由于输

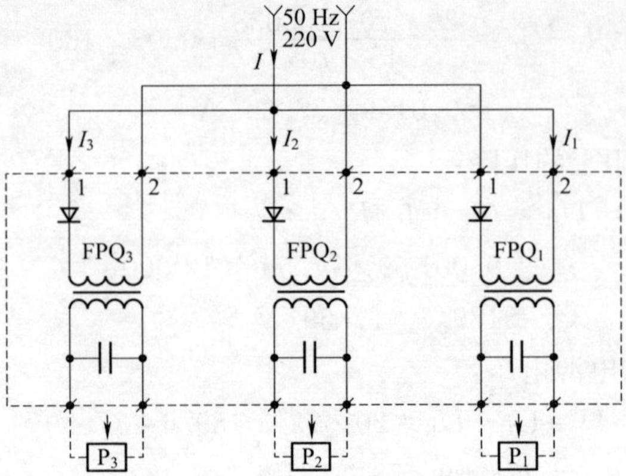

图 10—4　局部和轨道分频器连线示意图

入线圈串有二极管,输入电流不再是正弦波,总电流不等于各分支电流的代数和,即 $I \neq I_1 + I_2 + I_3$。而总电流值是工程设计选定电源变压器容量的依据之一。

二、如何确定输入总电流

为了确定总电流和各支路电流之间的关系,首先要了解分频器正接(输入端接入同相位电源,如图 10—4 的 FPQ_2 和 FPQ_3 之间的接法)和反接(相差 180°接入电源,如 FPQ_1 和 FPQ_2、FPQ_3 之间的接法)。

为便于分析,可把每个分频器的输入电流视为半波整流,当输入电压不高,且负载较大时的实际电流基本上是半波。如图 10—5 所示。

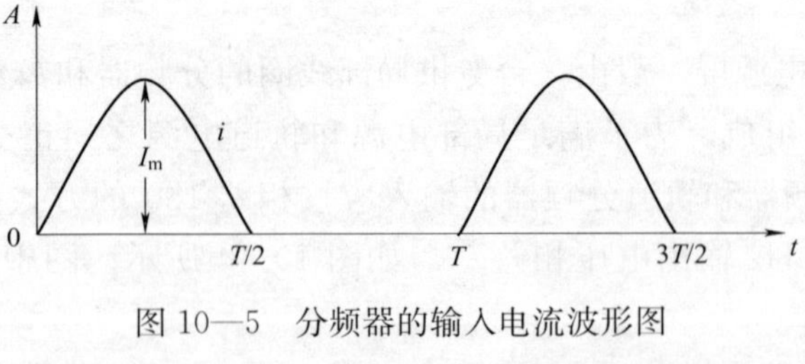

图 10—5　分频器的输入电流波形图

电流 i 是断续函数,用下式表示:

$i=I_{\mathrm{m}}\sin\omega t$；$nT\leqslant t\leqslant\left(n+\dfrac{1}{2}\right)T$（$n$ 为包括零的任一正整数）

用电磁式电流表测得上述半波电流值是均方根有效值，即：

$$I=\sqrt{\frac{\int_{0}^{T}i^{2}\,\mathrm{d}t}{T}}$$

其中，$\int_{0}^{T}i^{2}\,\mathrm{d}t$ 是在一个周期内电流平方的总面积 A，对于半波：

$$\begin{aligned}A&=\int_{0}^{\frac{T}{2}}I_{\mathrm{m}}^{2}\sin^{2}\omega t\,\mathrm{d}t\\&=I_{\mathrm{m}}^{2}\int_{0}^{\frac{T}{2}}\left(\frac{1-\cos 2\omega t}{2}\right)\mathrm{d}t\\&=\frac{I_{\mathrm{m}}^{2}}{2}\left[\int_{0}^{\frac{T}{2}}\mathrm{d}t-\frac{1}{2\omega}\int\cos(2\pi t)\,\mathrm{d}(2\omega t)\right]\\&=\frac{T}{4}I_{\mathrm{m}}^{2}\end{aligned}$$

所以
$$I=\sqrt{\frac{I_{\mathrm{m}}^{2}\mathrm{T}/4}{T}}=\frac{I_{\mathrm{m}}}{2}$$

1. 正接时

正接时各支路电流和总电流图形如图 10—6 所示。

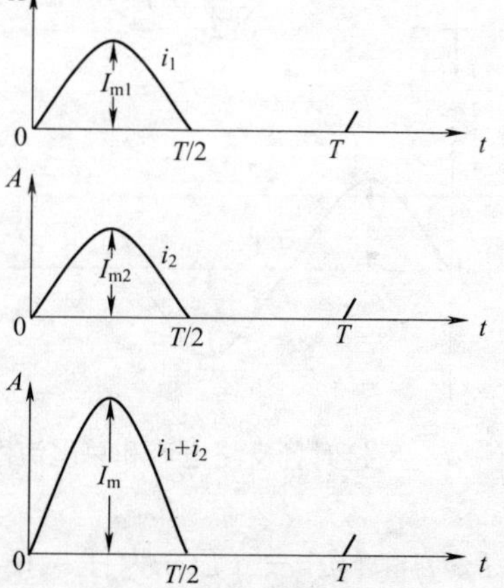

图 10—6　正接时各支路电流和总电流图形图

根据 $I=I_m/2$，两个支路的电流分别为：

$$I_1=\frac{I_{m1}}{2};I_2=\frac{I_{m2}}{2}$$

而总电流为：

$$I=\sqrt{\frac{\int_0^{\frac{T}{2}} i^2\,\mathrm{d}t}{T}}$$

式中 $i=i_1+i_2=I_{m1}\sin\omega t+I_{m2}\sin\omega t=(I_{m1}+I_{m2})\sin\omega t$

则有：

$$I=\frac{I_{m1}+I_{m2}}{2}=I_1+I_2$$

上式表明：两个以上分频器正接时，总电流是所有分频器电流的代数和。

2. 反接时

反接时各支路电流和总电流图形如图 10—7 所示。

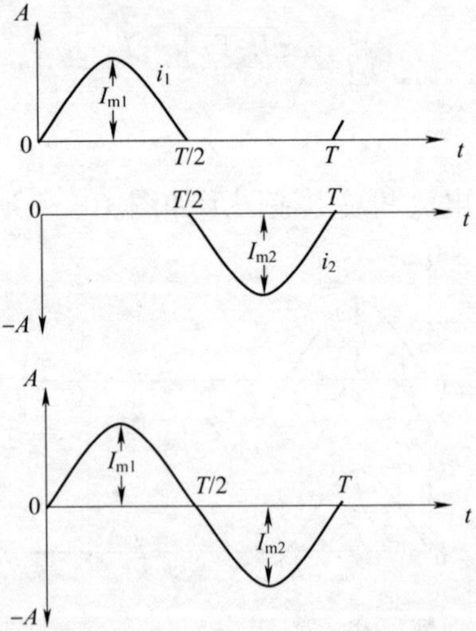

图 10—7　反接时各支路电流和总电流图形图

$i_1=I_{m1}\sin\omega t_1$；$nT\leqslant t_1\leqslant\left(n+\frac{1}{2}\right)T$（$n$ 为任一正整数）

$$i_2=I_{m2}\sin\omega t_2;\left(n+\frac{1}{2}\right)\leqslant t_2\leqslant(n+1)T(n\text{ 为任一正整数})$$

$$i=i_1+i_2=I_{m1}\sin\omega t_1+I_{m2}\sin\omega t_2$$

一个周期内总电流平方的总面积为：

$$A=\int_0^{\frac{T}{2}}I_{m1}^2\sin^2\omega t_1\mathrm{d}t_1+\int_{\frac{T}{2}}^{T}I_{m2}^2\sin^2\omega t_2\mathrm{d}t_2=\frac{T}{4}I_{m1}^2+\frac{T}{4}I_{m2}^2$$

则
$$I=\sqrt{\frac{A}{T}}=\sqrt{\left(\frac{I_{m1}}{2}\right)^2+\left(\frac{I_{m2}}{2}\right)^2}$$

由于
$$I_1=\frac{I_{m1}}{2};I_2=\frac{I_{m2}}{2}$$

所以
$$I=\sqrt{I_1^2+I_2^2}$$

上式说明：两个分频器反接时，总电流为每个支路电流平方和的均方根值(此处电流均指有效值)。

同理，两组分频器(每组由几个分频器正接)反接时，先按 $I=I_1+I_2$ 得出每组总电流，然后再按 $I=\sqrt{I_1^2+I_2^2}$ 求出两组的总电流，现举例如图 10—8 所示。

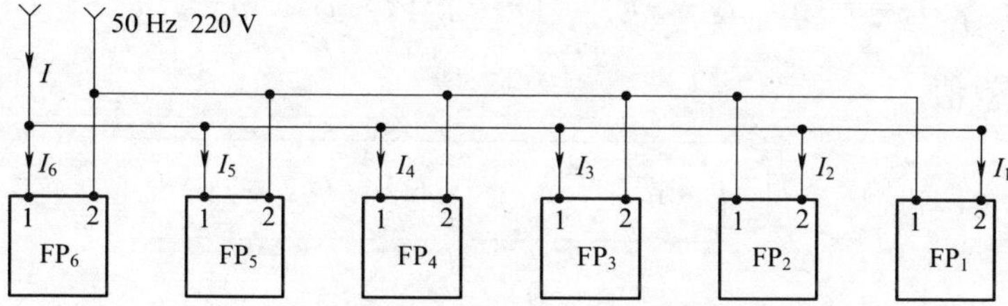

图 10—8　两组分频器连接线图

$$I=\sqrt{(I_1+I_2)^2+(I_3+I_4+I_5+I_6)^2}$$

3. 补充说明

分频器的工作状态是比较复杂的，它的输入工作电压约为 180～250 V，负载可以由零至额定值。由于分频器输入线圈接入了二极管，则当转到负半周时(对二极管而言)，该线圈将产生感应电流，以期保持原来的磁通方向不变，尤其当负载很小而输入电压又很高时，此感应电流较大，但比正半波时的电流小。从示波器显出的电流波形如图 10—9

所示。

当出现图 10—9 所示的电流波形,正接或反接时总电流的大小需另做考虑。

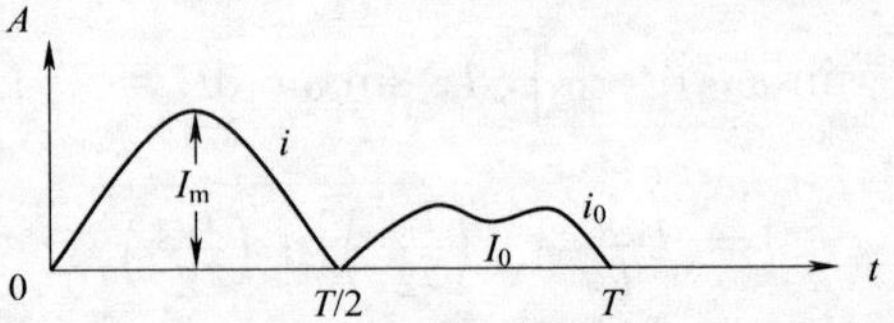

图 10—9　分频器的示波器显出的电流波形图

(1)正接时

全部或一部分分频器有感应电流时,由于它们的相位相同,总电流的瞬时值总是各分电流瞬时值的代数和。为便于分析,近似地把感应电流也看成是一断续正弦半波,图 10—9 的波形可用下述方程式表示:

$$i=I_{\mathrm{m}}\sin \omega t_1 \qquad nT\leqslant t_1\leqslant\left(n+\frac{1}{2}\right)T$$

$$i_0=I_0\sin(\omega t_2-\pi) \qquad \left(n+\frac{1}{2}\right)T\leqslant t_2\leqslant(n+1)T$$

其有效值

$$I=\sqrt{\frac{\int_0^{\frac{T}{2}} I_{\mathrm{m}}^2\sin^2\omega t_1\mathrm{d}t_1+\int_{\frac{T}{2}}^{T} I_0^2\sin^2(\omega t_2-\pi)\mathrm{d}t_2}{T}}$$

$$=\frac{1}{2}\sqrt{I_{\mathrm{m}}^2+I_0^2}$$

现在假设两个电流有如图 10—9 所示的波形,分频器正接,一个分频器的电流为:

$$i_1=I_{\mathrm{m1}}\sin \omega t_1+I_{01}\sin(\omega t_2-\pi)$$

另一个为:

$$i_2=I_{\mathrm{m2}}\sin \omega t_1+I_{02}\sin(\omega t_2-\pi)$$

时间范围为:

$$nT\leqslant t_1\leqslant\left(n+\frac{1}{2}\right)T$$

$$\left(n+\frac{1}{2}\right)T \leqslant t_2 \leqslant (n+1)T$$

它们的有效值分别为：

$$I=\frac{1}{2}\sqrt{I_{m1}^2+I_{01}^2}\text{；}\quad I_2=\frac{1}{2}\sqrt{I_{m2}^2+I_{02}^2}$$

总电流：

$$\begin{aligned} i=i_1+i_2 &= I_{m1}\sin\omega t_1+I_{01}\sin(\omega t_2-\pi)+I_{m2}\sin\omega t_1+ \\ &\quad I_{02}\sin(\omega t_2-\pi) \\ &=(I_{m1}+I_{m2})\sin\omega t_1+(I_{01}+I_{02})\sin(\omega t_2-\pi) \end{aligned}$$

所以总电流的有效值：

$$I=\frac{1}{2}\sqrt{(I_{m1}+I_{m2})^2+(I_{01}+I_{02})^2}$$

换一种形式表达 I_1、I_2、I 为：

$$I_1=\frac{I_{m1}}{2}\sqrt{1+\frac{I_{01}^2}{I_{m1}^2}}$$

$$I_2=\frac{I_{m2}}{2}\sqrt{1+\frac{I_{02}^2}{I_{m2}^2}}$$

$$I=\frac{I_{m1}+I_{m2}}{2}\sqrt{1+\frac{(I_{01}+I_{02})^2}{(I_{m1}+I_{m2})^2}}$$

因为$\frac{I_{01}}{I_{m1}}<1, \frac{I_{02}}{I_{m2}}<1$　　所以$\frac{I_{01}+I_{02}}{I_{m1}+I_{m2}}<1$

利用近似公式，当 $x<1$ 时：

$$\sqrt{1+x}\approx 1+\frac{x}{2}\text{，误差}<\frac{1}{8}x^2$$

代入得：

$$\begin{aligned} I_1+I_2 &\approx \frac{I_{m1}}{2}\left(1+\frac{I_{01}^2}{2I_{m1}^2}\right)+\frac{I_{m2}}{2}\left(1+\frac{I_{02}^2}{2I_{m2}^2}\right) \\ &=\frac{I_{m1}+I_{m2}}{2}+\frac{1}{4}\left(\frac{I_{01}^2}{I_{m1}}+\frac{I_{02}^2}{I_{m2}}\right) \end{aligned}$$

而

$$\begin{aligned} I &\approx \frac{I_{m1}+I_{m2}}{2}\left[1+\frac{(I_{01}+I_{02})^2}{2(I_{m1}+I_{m2})^2}\right] \\ &=\frac{I_{m1}+I_{m2}}{2}+\frac{(I_{01}+I_{02})^2}{4(I_{m1}+I_{m2})^2} \end{aligned}$$

若同一类型分频器的负载相差不大时,在同一输入电源供电下,其输入电流基本相近。可认为 $I_{m1}\approx I_{m2}$,$I_{01}\approx I_{02}$,则:

$$I_1+I_2\approx I_{m1}+\frac{I_{01}^2}{2I_{m1}^2}$$

所以

$$I\approx I_{m1}+\frac{I_{01}^2}{2I_{m1}}$$

根据实测:$I_1=2.075$ A;$I_2=2.025$ A;$I=4.0$ A。与上述结论相近。

(2)反接时

假定两分频器的电流如图 10—10 所示。它们分别为:

$$i_1=I_{m1}\sin\omega t_1+I_{01}\sin(\omega t_2-\pi)$$
$$i_2=-I_{02}\sin\omega t_1-I_{m2}\sin(\omega t_2-\pi)$$
$$nT\leqslant t_1\leqslant\left(n+\frac{1}{2}\right)T$$
$$\left(n+\frac{1}{2}\right)T\leqslant t_2\leqslant(n+1)T$$

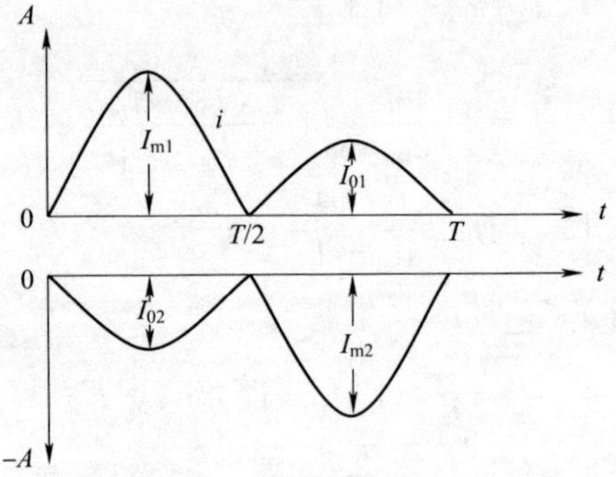

图 10—10　分频器的电流图

总电流为:

$$i=i_1+i_2=(I_{m1}-I_{02})\sin\omega t_1+(I_{01}-I_{m2})\sin(\omega t_2-\pi)$$

根据 $I=\frac{1}{2}\sqrt{(I_m^2+I_0^2)}$,可知其有效值为:

$$I=\frac{1}{2}\sqrt{(I_{m1}-I_{02})^2+(I_{01}+I_{m2})^2}$$

令$\left|\frac{I_{01}}{I_{m1}}\right|$和$\left|\frac{I_{02}}{I_{m2}}\right|$均以 K 表示；$\left|\frac{I_{m2}}{I_{m1}}\right|$以 P 表示，则：

$$I_1=\frac{1}{2}I_{m1}\sqrt{1+K^2}\,;\quad I_1^2=\frac{1}{4}I_{m1}^2(1+K^2)$$

$$I_2=\frac{1}{2}PI_{m1}\sqrt{1+K^2}\,;\quad I_2^2=\frac{1}{4}PI_{m1}^2(1+K^2)$$

所以

$$\frac{I_2}{I_1}=P$$

$$I_1^2+I_2^2=\frac{1}{4}I_{m1}^2(1+K^2+P^2+P^2K^2)$$

而总电流

$$I=\frac{I_{m1}}{2}\sqrt{(1-KP)^2+(K-P)^2}$$

$$\begin{aligned}I^2&=\frac{1}{4}I_{m1}^2(1+K^2+P^2+P^2K^2)-PKI_{m1}^2\\&=I_1^2+I_2^2-PKI_{m1}^2\leqslant I_1^2+I_2^2\end{aligned}$$

上式表明：当有感应电流时，总电流不再是各支路电流平方的平方根值，而要比此值小，甚至有可能比任一支路电流小。

现分析总电流可能比支路电流 I_1 或 I_2 小的条件，先以 I_1 举例：

设 $Q=I^2-I_1^2$，$Q>0$ 时表示 $I>I_1$；$Q<0$ 时表示 $I<I_1$。I 和 I_1 均以 I_{m1}、P、K 的函数形式表示为：

$$\begin{aligned}Q&=\frac{1}{4}I_{m1}^2(1+K^2+P^2+P^2K^2-4PK)-\frac{1}{4}I_{m1}^2(1+K^2)\\&=\frac{1}{4}I_{m1}^2P^2\left(K^2-\frac{4K}{P}+1\right)\end{aligned}$$

可分解为：

$$Q=\frac{1}{4}I_{m1}^2P^2\left(K-\frac{2+\sqrt{4-P^2}}{P}\right)\left(K-\frac{2-\sqrt{4-P^2}}{P}\right)$$

当 $4-P^2<0$ 时，$\sqrt{4-P^2}=\mathrm{j}\sqrt{P^2-4}$

$$Q=\frac{1}{4}I_{m1}^2P^2\left(K-\frac{2}{P}+\frac{\mathrm{j}\sqrt{P^2-4}}{P}\right)\left(K-\frac{2}{P}-\frac{\mathrm{j}\sqrt{P^2-4}}{P}\right)$$

$$=\frac{1}{4}I_{m1}^2P^2\left[\left(K-\frac{2}{P}\right)^2+\frac{P^2-4}{P^2}\right]$$

因为 $P^2-4>0$ 所以 $Q>0$,这说明只要 $P\geqslant 2$,无论感应电流多大(K 为小于 1 的任意值),总电流不会小于 I_1,只有当 $P<2$ 时,总电流才可能小于 I_1。

根据 $P<2$、$K<1$,有 $\frac{2+\sqrt{4-P^2}}{P}>1$,则有 $K-\frac{2+\sqrt{4-P^2}}{P}<0$,若满足 $Q<0$(总电流小于 I_1),必然要求 $\left(K-\frac{2-\sqrt{4-P^2}}{P}\right)>0$,故有 $K>\frac{2-\sqrt{4-P^2}}{P}$。

同法求得 $I<I_2$ 的条件为:

$$P>\frac{1}{2};K>(2P-\sqrt{4P^2-1})$$

曾对两个反接的分频器做空载试验,当输入 50 Hz 电压245 V时,测得 $I_1=1.2$ A、$I_2=1.15$ A,并从示波器中明显看出 $I_{01}>0.5I_{m1}$、$I_{02}>0.5I_{m2}$,测得总电流 $I=0.75$ A。

按上述分析结果可知:

$$P=\frac{I_2}{I_1}=\frac{1.15}{1.2}=0.958$$

则 $I<I_1$ 的条件为:

$$K>\frac{2-\sqrt{4-(0.958)^2}}{0.958}\text{,即 }K>0.255$$

$I<I_2$ 的条件为:

$$K>(2\times 0.958-\sqrt{4\times(0.958)^2-1})\text{,即 }K>0.282$$

而实际 $K>0.5>0.282>0.255$;$2>P=0.958>\frac{1}{2}$,故总电流 $I=0.75\text{ A}<I_1=1.2\text{ A}$;$I=0.75\text{ A}<I_2=1.15\text{ A}$。

必须指出,在一般运用中的电源屏,即不会空载,输入电压也不会很高。例如当输入电压由276 V降到215 V,而且两个分频器均加负载后,测得 $I_1=1.975$ A、$I_2=1.85$ A;$I=2.65$ A,$\sqrt{I_1^2+I_2^2}$ 的计算值为

2.706 A，即 $I\approx\sqrt{I_1^2+I_2^2}$。所以总电流仍可按分支电流平方和的均方根值近似计算。

根据以上论述，工程设计中可选用电源屏的类型（指几个局部配几个轨道分频器，以及每个分频器的容量）来确定需要电力变压器供给多少电流，作为选定电源变压器容量或选用三相变压器由哪一相供电的依据之一。当然，确定总电流值时，除需知电源屏的类型外，每个分频器的输入电流是基础，为简化计算可按分频器的额定输入电流值进行估算。

另外，现场进行电流测试时，遇到有的总电流是各路电流之和；又有的总电流小于支路电流之和，甚至有的总电流反比支路电流还小（这里指的总电流是任意几个分频器的总电流，既包括组的总电流，也包括整个电源屏的总电流）。所有这些都是可能的，弄清楚其原因后，不至于误会测试或配线是否有问题。

最后需说明的是：当负半周有感应电流时，电流波形并非都是正弦波，再有它们的 K 值也并非都相同。而以上的所有分析却都是按正弦和同一 K 值考虑的。无疑，在具体数值上会有误差，甚至误差还可能不小，但它们的规律、性质和分析是一致的。

第五节　有关设计的其他问题

一、轨道电路极性交叉的设置

1. 相邻轨道电路间

相邻轨道电路应有不同的相位配置（俗称极性交叉），如遇某些站场布置，其个别区段与相邻区段无法做到相位交叉时，应加装人工交叉绝缘。

2. 两个场（站）间

当两个场（站）由独立的 25 Hz 电源屏供电时，并两车场的联络线也采用 25 Hz 相敏轨道电路时，或者一个站场的两个咽喉分别由两个独立的 25 Hz 电源屏供电时，则在衔接处的轨端绝缘两侧，均应设置送电端，防止在绝缘破损时造成轨道继电器错误动作。

3. 与区间相衔接处

与区间 25 Hz 交流计数电码轨道电路相衔接时,由于站内和区间的 25 Hz 电源不能互相检查相位,因而对衔接处轨端绝缘两侧的轨道电路无法做成相位交叉(预告区段为便于轨道电路调整,系单设 25 Hz 分频器;离去区段的分频器则设于区间),故在衔接处的站内相敏轨道电路应设置送电端。

二、主、副电源倒换注意事项

50 Hz 主、副电源倒换时,25 Hz 分频器会瞬间停振,其起振时间不大于 0.6 s,故 25 Hz 电源可能停电 0.6 s,致使轨道及其复示继电器瞬间落下,列车信号继电器的缓放时间均大于 0.6 s,故在 50 Hz 主、副电源切换时不致使其落下。但在半自动闭塞区段的出站信号机开放后,由于闭塞电路中的轨道继电器瞬间落下,而使闭塞继电器落下,造成出站信号关闭,不能重复开放,故闭塞电路的轨道继电器应具有大于 0.6 s 的缓放时间。

三、交流二元继电器的使用

1. 交流二元继电器是感应式继电器且无附加轴,故交流二元轨道继电器的后接点不得在电气集中或其他信号设备的控制及表示电路中使用。

2. 轨道组合内可设置 $JRJC_1$-70/240 型继电器 3 台及 HF2-25 型防护盒 3 个,以及 2 个防雷补偿器。一个组合架可装 9 个轨道组合。当在一个组合架上同时安装轨道组合和 AX 型继电器组合时,相邻处应空开一个组合位置。

3. 设计移频电码化电路时,所需使用的轨道电路条件应取自无缓放的轨道第一级复示继电器。

第十一章　25 Hz 相敏轨道电路的计算

第一节　参数的选定

一、钢轨阻抗值

为确定 25 Hz 相敏轨道电路钢轨阻抗值，曾于 1981 年 3 月往郑州局洛阳客站的 6 道、8 道进行了现场实测和理论计算，并将国内已开展过同类工作的铁道科学研究院、成都局和原齐齐哈尔局以及苏联的有关资料进行了比较、分析，初步确定了 25 Hz 相敏轨道电路的钢轨阻抗值。作为研制工作理论分析的基础，钢轨阻抗值的确定需要广泛地进行测试和综合分析、比较才能确定，很难只通过一、两次现场实测就取得有代表性的 25 Hz 相敏轨道电路的钢轨阻抗值，因此，还有待于今后广泛、深入地总结和实践。

国外在电气化区段的钢轨接续线均采用铜焊接线。基于我国具体情况，焊接钢轨接续线的某些技术问题尚未解决，一般采用双塞钉式钢轨接续线，所以对钢轨阻抗值的测试，是在双套塞钉式钢轨接续线的线路上进行的。现确定的钢轨阻抗值也符合要求，钢轨阻抗有关数值见表 11—1。

表　11—1

单　位	计算值		实测值		备　注
	$\|Z\|$	ϕ	$\|Z\|$	ϕ	
苏联	—	—	0.5	52°	铜焊接线
铁科研、成都局	—	—	0.65	43°	12.5 m 钢轨 单塞钉接续线
原齐齐哈尔局	0.37～0.51	64.6～45.7	0.37～0.48	40°～65°	25 m 钢轨 单塞钉接续线
通号公司研究设计院	0.614	41.5	0.62～0.66	40°～43°	12.5 m 钢轨 双塞钉接续线

注：$|Z|$—钢轨阻抗模值(Ω/km)；ϕ—钢轨阻抗幅角。

经过测算和分析,在进行 25 Hz 相敏轨道电路计算中暂定采用的钢轨阻抗值为:

12.5 m 钢轨 $Z=0.62\angle 42°$ Ω/km

25 m 钢轨 $Z=0.5\angle 52°$ Ω/km(25 m 钢轨接续部分直流电阻为 12.5 m 钢轨之半)

根据国外资料,对交流轨道电路,当导接线的阻抗由 0.004 Ω(钢质塞钉式接续线)降低到 0.000 3 Ω(铜质焊接接续线)时,即降低 9/10 还多,但是钢轨阻抗仅减少 20%。因此,当计算交流轨道电路时,最大及最小钢轨阻抗不加以区别,故在所有情况下,均可利用标准值。

《25 Hz 相敏轨道电路技术条件》TB/T 2853 对钢轨参数取值的规定"在道砟电阻不小于 0.6 Ω·km、钢轨阻抗不大于 $0.62\angle 42°$ Ω/km 时,极限长度范围内能可靠地满足调整和分路检查的要求,并实现一次调整"。因此,25 Hz 相敏轨道电路的钢轨阻抗的取值见表 11—2。

表 11—2

接续线类型	轨道电路类型	频率 Hz	钢轨阻抗 Ω/km	
			区间	站内
塞钉式	25 Hz	25	$0.5\angle 52°$	$0.62\angle 42°$
焊接式	25 Hz	25	$0.5\angle 52°$	$0.5\angle 52°$

至于 25 Hz 相敏轨道电路钢轨阻抗值的测试方法与其他交流轨道电路的测试方法相同。测试电源所用的 25 Hz 分频器,由于输出波形为非正弦波,影响测试精度,故其输出应经过滤波器滤波再接电源变压器,使测试用 25 Hz 电源的失真度不大于 5%,以保证测试结果比较精确。

二、道砟电阻值

根据《轨道电路参数》(TB/T 1445—1982)规定,道砟电阻的取值应符合下列要求:

1. 道床为碎石道床、信号电流为交流的区间,道砟电阻的最小值取 1.0 Ω·km。

2. 道床为碎石道床、信号电流为交流的站内，道砟电阻的最小值取 0.6 Ω·km。

3. 道砟电阻的最大值取∞ Ω·km。

计算轨道电路的调整状态时，取道砟电阻的最小值；计算轨道电路的分路检查状态时，则取道砟电阻的最大值。

三、轨道电路计算中其他各项参数的选取

一送一受轨道电路计算模型如图 11—1 所示。

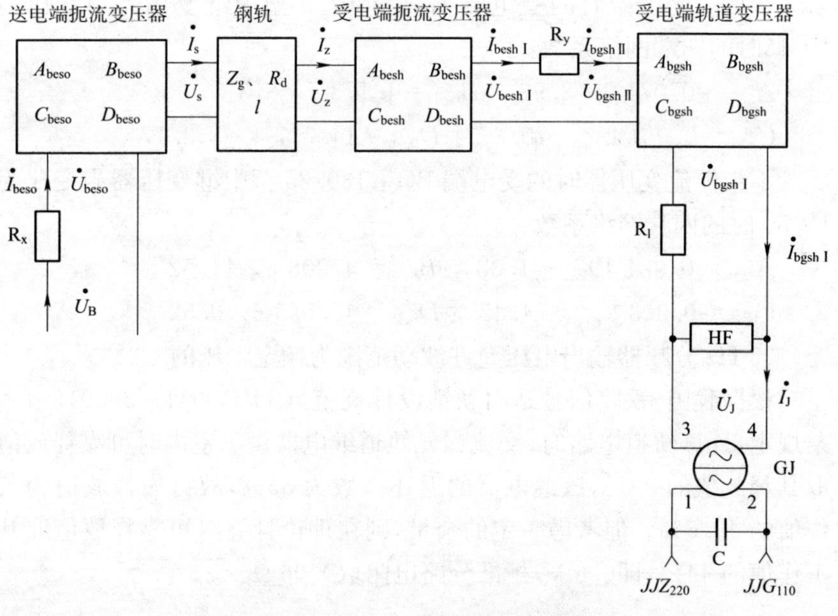

图 11—1　一送一受轨道电路计算模型

R_y—受电端扼流变压器与轨道变压器间连接电阻；

R_l—电缆电阻；R_x—送电端限流电阻。

各项器材的电气参数是根据器材生产指标或根据一定数量的器材实测后取其平均值。

交流二元轨道继电器工作电压：U_j＝15 V。

交流二元轨道继电器工作电流：$I_j=0.039$ A。

交流二元轨道继电器轨道线圈阻抗角：70°。

防护盒阻抗值：$Z_{hf}=400\angle-88°$ Ω。

受电端 BE-400/25 型扼流变压器的四端网络系数：

$A_{besh}=0.329\ 5\angle-0.62°$　$B_{besh}=0.032\ 8\angle14.14°$

$C_{besh}=0.268\ 4\angle-80.74°$　$D_{besh}=3.046\ 8\angle0.15°$

送电端 BE-400/25 型扼流变压器的四端网络系数：

$A_{beso}=3.051\ 5\angle-0.2°$　$B_{beso}=0.033\ 5\angle13.33°$

$C_{beso}=0.229\ 5\angle-80.93°$　$D_{beso}=0.328\ 8\angle-0.21°$

带扼流变压器时的受电端 BG_{25}-130/25 型中继变压器当变比为 1∶15时的四端网络系数：

$A_{bgsh}=0.071\ 5\angle2.93°$　$B_{bgsh}=4.173\ 7\angle8.3°$

$C_{bgsh}=0.001\ 2\angle-70.27°$　$D_{bgsh}=14.017\ 4\angle-3.17°$

不带扼流变压器时的受电端 BG_{25}-130/25 型中继变压器当变比为 1∶50 时的四端网络系数：

$A_{bgsh}=0.021\ 19\angle-1.38°$　$B_{bgsh}=4.308\ 5\angle11.52°$

$C_{bgsh}=0.003\ 9\angle-74.42°$　$D_{bgsh}=47.555\ 6\angle0.52°$

25 Hz 分频器输出电压允许波动范围为额定电压的±3%。

根据我国《铁路信号站内联锁设计规范》(TB 10071—2000)3.1.2 条规定：计算轨道电路时，交流二元轨道继电器设于室内时可靠释放值取其释放值的 90%，该继电器的返还系数为 55%，故可靠释放值为工作值的 49.5%。但考虑一定的余量，则在理论计算时可靠释放值取其工作值的 44%，即6.6 V，标准分路电阻取0.06 Ω。

第二节　计算举例

轨道电路计算中除上节所规定的参数外，轨道继电器至中继变压器间电缆电阻值在本例中假设 $R_l=100$ Ω(电缆长度相当于单芯一去一回2 km)，扼流变压器与轨道变压器间连接线电阻 $R_y=0.3$ Ω，限流电阻 R_x 如第七章所述可分0.9 Ω、1.6 Ω和4.4 Ω三种情况，本例是按轨道电路长度 $l=1.5$ km、双扼流、不带空扼流变压器和无受电分支的一送一受轨道电路计算，故 R_x 取4.7 Ω(包括扼流变压器至供电变压器间连接线电阻)。分别按调整状态、受电端分路检查、送电端分路检查和轨道继电器上的端电压四种状态计算。

局部电压是按额定值考虑的，在求得供电变压器二次侧电压 U_B(调整状态)和 U_{Fmin}(分路状态)后，采用计算电压余量的方法，确定轨道电路的调整和分路检查是否兼顾。

供给局部和轨道电源的分频器，按器材指标其 25 Hz 输出电压允许有±3%的波动；调整状态最不利条件为局部和轨道电压处于－3%波动；而分路状态最不利条件为均处于＋3%波动。

交流二元轨道继电器的翼板转矩是与两个线圈电压乘积成正比的定值。调整状态时，若局部电压降低 3%，则供电变压器的二次侧电压必须相应地提高 3%，以保持翼板的固定转矩值，使交流二元轨道继电器可靠地吸起。同理，还要考虑轨道电压也降低 3%，供电变压器的二次电压需要再提高 3%。所以在考虑到局部和轨道电压均处于－3%波动时，供电变压器的二次电压 U_B 仍能保证轨道继电器可靠地吸起，则当轨道继电器电压为额定值时，供电变压器的二次电压应比计算求得的调整电压 U_B 提高 6%。同样，在分路状态时，当局部和轨道电压均处于＋3%波动的最不利情况时，仍能保证轨道电路能可靠分路，则当轨道继电器电压为可靠释放值时，供电变压器二次允许的最高电压应较计算值 U_F 降低 6%。

另外，考虑到器材的差异性和计算误差，以及轨道供电变压器的二次侧输出端子的电压是以0.44 V递增(减)的因素，对电压余量应再增加 4%，即调整和分路各考虑余量 2%。

综上所述，衡量轨道电路具有可靠调整和分路检查的条件应是 $1.08U_B$ 小于或等于 $0.92U_{Fmin}$，即当按额定值计算所得 U_B 向上波动＋8%的数值小于或等于 U_{Fmin} 向下波动－8%的数值时，则认为轨道电路兼顾了调整和分路检查的要求。如设允许 U_B 向上波动和 U_{Fmin} 向下波动均为 K%时，则兼顾轨道电路的调整和分路检查的 K 值应大于或等于 8.0。可用 $|\dot{U}_{Fmin}(1-K)-\dot{U}_B(1+K)|$ 大于或等于 0 表示，式中 K 大于或等于 8.0。因此，在求得调整电压和最小分路电压后，衡量该

轨道电路的余量大小,可用求 $K=\dfrac{U_{\mathrm{Fmin}}-U_{\mathrm{B}}}{U_{\mathrm{Fmin}}+U_{\mathrm{B}}}$ 来评价,K 大于或等于 8.0 时表示调整和分路能够兼顾,K 愈大表示电压余量愈大,或说明分路愈好,它的实际意义是现场调整供电变压器二次侧电压时,允许有一个较大范围,在该范围内均能满足调整状态和分路状态的要求。

一、调整状态计算

1. 轨道电路四端网络系数

已知:钢轨阻抗:$Z_{\mathrm{g}}=0.62\angle 42^{\circ}\ \Omega/\mathrm{km}$

道砟电阻:$R_{\mathrm{d}}=0.6\ \Omega\cdot\mathrm{km}$

轨道电路长度:$l=1.5\ \mathrm{km}$

可求得:传播常数 $\gamma=\sqrt{Z_{\mathrm{g}}/R_{\mathrm{d}}}=1.016\ 53\angle 21^{\circ}$

特性阻抗 $Z_{\mathrm{K}}=\sqrt{Z_{\mathrm{g}}R_{\mathrm{d}}}=0.609\ 92\angle 21^{\circ}$

所以,$\gamma l=1.524\ 80\angle 21^{\circ}=1.423\ 52+\mathrm{j}0.546\ 44$

$$
\begin{aligned}
\mathrm{ch}\gamma l&=\mathrm{ch}(1.423\ 52+\mathrm{j}0.546\ 44)\\
&=1.876\ 46+\mathrm{j}1.016\ 13\\
&=2.133\ 92\angle 28.44^{\circ}
\end{aligned}
$$

$$
\begin{aligned}
\mathrm{sh}\gamma l&=\mathrm{sh}(1.423\ 52+\mathrm{j}0.546\ 44)\\
&=1.670\ 67+\mathrm{j}1.141\ 3\\
&=2.023\ 29\angle 34.34^{\circ}
\end{aligned}
$$

$\dot{A}=D=\mathrm{ch}\gamma l=2.133\ 92\angle 28.44^{\circ}$

$\dot{B}=Z_{\mathrm{K}}\mathrm{sh}\gamma l=1.234\ 05\angle 55.34^{\circ}$

$\dot{C}=\mathrm{sh}\gamma l/Z_{\mathrm{K}}=3.317\ 3\angle 13.34^{\circ}$

2. 调整状态计算

计算中以轨道线圈电流的相角等于零度为基准。

防护盒电流:$\dot{I}_{\mathrm{hf}}=\dfrac{\dot{U}_{\mathrm{j}}}{Z_{\mathrm{hf}}}=\dfrac{15\angle 70^{\circ}}{400\angle -88^{\circ}}=0.037\ 5\angle 158^{\circ}\ \mathrm{A}$

受电端中继变压器一次线圈的电流和电压:

$$\dot{I}_{\mathrm{bgsh\,I}}=\dot{I}_{\mathrm{j}}+\dot{I}_{\mathrm{hf}}$$

$$=0.039+0.0375\angle 158^{\circ}$$

$$=0.01466\angle 73.24^{\circ}\ \text{A}$$

$$\dot{U}_{\text{bgsh I}}=\dot{U}_{\text{j}}+\dot{I}_{\text{bgsh I}}\times R_{\text{l}}$$

$$=15.0\angle 70^{\circ}+0.01466\angle 73.24^{\circ}\times 100$$

$$=16.46387\angle 70.30^{\circ}\ \text{V}$$

受电端中继变压器二次线圈的电压和电流：

$$\dot{U}_{\text{bgsh II}}=\dot{A}_{\text{bgsh}}\dot{U}_{\text{bgsh I}}+\dot{B}_{\text{bgsh}}\dot{I}_{\text{bgsh I}}$$

$$=0.0715\angle 2.93^{\circ}\times 16.46387\angle 70.30^{\circ}+$$

$$4.1737\angle 8.3^{\circ}\times 0.01466\angle 73.24^{\circ}$$

$$=1.23774\angle 73.64^{\circ}\ \text{V}$$

$$\dot{I}_{\text{bgsh II}}=\dot{C}_{\text{bgsh}}\dot{U}_{\text{bgsh I}}+\dot{D}_{\text{bgsh}}\dot{I}_{\text{bgsh I}}$$

$$=0.0012\angle -70.27^{\circ}\times 16.46387\angle 70.30^{\circ}+$$

$$14.0174\angle -3.17^{\circ}\times 0.01466\angle 73.24^{\circ}$$

$$=0.2130\angle 65.07^{\circ}\ \text{A}$$

受电端扼流变压器信号线圈的电压和电流：

$$\dot{U}_{\text{besh I}}=\dot{U}_{\text{bgsh II}}+\dot{I}_{\text{bgsh II}}\times R_{\text{y}}$$

$$=1.23774\angle 73.64^{\circ}+0.2130\angle 65.07^{\circ}\times 0.3$$

$$=1.30095\angle 73.23^{\circ}\ \text{V}$$

$$\dot{I}_{\text{besh I}}=\dot{I}_{\text{bgsh II}}=0.2130\angle 65.07^{\circ}\ \text{A}$$

轨道电路终端的电压和电流：

$$\dot{U}_{\text{Z}}=\dot{A}_{\text{besh}}\dot{U}_{\text{besh I}}+\dot{B}_{\text{besh}}\dot{I}_{\text{besh I}}$$

$$=0.3295\angle -0.62^{\circ}\times 1.30096\angle 73.22^{\circ}+$$

$$0.0328\angle 14.14^{\circ}\times 0.2130\angle 65.07^{\circ}$$

$$=0.4356\angle 72.70^{\circ}\ \text{V}$$

$$\dot{I}_{\text{Z}}=\dot{C}_{\text{besh}}\dot{U}_{\text{besh I}}+\dot{D}_{\text{besh}}\dot{I}_{\text{besh I}}$$

$$=0.2684\angle -80.74^{\circ}\times 1.30096\angle 73.22^{\circ}+$$

$$3.0468\angle 0.15^{\circ}\times 0.2130\angle 65.07^{\circ}$$

$$=0.8231\angle 41.32^{\circ}\ \text{A}$$

轨道电路始端的电压和电流：

$$\begin{aligned}\dot{U}_S &= \dot{A}\dot{U}_Z + \dot{B}\dot{I}_Z \\ &= 2.133\,92\angle 28.44^\circ \times 0.435\,6\angle 72.70^\circ + \\ &\quad 1.234\,05\angle 55.34^\circ \times 0.823\,1\angle 41.32^\circ \\ &= 1.943\,8\angle 98.80^\circ \text{ V}\end{aligned}$$

$$\begin{aligned}\dot{I}_S &= \dot{C}\dot{U}_Z + \dot{D}\dot{I}_Z \\ &= 3.317\,3\angle 13.34^\circ \times 0.435\,6\angle 72.70^\circ + \\ &\quad 2.133\,92\angle 28.44^\circ \times 0.823\,1\angle 41.32^\circ \\ &= 3.169\,5\angle 77.10^\circ \text{ A}\end{aligned}$$

送电端扼流变压器信号线圈的电压和电流：

$$\begin{aligned}\dot{U}_{beso} &= \dot{A}_{beso}\dot{U}_S + \dot{B}_{beso}\dot{I}_S \\ &= 3.051\,5\angle -0.2^\circ \times 1.943\,8\angle 98.80^\circ + \\ &\quad 0.033\,5\angle 13.33^\circ \times 3.169\,5\angle 77.10^\circ \\ &= 6.036\,63\angle 98.46^\circ \text{ V}\end{aligned}$$

$$\begin{aligned}\dot{I}_{beso} &= \dot{C}_{beso}\dot{U}_S + \dot{D}_{beso}\dot{I}_S \\ &= 0.229\,5\angle -80.93^\circ \times 1.943\,8\angle 98.80^\circ + \\ &\quad 0.328\,8\angle -0.21^\circ \times 3.169\,5\angle 77.10^\circ \\ &= 1.328\,02\angle 60.15^\circ \text{ A}\end{aligned}$$

送电端供电变压器二次线圈的电压和电流：

$$\begin{aligned}\dot{U}_B &= \dot{U}_{beso} + \dot{I}_{beso} \times R_x \\ &= 6.036\,63\angle 98.46^\circ + 1.328\,02\angle 60.15^\circ \times 4.7 \\ &= 11.598\,72\angle 79.0^\circ \text{ V}\end{aligned}$$

$$\dot{I}_B = \dot{I}_{beso} = 1.328\,02\angle 60.15^\circ \text{ A}$$

交流二元轨道继电器失调角：

$$\beta = (90^\circ + 79.0^\circ) - (90^\circ + 70^\circ) = 9.0^\circ$$

考虑交流二元轨道继电器上的电压失调角，换算为相当于理想相位角时翼板转矩，送电端供电变压器的电压和电流：

$$\begin{aligned}\dot{U}_{B1} &= \dot{U}_B / \cos\beta = 11.598\,72\angle 79.00^\circ / \cos 9.00^\circ \\ &= 11.743\,3\angle 79.00^\circ \text{ V}\end{aligned}$$

$$\dot{I}_{B1} = \dot{I}_B / \cos\beta = 1.328\,02\angle 60.15^\circ / \cos 9.00^\circ$$

$=1.344\,57\angle 60.15^\circ$ A

二、受电端分路检查

分路时轨道继电器可靠释放值为工作值的 44%，确保轨道继电器可靠释放时，轨道电路终端的电压和电流：

$$\dot{U}'_Z=0.44\times\dot{U}_Z=0.44\times0.435\,6\angle 72.70^\circ$$
$$=0.191\,66\angle 72.70^\circ \text{ V}$$

$$\dot{I}'_Z=0.44\times\dot{I}_Z=0.44\times0.823\,1\angle 41.32^\circ$$
$$=0.362\,16\angle 41.32^\circ \text{ A}$$

加上标准分路电阻($R_f=0.06\ \Omega$)时受电端电流和电压：

$$\dot{I}_{Zf}=\dot{I}'_Z+\frac{\dot{U}'_Z}{R_f}$$
$$=0.362\,16\angle 41.32^\circ+0.191\,66\angle 72.70^\circ/0.06$$
$$=3.508\,59\angle 69.62^\circ \text{ A}$$

$$\dot{U}_{Zf}=\dot{U}'_Z=0.191\,66\angle 72.72^\circ \text{ V}$$

当 R_d 为无穷大时轨道电路始端的电压和电流：

$$\dot{U}'_S=\dot{U}_{Zf}+\dot{I}_{Zf}\dot{Z}_g l$$
$$=0.191\,66\angle 72.70^\circ+3.508\,59\angle 69.62^\circ\times$$
$$0.62\angle 42^\circ\times1.5$$
$$=3.414\,23\angle 109.60^\circ \text{ V}$$

$$\dot{I}'_S=\dot{I}_{Zf}=3.508\,59\angle 69.62^\circ \text{ A}$$

送电端扼流变压器信号线圈的电压和电流：

$$\dot{U}'_{beso}=\dot{A}_{beso}\dot{U}'_S+\dot{B}'_{beso}\dot{I}'_S$$
$$=3.051\,5\angle -0.2^\circ\times3.414\,23\angle 109.60^\circ+$$
$$0.033\,5\angle 13.33^\circ\times3.508\,59\angle 69.62^\circ$$
$$=10.523\,89\angle 109.11^\circ \text{ V}$$

$$\dot{I}'_{beso}=\dot{C}_{beso}\dot{U}'_S+\dot{D}'_{beso}\dot{I}'_S$$
$$=0.229\,5\angle -80.93^\circ\times3.414\,23\angle 109.60^\circ+$$
$$0.328\,8\angle -0.21^\circ\times3.508\,59\angle 69.62^\circ$$

$=1.820\ 61\angle 53.10^\circ$ A

送电端供电变压器二次线圈的电压和电流：

$\dot{U}'_B=\dot{U}'_{beso}+\dot{I}'_{beso}\times R_x$

$=10.523\ 80\angle 109.11^\circ+1.820\ 61\angle 53.10^\circ\times 4.7$

$=16.871\ 83\angle 84.24^\circ$ V

$\dot{I}'_B=1.820\ 61\angle 53.10^\circ$ A

交流二元轨道继电器失调角：

$$\beta'=(90^\circ+84.24^\circ)-(90^\circ+70^\circ)=14.24^\circ$$

考虑交流二元轨道继电器失调角，换算为相当于理想相位角时翼板转矩，则有分路检查的供电变压器的电压和电流：

$\dot{U}'_{B1}=\dot{U}'_B/\cos\beta'=16.871\ 83\angle 84.24^\circ/\cos 14.24^\circ$

$=17.406\ 67\angle 84.24^\circ$ V

$\dot{I}'_{B1}=\dot{I}'_B/\cos\beta'=1.820\ 61\angle 53.10^\circ/\cos 14.24^\circ$

$=1.878\ 32\angle 53.10^\circ$ A

受电端分路灵敏度$\approx\dfrac{\dot{U}'_{B1}}{\dot{U}_{B1}}\times R_f=\dfrac{17.406\ 67}{11.743\ 3}\times 0.06$

$$=0.089\ \Omega>0.06\ \Omega$$

三、送电端分路检查

确保轨道继电器可靠释放的轨道电路终端的电压和电流：

$$\dot{U}''_Z=\dot{U}'_Z=0.191\ 66\angle 72.70^\circ\ \text{V}$$

$$\dot{I}''_Z=\dot{I}'_Z=0.362\ 16\angle 41.32^\circ\ \text{A}$$

当 R_d 为无穷大时轨道电路始端的电压和电流：

$\dot{U}''_S=\dot{U}''_Z+\dot{I}''_Z Z_{gl}$

$=0.191\ 66\angle 72.70^\circ+0.362\ 16\angle 41.32^\circ\times$

$0.62\angle 42^\circ\times 1.5$

$=0.526\ 37\angle 79.47^\circ$ V

$\dot{I}''_S=\dot{I}''_Z=0.362\ 16\angle 41.32^\circ$ A

加上标准分路电阻($R_f=0.06\ \Omega$)时，轨道电路始端的电压和电流：

$$\dot{I}_{Sf}=\dot{I}''_S+\frac{\dot{U}''_S}{R_f}$$
$$=0.362\ 16\angle 41.32°+0.526\ 37\angle 79.47°/0.06$$
$$=9.060\ 4\angle 78.06°\ \mathrm{A}$$

$$\dot{U}_{Sf}=\dot{U}''_S=0.526\ 37\angle 79.47°\ \mathrm{V}$$

送电端扼流变压器信号线圈的电压和电流：

$$\dot{U}''_{beso}=\dot{A}_{beso}\dot{U}_{Sf}+\dot{B}_{beso}\dot{I}_{Sf}$$
$$=3.051\ 5\angle -0.2°\times 0.526\ 37\angle 79.47°+$$
$$0.033\ 5\angle 13.33°\times 9.060\ 4\angle 78.06°$$
$$=1.904\ 04\angle 81.19°\ \mathrm{V}$$

$$\dot{I}''_{beso}=\dot{C}_{beso}\dot{U}_{Sf}+\dot{D}_{beso}\dot{I}_{Sf}$$
$$=0.229\ 5\angle -80.93°\times 0.526\ 37\angle 79.47°+$$
$$0.328\ 8\angle -0.21°\times 9.060\ 4\angle 78.06°$$
$$=3.003\ 81\angle 75.59°\ \mathrm{A}$$

送电端供电变压器二次线圈的电压和电流：

$$\dot{U}''_B=\dot{U}''_{beso}+\dot{I}''_{beso}\times R_x$$
$$=1.904\ 04\angle 81.19°+3.003\ 81\angle 75.59°\times 4.7$$
$$=16.013\ 9\angle 76.25°\ \mathrm{V}$$

$$\dot{I}''_B=\dot{I}''_{beso}=3.003\ 81\angle 75.59°\ \mathrm{A}$$

交流二元轨道继电器失调角：

$$\beta''=(90°+76.25°)-(90°+70°)=6.25°$$

考虑交流二元轨道继电器失调角，换算为相当于理想相位角时翼板转矩，有分路检查的供电变压器电压：

$$\dot{U}''_{B1}=\dot{U}''_B/\cos\beta''$$
$$=(16.013\ 94\angle 76.25°)/\cos 6.25°$$
$$=16.109\ 7\angle 76.25°\ \mathrm{V}$$

$$\dot{I}''_{B1}=\dot{I}''_B/\cos\beta''=(3.003\ 81\angle 75.59°)/\cos 6.25°$$
$$=3.021\ 77\angle 75.59°\ \mathrm{A}$$

$$送电端分路灵敏度 \approx \frac{\dot{U}''_{B1}}{\dot{U}_{B1}} \times R_f = \frac{16.1097}{11.7433} \times 0.06$$

$$= 0.082\ \Omega > 0.06\ \Omega$$

四、余量计算

根据以上计算可以看出：当受电端分路时，送电端供电变压器的二次供以17.406 6 V以下时，可以保证轨道继电器可靠落下；而当送电端分路时，送电端供电变压器的二次侧供以16.109 7 V以下，才能保证轨道继电器可靠落下，故送电端分路较受电端分路条件恶劣。在计算电压余量时，应取送电端分路时允许供电变压器二次供电的电压值。所以，余量为：

$$K = \frac{16.0139 - 11.5987}{16.0139 + 11.5987} \times 100 = 15.99\% > 8.0\%$$

即余量可达±15.99%，可满足大于±8.0%的要求。

五、轨道继电器端电压的计算

轨道继电器端电压的计算分为两种情况，即道砟电阻分别为最小值和最大值时，送电端供以调整电压时，交流二元轨道继电器轨道线圈上的电压值。

1. 道砟电阻为最小值时轨道继电器端电压

调整电压是按轨道继电器的工作值为15 V求得的供电电压值。经过轨道传输以后，产生失调角。如果使轨道继电器翼板达到与在理想相位时供以工作值电压相同转矩，则轨道继电器端电压应为：

$$U_{Jmin} = 15.0/\cos\beta = 15.0/\cos 9.0° = 15.19\ \text{V}$$

即轨道继电器最低端电压值。

2. 道砟电阻为最大值时轨道继电器端电压

从调整状态计算可知：当要求供给轨道继电器15 V电压时，轨道电路终端的电压和电流为：

$$\dot{U}_Z = 0.4356\angle 72.70°\ \text{V}$$

$$\dot{I}_Z = 0.8231\angle 41.32°\ \text{A}$$

当道砟电阻为最大值时，轨道电路始端的电压和电流：

$$\begin{aligned}\dot{U}_S &= \dot{U}_Z + \dot{I}_Z \dot{Z}_g l \\ &= 0.4356\angle 72.70° + 0.8231\angle 41.32° \times \\ &\quad 0.62\angle 42° \times 1.5 \\ &= 1.19632\angle 79.47°\ \text{V}\end{aligned}$$

$$\dot{I}_S = \dot{I}_Z = 0.8231\angle 41.32°\ \text{A}$$

送电端扼流变压器信号线圈的电压和电流：

$$\begin{aligned}\dot{U}_{beso} &= \dot{A}_{beso}\dot{U}_S + \dot{B}_{beso}\dot{I}_S \\ &= 3.0515\angle -0.2° \times 1.19632\angle 79.47° + \\ &\quad 0.0335\angle 13.33° \times 0.8231\angle 41.32° \\ &= 3.67566\angle 79.07°\ \text{V}\end{aligned}$$

$$\begin{aligned}\dot{I}_{beso} &= \dot{C}_{beso}\dot{U}_S + \dot{D}_{beso}\dot{I}_S \\ &= 0.2295\angle -80.93° \times 1.19632\angle 79.47° + \\ &\quad 0.3288\angle -0.21° \times 0.8231\angle 41.32° \\ &= 0.5080\angle 19.66°\ \text{A}\end{aligned}$$

送电端供电变压器二次线圈的电压：

$$\begin{aligned}\dot{U}_{B2} &= \dot{U}_{beso} + \dot{I}_{beso} \times R_x \\ &= 3.67566\angle 79.07° + 0.5080\angle 19.66° \times 4.7 \\ &= 5.30501\angle 56.28°\ \text{V}\end{aligned}$$

在一般情况下，现场在调整轨道电流时，考虑工作可靠，按调整参考表的给出值电压再提高 10%，例如当调整电压计算值为11.743 3 V时，轨道继电器最高端电压：

$$U_{jmax} = 1.1 \times \frac{U_{B1}}{U_{B2}} \times 15 = 1.1 \times \frac{11.7433}{5.30501} \times 15 = 36.5\ \text{V}$$

第三节　一送多受或带无受电分支时轨道电路的计算

一、调整状态计算

一送多受时轨道电路的计算较一送一受时复杂，主要是对道岔分歧的处理。一般按从一个受端算起，遇分歧处将其他分支连同受端折合成阻抗值并联在电路上,一直推算至轨道变压器二次侧,求出其电压值。并根据求得的失调角,求出折合成等效于该送电端轨道继电器在理想相位角的状态下满足工作值时翼板转矩的供电变压器的二次侧电压。

然后,再从其他受电端算起,按同样方法求得供电变压器的二次侧的电压值。从各次求得的供电变压器二次侧电压值(均经失调角调整后)中,取其最大者作为调整电压。而不采用在分歧处取要求电压较高分支的电压,而将要求电压较低的分支折合成阻抗,并联于电路上。因为从不同起点计算时,所得失调角不同,若采用此种计算方法,如遇失调角相差很大,就有可能不保证所有受电端的轨道继电器均可靠吸起。对于无受电分支,则将该分支阻抗值并联于电路进行计算。

二、分路检查计算

一送多受时的轨道电路,由于其各种条件复杂,不同于单纯一送一受时的轨道电路,根据使用微机计算结果表明:两者分路最不利地点不同,一送一受时均在送电端或受电端;而前者则没有固定的几个地点,不同布置有不同地点,因此在进行分路检查计算时,为求得最不利的分路地点,而必须逐点进行检查。如果使用计算器进行计算,很难满足要求,然而微机的大量使用,给轨道电路计算创造了有利条件。

以一送两受三扼流(不带无受电分支)时的轨道电路为例,分路最不利地点既不在送电端,也不在受电端,而是在岔尖处。所以计算时,分路地点就不能仅限于送电端和受电端,而需从受电端起,每隔一段距离做一次分路检查,直至送电端。在遇分歧处,则取要求较高电压分支的电压,对要求较低电压分支,则作为阻抗并联于电路。求得保证轨道继电器可靠释放时供电变压器允许供电电压值,再计算该分路点的电压余量。从每一个分路点所求得的余量中选取其最小者,视其能否达到大于 8.0 的最低要求。

在信号电路中,一送多受时的轨道区段的轨道复示继电器是由全部轨道继电器前接点串联后控制的。一次分路检查计算中可按保证至少有一个轨道继电器可靠落下来考虑。

对无受电分支,因分路最不利地点在分支末端,故在分支上则不需要进行逐点检查。

第十二章　97 型 25 Hz 相敏轨道电路图册

中华人民共和国铁道部标准图《97 型 25 Hz 相敏轨道电路图册》(通号〔99〕0047)于 1999 年编制完成。原铁道部建设管理司建技〔1999〕107 号文“关于批准《97 型 25 Hz 相敏轨道电路图册》为部标准图的通知,工程、建筑、通号总公司,通号总公司设计院,各铁路局:根据部标准设计计划,由通号总公司研究设计院修编的《97 型 25 Hz 相敏轨道电路图册》通号〔99〕0047 标准图,经部批准,现予公布,自 2000 年 2 月 1 日起使用。原《25 Hz 相敏轨道电路图册》(电号 0047)同时停止使用。”

1. 目前电气化区段车站内大量采用的旧型 25 Hz 相敏轨道电路是 1978 年年底开始研制的。因其设备具有简单耐用、便于掌握、故障率低等优点,故至今已在数千公里电气化区段车站采用并在电务装备政策中定为推广制式。但随着国内现场大量运用,逐步暴露出一些急待克服的技术缺陷:

(1)抗冲击干扰能力低,不平衡牵引电流达10 A时轨道继电器会出现瞬间落下或吸起的错误,引起轨道电路不能正常工作。

(2)原设计、施工和器材标准不规范

①交流二元继电器因未进行优化设计使电牵引力偏小,造成后接点压力较小及工艺上的其他问题,曾发生过翼片卡阻使接点断电后不落。

②电源屏容量配置不合理,25 Hz 主、副电源倒换时,变频器发生持续时间不定的电振荡,并伴随输出的 25 Hz 电压严重不稳定。

③受电端不设扼流变压器,增大干扰。

④空扼流设计不合理,而引起电码化工作不正常。

(3)不适应新形势的需要

①股道有效长度短

我国不少线路区段已开始将股道有效长由原来的850 m增至1 050 m,受梯形道岔的影响,正线股道的实际长度已增加,可达 1 300～1 400 m,故原制式极限长度仅为1 200 m,已不再适应新情况的需要。

②不适应提速和采用大功率电力机车的需要

近年来大功率电力机车在我国被愈来愈多地采用,而且单机牵引的定数和速度也在增加,铁路列车的全面提速和某些线路区段组织开行了重载列车,致使接触网网流不断增大,流经扼流变压器的回归电流相应地也随之增大,不少区段的正线已大大超过400 A,尤其在靠近牵引变电所附近、接吸上线的扼流变压器中点处流过的电流更大。经有关单位在襄渝线实测后,发现回归电流分别为560 A和860 A。原制式的扼流变压器只有400 A一种类型,显然已不能满足实际需要。

③不适应电码化和超速防护的要求

超速防护要求信息量较多,且多为千赫以上的较高频率。而现有的 25 Hz 相敏轨道电路器材的设计未考虑传输机车信号信息的需求,国产移频(千赫以下)电码化时,虽铁损较大尚能保证入口电流值,但已无多大余量,而要求入口电流更大和信号频率更高时的电码化将进一步恶化轨道电路。

对于现场产生的新情况,作为一个适用性广和实用性强的制式就必须考虑和满足这些新要求,故对它进行系统的改进研制是十分必要,为此原铁道部立项由北京全路通信信号研究设计院组织攻关,研制“97 型 25 Hz 相敏轨道电路”系统及其配套器材。

2. “97 型 25 Hz 相敏轨道电路”系统及其配套器材是针对原“25 Hz相敏轨道电路”存在抗干扰能力差,传输距离短等问题的基础上进行研制的,经襄渝线花果和黄家营站试用及陇海线华山站和宝成线徽县站的扩大试用,“97 型 25 Hz 相敏轨道电路”比原“25 Hz 相敏轨道电路”主要技术指标明显提高。

(1)该系统抗不平衡电流冲击干扰能力由原来10 A提高到60 A。

(2)轨道电路的极限长度由原来的1 200 m提高到1 500 m,可适应重载和提速发展的要求。

(3)“97 型 25 Hz 相敏轨道电路”配套器材指标确定合理,满足系统要求。

(4)研制的 25 Hz 相敏轨道电路专用仪表能满足日常维护和测试的要求。

该课题立项正确,理论依据充分,系统达到了国内领先水平,主要技术指标达到国际先进水平。

“97 型 25 Hz 相敏轨道电路”系统于 1997 年 10 月 20 日在十堰通过铁道部鉴定,建议推广使用。

3. 原铁道部技术鉴定后,专题组立即投入编制部标准图的工作,由于目标明确,同时有前期工作的基础,因此在 1999 年顺利完成“97 型 25 Hz 相敏轨道电路图册”的编制任务,并且全部采用计算机编制。

《97 型 25 Hz 相敏轨道电路图册》(通号〔99〕0047)标准图在全路交流电气化区段的站内采用,完全替代原图册。分别在西陇海、襄渝、株六、宝成、京广、哈大、石太、京沈等线的站内采用。

《97 型 25 Hz 相敏轨道电路图册》通过对器材参数进行优化设计,从系统上提高了抗冲击干扰的能力,并且延长轨道电路的极限长度。因此降低了轨道电路故障率,确保了行车安全,提高了运输效率,避免了因股道有效长的增加可能造成轨道电路的分割,引起相应设备和投资增加的不合理。特别是在今后提速重载运行的条件下更能节省投资。故 97 型 25 Hz 相敏轨道电路的使用,取得良好的经济效益和重大的社会效益。

第一节　编制说明

一、适用范围

1. 适用于钢轨内牵引总电流不大于 800 A,钢轨内不平衡牵引电流不大于 60 A 的交流电气化区段的站内及预告的轨道区段。

2. 适用于非电气化区段的站内及预告的轨道区段。

二、技术条件

1. 实施范围

(1)除驼峰溜放部分的道岔区段外,铁路电气化区段内的车站站内及预告的轨道区段。

(2)邻近铁路电气化区段的非电气化区段的车站内,需防护电力牵引电流干扰的站内及预告的轨道区段。

2. 技术条件

(1)必须满足铁路信号安全设备的“故障—安全”的原则。出现故障时应有可靠的分路检查。

(2)适用于钢轨内连续牵引总电流不大于800 A,钢轨内不平衡牵引电流不大于60 A的交流电气化区段的站内及预告的轨道区段。

(3)无电力机车行驶的区段可采用无扼流变压器的轨道电路。

(4)电源应采用集中调相方式以保证轨道电路对相位的要求。

(5)在最不利条件下,轨道继电器线圈上的电压应不大于50 V,调整和分路时的有效电压分别为不小于15 V和不大于7.4 V。

(6)由一个轨道分频器分束向室外供以 25 Hz 轨道电源时,任一束发生短路故障时能自动将该束的供电切除,保证不影响其他束的正常供电。

(7)电气集中车站的停电监督设备,对局部电源和轨道电源的停电或断电均应能监督。

(8)在频率为 25 Hz 电源电压为 160～260 V范围内,钢轨阻抗不大于 $0.62\angle 42^\circ\ \Omega/\text{km}$、道砟电阻最小值不小于0.6 Ω·km时,极限长度范围内能可靠地满足调整和分路检查的要求,并实现一次调整。当该段轨道电路的轨道变压器兼作机车信号发码电源时,极限长度范围内应可靠地满足机车信号入口电流的要求。

(9)一送一受和一送多受轨道电路的电压调整余量 K 应不小于8.0%,其计算公式为:

$$K=(U_F-U_T)/(U_F+U_T)\times 100\%$$

式中 U_T——满足调整状态轨道变压器需供给的最小电压;

U_F——满足最不利地点的分路检查,轨道变压器允许供给的最大电压。

(10)一送一受的双扼流和无扼流变压器的轨道电路,其极限长度应达1.5 km。

(11)一送多受的轨道电路在任意地点分路时,需保证至少有一个受电端的轨道继电器应可靠落下。

(12)凡允许附带不大于65 m(由并联起点道岔岔心算起)的无受电分支时,分支末端应有可靠的分路检查。

(13)凡装有空扼流变压器的轨道电路,对其进行的补偿措施,应兼顾电码化对机车信号信息的传输要求。

三、97 型 25 Hz 相敏轨道电路与原有 25 Hz 相敏轨道电路的比较

97 型 25 Hz 相敏轨道电路具有以下几个优点:

1. 大大提高了系统抗冲击干扰的能力,即抗不平衡牵引电流的量值由原来的10 A提高到60 A,从而可大大改善目前现场应用中出现的“闪红”现象。

2. 延长了轨道电路极限长度,由原来的1 200 m延长1 500 m,从而使系统适应性更强。并且在电源、钢轨阻抗和极限长度等相同条件下,97 型 25 Hz 相敏轨道电路比原 25 Hz 相敏轨道电路更适用于低道床区段。

3. 97 型25 Hz 相敏轨道电路的器材考虑了移频等机车信号信息传输的要求。

4. 97 型25 Hz 相敏轨道电路一个轨道区段可设置四个扼流变压器,突破了原有 25 Hz 相敏轨道电路关于设置扼流变压器的规定,即一个轨道区段不允许设置超过三个扼流变压器的限制。

5. 97 型25 Hz 相敏轨道电路受电端至继电器室的电缆电阻由原来的 100 Ω 提高到150 Ω。

四、基本技术性能

1. 在电源频率为 50 Hz、电压为 160～260 V范围内,钢轨阻抗不大于 0.62∠42° Ω/km、道砟电阻最小值不小于0.6 Ω·km时,图册中所提供的 25 Hz 相敏轨道电路在满足各相关条件的前提下能可靠满足调整和分路的要求,并能实现一次调整,不需随季节或气候变化而调整。

2. 相邻的两轨道区段间实行相位交叉,以保证对绝缘破损有可靠的防护。

3. 凡允许包括的无受电分支,自岔心到分支末端绝缘节的距离不超过65 m。

4. 不带无受电分支和空扼流的一送一受轨道电路的极限长度为:

双/无扼流变压器	1.5 km;
双/无扼流变压器(道砟电阻为1.5 Ω·km)	2.2 km;
双/无扼流变压器(道砟电阻为1.0 Ω·km)	2.0 km。

5. 每个轨道区段仅允许设一个空扼流变压器。

6. 在无迂回电路的条件下,任何故障均有可靠的分路检查。

五、设计的一般原则

除下述特殊说明的事项外,其余均应符合电气化区段信号设备的其他相关规定。

1. 轨道区段的划分(包括送、受电端设备,无受电分支数,空扼流的设置)、送电端设置电阻、受电端变压器的变比、受电端调整电阻、区段各分支长度等,均应符合本图册原理图及调整参考表中所给出的相关数据。

2. 相邻的轨道电路应按相位交叉的原则配置。

3. 轨道电路的接配线应严格按照同名端相连的原则执行。

4. 当电气化区段相邻的两个轨道区段有一根轨相连时,应加装绝缘以保证两轨道区段彻底隔开(例如,交叉渡线处相邻的上、下两个轨道区段应加装绝缘)。

5. 凡装设的空扼流变压器均应补偿,其补偿原则既要考虑 25 Hz 相敏轨道电路信息的传输,又要兼顾机车信号信息的传输。因此,在不同制式的自动闭塞区段,对站内 25 Hz 相敏轨道电路的空扼流变压器的补偿所需的补偿器(BCQ)应随不同的机车信号制式而异。其接线方式如图 12—1 所示。

6. 与采用 25 Hz 交流计数电码制式的自动闭塞区间衔接处,为确保绝缘破损防护,应与站内轨道区段实现相位交叉。

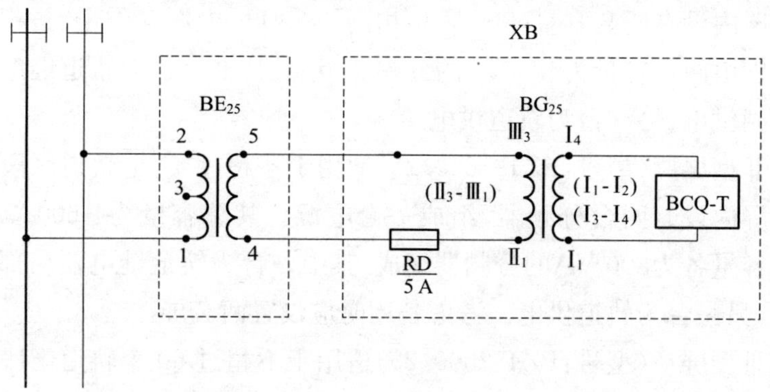

图 12—1　空扼流变压器电路图

7. 一个轨道区段内，设置扼流变压器的个数最多为四个（其中包括空扼流变压器）。

8. 功率消耗：

(1)每段轨道电路的平均功耗为：

有扼流变压器　20 VA；

无扼流变压器　30 VA。

(2)每个轨道继电器的局部线圈功耗为6. 5 VA。

9. 电缆的使用

(1)电码化区段的发码用电缆应满足机车信号传输信息的要求。

(2)轨道电路电源屏至送电端轨道变压器一次侧的电缆允许压降为30 V。计算干线供电的电缆芯线时，每段轨道电路应分别按下列给出值考虑：

电气化区段　　　　0. 10 A；

非电气化区段　　　0. 14 A。

(3)受电端轨道变压器至继电器室的电缆电阻不大于150 Ω。

(4)送、受电端轨道变压器与扼流变压器间相连电阻不大于0. 3 Ω。

10. 电源

(1)相敏轨道电路所需电源由专用的 97 型 25 Hz 轨道电源屏供给。共有以下四种不同容量的电源屏可供设计选用。

Ⅰ型屏　（型号：PXT-800/25）适用于不超过 20 个轨道区段的车

站。屏内设有两套容量(800 VA)相同的 25 Hz 电源互作主、备用。每套分别由两台容量为400 VA的分频器组成,其中一台为轨道继电器局部线圈供电,另一台为轨道供电。

Ⅱ型屏 (型号:PZT-1600/25)适用于不超过 40 个轨道区段的车站。屏内设有两台分频器,组成一套电源。其总容量为1 600 VA,由两台容量各为800 VA的分频器组成,其中一台为轨道继电器局部线圈供电,另一台为轨道供电。考虑备用时应设置两套屏。

Ⅲ型屏 (型号:PZT-2000/25)适用于不超过 60 个轨道区段的车站。屏内设有两台分频器,组成一套电源。其总容量为2 000 VA,其中一台容量为1 200 VA的分频器为轨道供电,另一台容量为800 VA的分频器为轨道继电器局部线圈供电。考虑备用时应设置两套屏。

Ⅳ型屏 (型号:PDT-4000/25)适用于不超过 120 个轨道区段的车站。由两个屏组成一套电源,其总容量为4 000 VA。其中一个屏容量为2 400 VA,分别由两台容量为1 200 VA的分频器组成,为轨道供电;另一个屏容量为1 600 VA,分别由两台容量为800 VA的分频器组成,为轨道继电器局部线圈供电。考虑备用时应设置两套电源。

(2)电源屏所需的 50 Hz 输入电源,直接经由电力配电箱供给,25 Hz电源屏内设置两路电源切换装置及24 V直流电源。25 Hz 电源屏容量在1 500 VA以下时,可直接引入两路单相电源。如为利于三相电源平衡,容量在1 500 VA以上时,宜引入两路三相电源,并经三相电源均衡器后,供出 50 Hz 单相电源,再经 25 Hz 分频器供出 25 Hz 轨道和局部电源。要求 50 Hz 输入电压的波动范围为 160～260 V,以保证 25 Hz 电源屏正常输出,其输出电压为220 V±6.6 V。

六、有关设计的其他问题

1. 交流二元轨道继电器的后接点不得在电气集中或其他信号设备的控制和表示电路内使用。

2. 在电气化区段使用时,交流二元轨道继电器的复示继电器应采用 JWXC-H310 型缓动继电器,其有关特性见表 12—1。

表　12—1

机械特性		电气特性(+20℃时) V				时间特性(DC24V) s	
鉴别销号	接点组数	额定值	充磁值	释放值	工作值	缓吸时间	缓放时间
23、54	8QH	24	66	≥4	≤15	0.4±0.1	0.8±0.1

该继电器的线圈使用端子编号及各接点端子编号同普通继电器。该继电器缓动时间的确定考虑以下因素：

机车长度不小于11 m，轨道区段长度不小于37 m及列车运行速度不大于160 km/h。在非电气化区段则对轨道复示继电器无此特殊要求。

3. $JRJC_1$-70/240 型交流二元继电器的电气特性见表 12—2。

表　12—2

局部线圈		轨道线圈			轨道电流滞后于局部电压的理想相位角
额定电压 V	电流值不大于 A	工作值不大于		释放值不小于	
		电压 V	电流 A	电压　V	
110	0.10	15	0.04	8.6	157°±8°

该继电器的局部线圈编号为 1、2，轨道线圈编号为 3、4，其插座编号如图 12—2 所示，接点组为 2Q、2H，鉴别销号为 11、12，该继电器的线圈编号 1 和 3 在电路中规定为同名端。

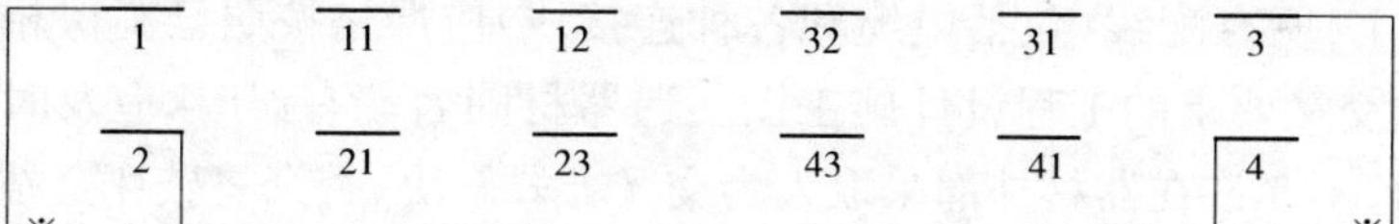

图 12—2　$JRJC_1$-70/240 型交流二元继电器插座编号图

4. 当两个场(站)分别由两个独立的 25 Hz 电源屏供电时，如其间联络的轨道电路采用相敏轨道电路制式时，为确保绝缘破损的防护，两场(站)间衔接处的相邻轨道区段应实现相位交叉。

5. 为检查 25 Hz 电源是否停电，需在屏外增设停电监督继电器，每个轨道线束设一个。其原理如图 12—3 所示。

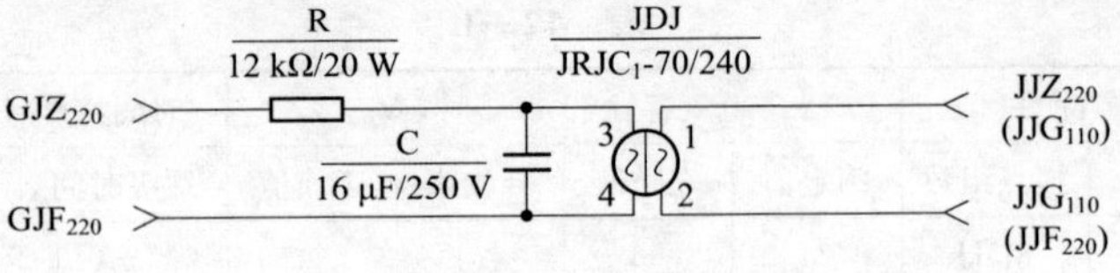

图 12—3　停电监督继电器电路图

6. 设计中,局部电源的分束应与轨道电源的分束数量相同,以一个局部线束和一个轨道线束为一组,每一个轨道区段的轨道电源和局部电源应由同一组线束供电。

7. 设计移频电码化电路时,所需使用的轨道电路条件应取自无缓放的轨道第一级复示继电器。

8. 电码化时,发送设备的电气指标应依据轨道电路的极限长度和相应的防雷设备参数确定,以免机车信号不能稳定工作,甚至影响轨道电路的正常工作。

9. 电源屏所供给每段轨道电路的功耗是以有扼流变压器的轨道电路确定的。如果将其运用于无扼流变压器的区段,则应依据轨道区段的数量和无扼流变压器的轨道电路的每段功耗选定相应的电源屏。

七、施工和维修

1. 所有配线(包括电缆和各种连接线)应严格按照已确保相位和相位交叉要求的工程设计施工图。遇器材同名端有误时,应及时更换器材,不允许在器材外部采取人为交叉方式解决;否则将破坏全站的相位交叉。

2. 轨道电路的调整

(1)本图册中所有类型的轨道电路均应在送电端进行调整,调整的方法为改变轨道变压器的输出端子,以找出合适的输出电压,送电端限制电阻应按参考调整表中相应的规定值选取。

(2)所有受电端轨道变压器的变比和受电端加串的电阻,均应按参考调整表中的给出值选取。

八、有关说明

1. 调整表

通号〔99〕0047 图册所给出的调整表只作为参考表，是由以下因素决定的：

(1)一送一受轨道电路(不带无受电分支和空扼流)虽给出了各种长度，送电端轨道变压器输出侧应供给的调整电压值，但该表是按照特定参数(包括所有器材的阻抗幅角、电缆、引接线和各种接触电阻、钢轨阻抗模值及均匀分布的漏泄等)计算而得。实际上，现场的轨道电路在允许范围内其参数却千差万别。另外在计算时按 25 Hz 正弦和线性考虑，而实际上，25 Hz 电源的波形为非正弦，电路中使用的铁磁元件也非线性元件，故计算值与实际情况是有差异的。

(2)其他制式的轨道电路同样也存在参数的差别。即使假定参数无差别时，尚有其他情况的差异存在，诸如因道岔布置、空扼流变压器和无受电分支的位置、各分支的长度等不同而异，在所给定的范围内也有几十种到上百种互不相同的情况，理想化计算时的计算结果也不相同。故这类轨道电路调整表中的调整电压(U_B)是由计算机按额定器材参数对可能遇到几百种情况计算后，比选出其中的最大值和最小值。同理，道砟电阻最大和最小时，轨道继电器端电压也是按上述原则选取的。

因此，轨道电路要做到一次调整，一般应经历一次雨季(漏泄最大时)把轨道继电器端电压调整到不低于表中所列最小值，并确认翼片接触上止轮；晴天后再检查能否确保分路，如分路良好则该区段即能实现一次调整。

2. 图册中产品型号选用的一般原则

(1)扼流变压器的选用

①非正线轨道区段应采用 BE1-400/25和 BE2-400/25型。

②正线轨道区段应采用 BE1-600/25 和 BE2-600/25 型。

③靠近牵引变电所的车站或有较大牵引电流流过的车站应采用 BE1-800/25 和 BE2-800/25 型。

④对于实施移频电码化的轨道区段须采用400 Hz铁芯的扼流变压器。

(2)轨道变压器的选用

对于实施移频电码化的轨道区段须采用400 Hz铁芯的轨道变压器。

(3)变阻器应采用固定抽头的电阻 R_1-4. 4/440 型。

(4)补偿防护器采用 FB-1 型和 FB-2 型。

第二节　原理图说明

一、图册代号说明

图册中原理图代号说明见表 12—3。

表　12—3

顺序	名　称	代　号	产品型号
1	轨道变压器	BG_{25}	BG2-130/25(400 Hz铁芯) BG3-130/25(50 Hz 铁芯)
2	交流二元轨道继电器	GJ	$JRJC_1$-70/240
3	防护盒	HF	HF2-25
4	扼流变压器	BE_{25}	BE1-400/25(400 Hz铁芯) BE1-600/25(400 Hz铁芯) BE1-800/25(400 Hz铁芯) BE2-400/25(50 Hz 铁芯) BE2-600/25(50 Hz 铁芯) BE2-800/25(50 Hz 铁芯)
5	电阻器	R_x	R_1-4. 4/440
6	电阻器	R_S	R_1-4. 4/440
7	补偿防护器	QFB	FB-1、FB-2

二、相敏轨道原理图

1. 相敏轨道电路单元图(见图 12—4)

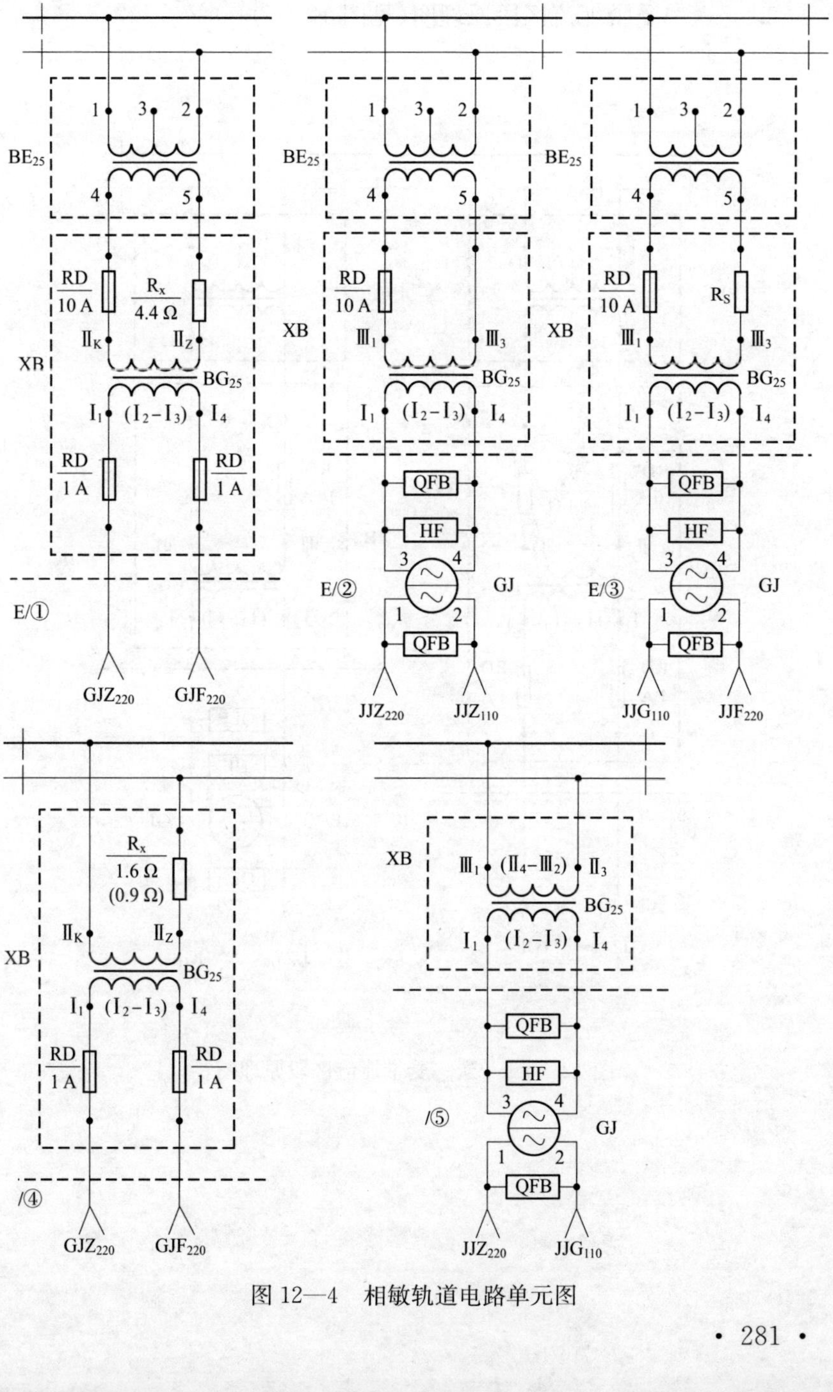

图 12—4　相敏轨道电路单元图

2. 一送一受带扼流区段原理图(见图 12—5)

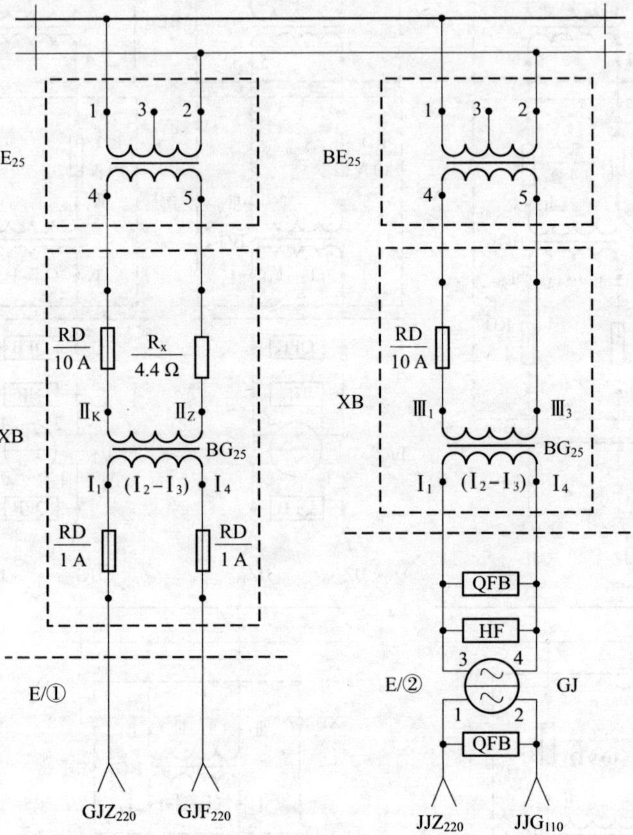

图 12—5 一送一受带扼流区段原理图

3. 一送一受不带扼流区段原理图(见图 12—6)

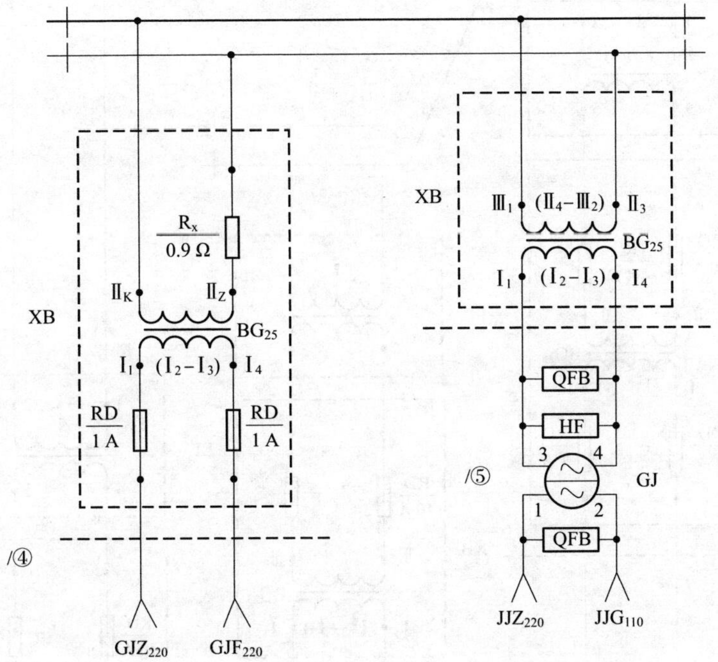

图 12—6　一送一受不带扼流区段原理图

4. 一送两受带扼流区段原理图(见图 12—7)

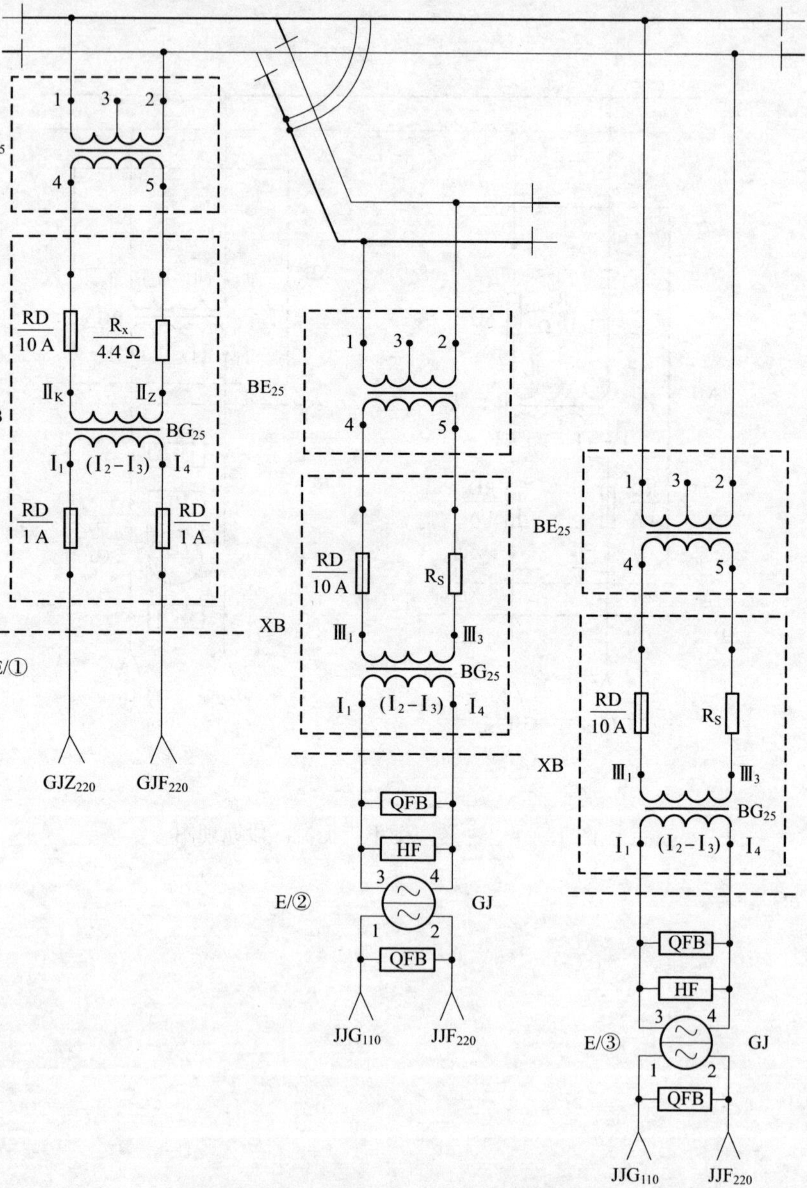

图 12—7　一送两受带扼流区段原理图

5. 一送两受不带扼流区段原理图(见图 12—8)

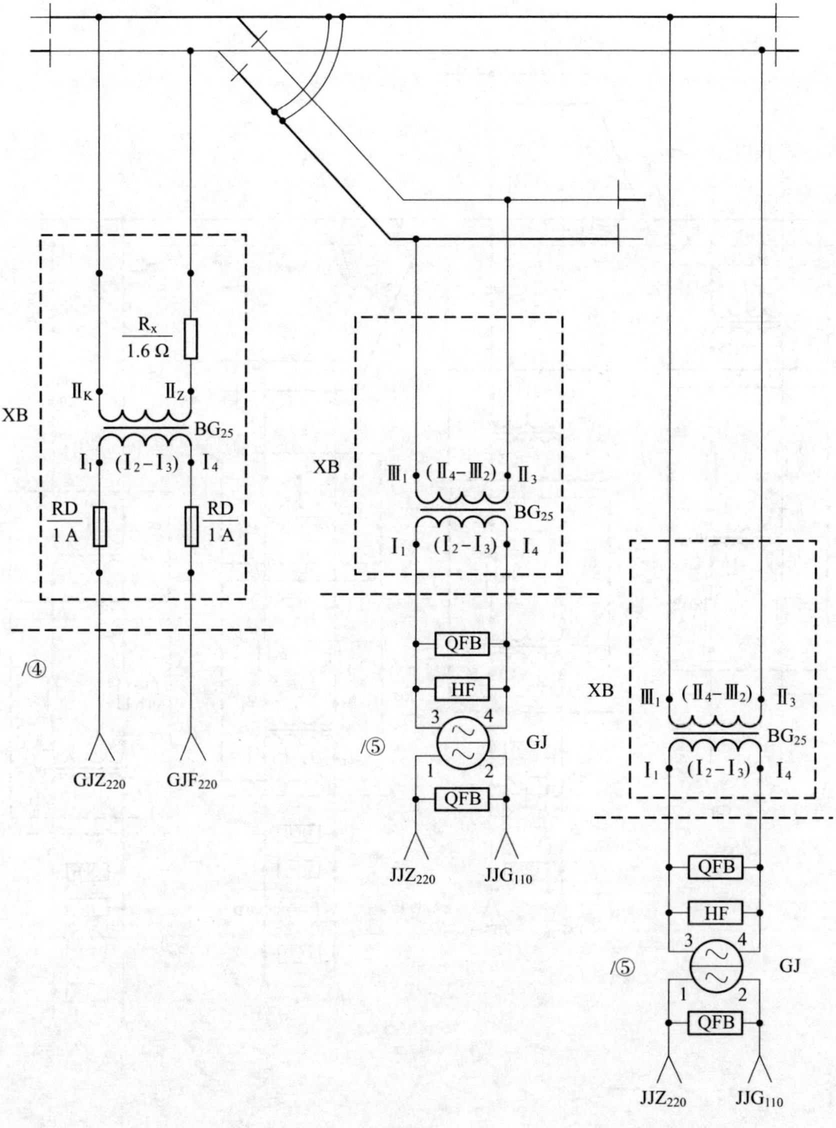

图 12—8　一送两受不带扼流区段原理图

6. 一送三受带扼流区段原理图(见图 12—9)

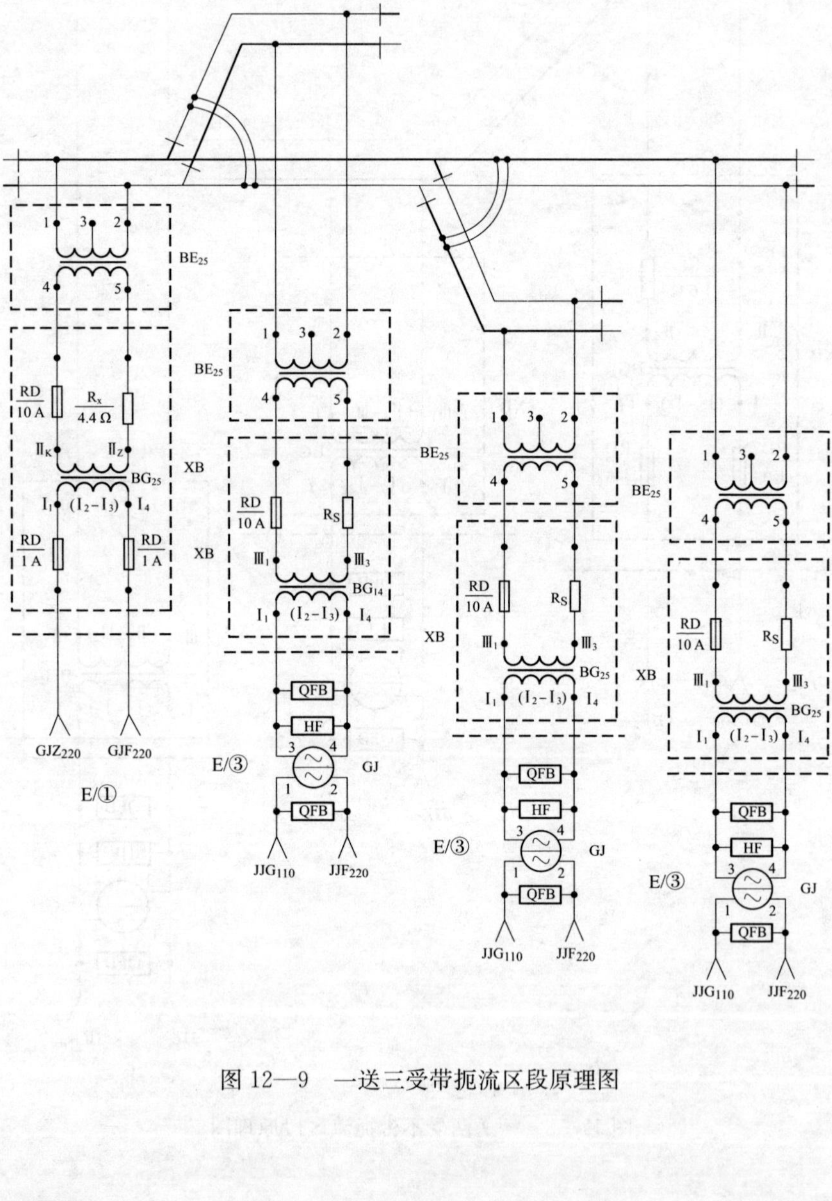

图 12—9 一送三受带扼流区段原理图

7. 一送三受不带扼流区段原理图(见图 12—10)

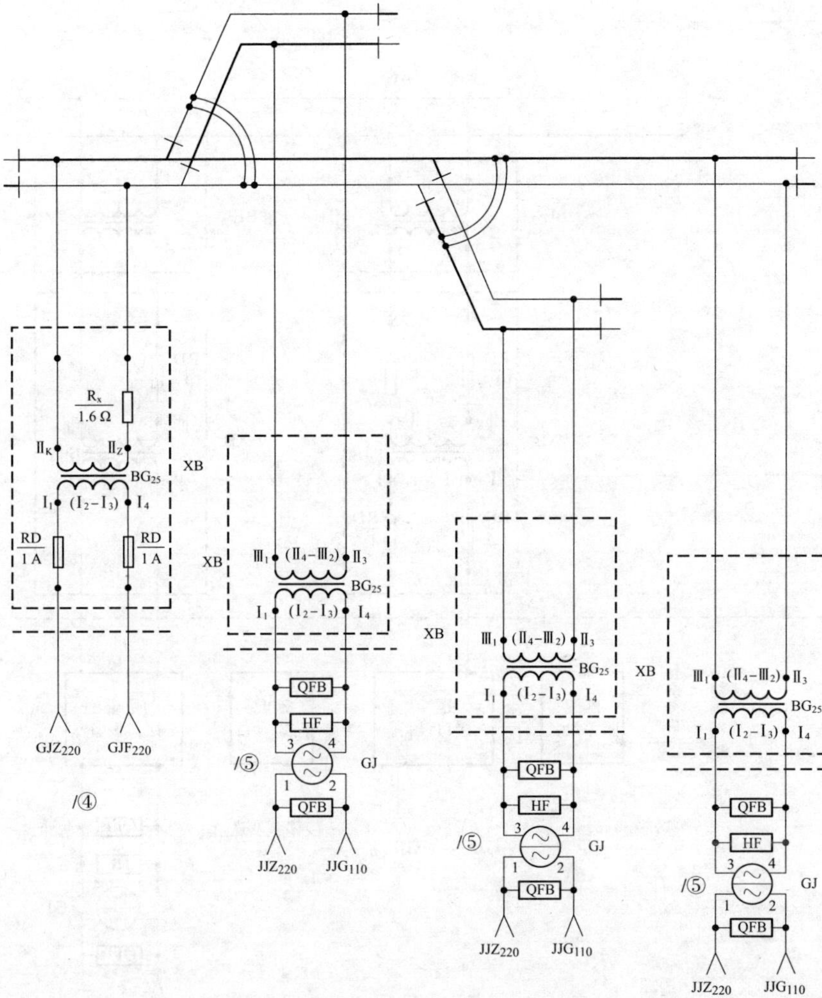

图 12—10　一送三受不带扼流区段原理图

8. 相敏轨道电路移频电码化原理图(见图 12—11)

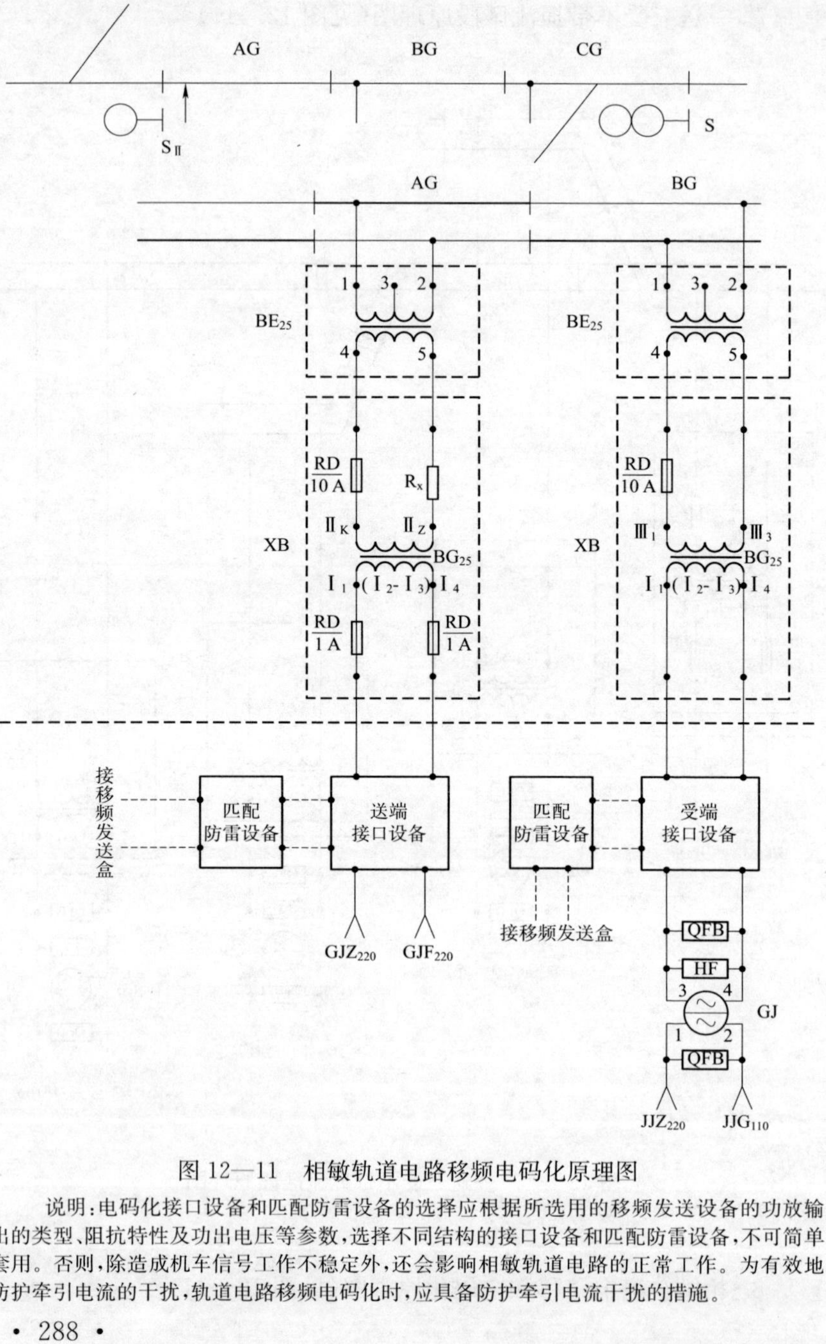

图 12—11　相敏轨道电路移频电码化原理图

说明:电码化接口设备和匹配防雷设备的选择应根据所选用的移频发送设备的功放输出的类型、阻抗特性及功出电压等参数,选择不同结构的接口设备和匹配防雷设备,不可简单套用。否则,除造成机车信号工作不稳定外,还会影响相敏轨道电路的正常工作。为有效地防护牵引电流的干扰,轨道电路移频电码化时,应具备防护牵引电流干扰的措施。

第三节　调整表说明

轨道电路在调整状态时，轨道继电器轨道线圈上的有效电压不小于 15 V。用 0.06 Ω 标准分路电阻线在轨道电路送、受电端轨面上分路时，轨道继电器(含一送多受的其中一个分支的轨道继电器)端电压，应不大于 7.4 V，其前接点应断开。

一、参考调整表代号说明

图册中参考调整表代号说明见表 12—4。

表　12—4

顺序	名　　称	代　号	单位	备　　注
1	送端限流电阻	R_x	Ω	
2	受端调整电阻	R_S	Ω	
3	供电变压器二次调整电压	U_B	V	
4	轨道继电器最低端电压	U_{Jmin}	V	
5	轨道继电器最高端电压	U_{Jmax}	V	
6	轨道长度	L	m	不包括分支长度

二、一送一受参考调整表

一送一受参考调整表见表 12—5 到表 12—20。

三、一送两受参考调整表

一送两受参考调整表见表 12—21 到表 12—24。

四、一送三受参考调整表

一送三受参考调整表见表 12—25 到表 12—26。

表 12—5

轨道电路长度 L m	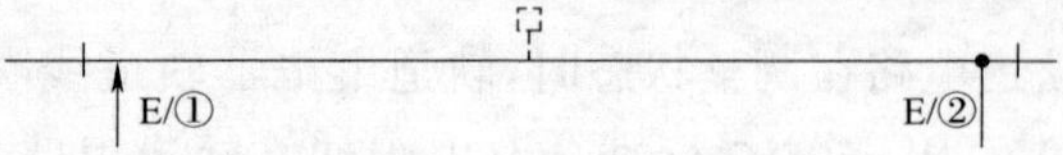									
	无附加扼流					有附加扼流				
	R_x	R_S	U_B	U_{Jmin}	U_{Jmax}	R_x	R_S	U_B	U_{Jmin}	U_{Jmax}
1 500	4.4	0.0	11.7	15.2	36.5	4.4	0.0	12.8	15.3	35.1
1 400	4.4	0.0	10.6	15.1	34.1	4.4	0.0	11.5	15.2	32.9
1 300	4.4	0.0	9.6	15.1	32.0	4.4	0.0	10.4	15.1	30.9
1 200	4.4	0.0	8.7	15.0	30.0	4.4	0.0	9.5	15.0	29.1
1 100	4.4	0.0	7.9	15.0	28.3	4.4	0.0	8.6	15.0	27.5
1 000	4.4	0.0	7.2	15.0	26.7	4.4	0.0	7.8	15.0	26.0
900	4.4	0.0	6.6	15.0	25.3	4.4	0.0	7.1	15.0	24.6
800	4.4	0.0	6.0	15.1	24.0	4.4	0.0	6.5	15.0	23.5
700	4.4	0.0	5.5	15.1	22.9	4.4	0.0	5.9	15.1	22.4
600	4.4	0.0	5.0	15.2	21.8	4.4	0.0	5.4	15.2	21.4
500	4.4	0.0	4.6	15.3	20.9	4.4	0.0	4.9	15.3	20.5
400	4.4	0.0	4.2	15.4	20.1	4.4	0.0	4.5	15.4	19.8
300	4.4	0.0	3.8	15.6	19.4	4.4	0.0	4.1	15.5	19.1
200	4.4	0.0	3.5	15.7	18.7	4.4	0.0	3.8	15.6	18.5
100	4.4	0.0	3.2	15.9	18.2	4.4	0.0	3.5	15.8	18.0

表　12—6

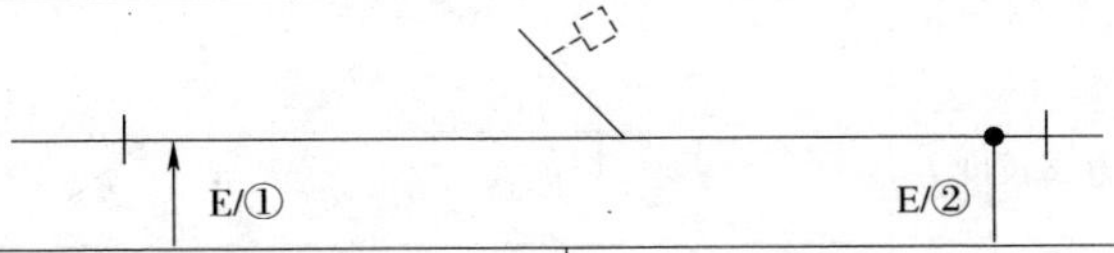

轨道电路长度 L m	无附加扼流					有附加扼流				
	R_x	R_S	U_B	U_{Jmin}	U_{Jmax}	R_x	R_S	U_B	U_{Jmin}	U_{Jmax}
700	4.4	0.0	5.6	15.1	23.4	4.4	0.0	6.0	15.1	22.9
600	4.4	0.0	5.1	15.2	22.4	4.4	0.0	5.5	15.1	21.9
500	4.4	0.0	4.7	15.3	21.4	4.4	0.0	5.0	15.2	21.0
400	4.4	0.0	4.3	15.4	20.5	4.4	0.0	4.6	15.3	20.2
300	4.4	0.0	3.9	15.5	19.8	4.4	0.0	4.2	15.4	19.5
200	4.4	0.0	3.6	15.7	19.1	4.4	0.0	3.8	15.6	18.9
100	4.4	0.0	3.3	15.9	18.6	4.4	0.0	3.5	15.8	18.4

表　12—7

轨道电路长度 L m	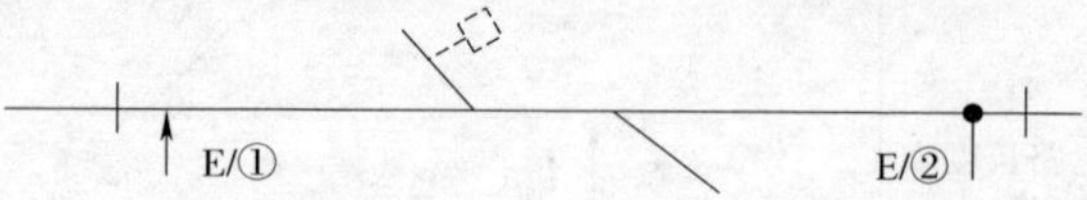									
	无附加扼流					有附加扼流				
	R_x	R_S	U_B	U_{Jmin}	U_{Jmax}	R_x	R_S	U_B	U_{Jmin}	U_{Jmax}
600	4.4	0.0	5.2	15.2	22.9	4.4	0.0	5.6	15.1	22.4
500	4.4	0.0	4.8	15.3	21.9	4.4	0.0	5.2	15.2	21.5
400	4.4	0.0	4.4	15.4	21.0	4.4	0.0	4.7	15.3	20.7
300	4.4	0.0	4.0	15.5	20.2	4.4	0.0	4.3	15.4	19.9
200	4.4	0.0	3.7	15.6	19.5	4.4	0.0	3.9	15.6	19.3
100	4.4	0.0	3.4	15.8	18.9	4.4	0.0	3.6	15.7	18.7

表　12—8

轨道电路长度 L m	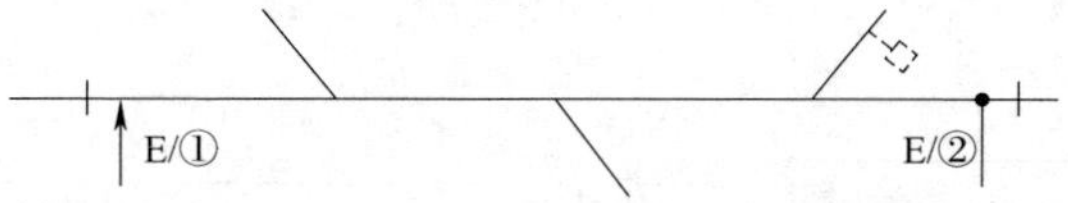									
	无附加扼流					有附加扼流				
	R_x	R_S	U_B	U_{Jmin}	U_{Jmax}	R_x	R_S	U_B	U_{Jmin}	U_{Jmax}
500	4.4	0.0	4.9	15.2	22.4	4.4	0.0	5.3	15.2	22.0
400	4.4	0.0	4.5	15.3	21.5	4.4	0.0	4.8	15.3	21.1
300	4.4	0.0	4.1	15.5	20.7	4.4	0.0	4.4	15.4	20.3
200	4.4	0.0	3.8	15.6	20.0	4.4	0.0	4.0	15.5	19.7
100	4.4	0.0	3.4	15.8	19.3	4.4	0.0	3.7	15.7	19.1

表　12—9

轨道电路长度 L m	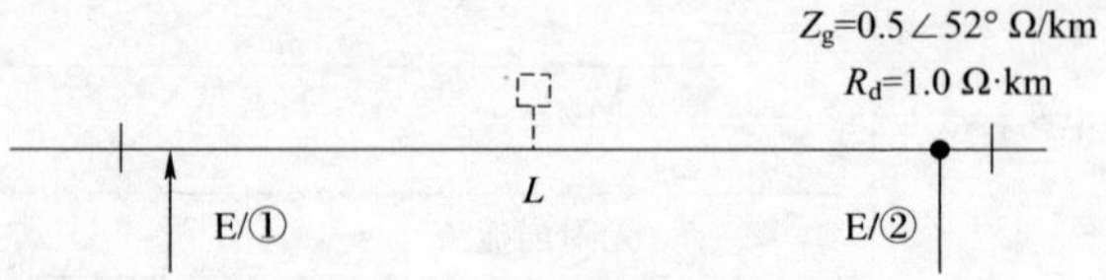									
	无附加扼流					有附加扼流				
	R_x	R_S	U_B	U_{Jmin}	U_{Jmax}	R_x	R_S	U_B	U_{Jmin}	U_{Jmax}
2 000	4.4	0.0	10.5	15.5	31.9	4.4	0.0	11.5	15.5	31.1
1 900	4.4	0.0	9.8	15.3	30.5	4.4	0.0	10.7	15.4	29.8
1 800	4.4	0.0	9.1	15.3	29.2	4.4	0.0	10.0	15.3	28.5
1 700	4.4	0.0	8.5	15.2	28.0	4.4	0.0	9.3	15.2	27.3
1 600	4.4	0.0	7.9	15.1	26.9	4.4	0.0	8.7	15.2	26.3
1 500	4.4	0.0	7.4	15.1	25.8	4.4	0.0	8.1	15.1	25.3
1 400	4.4	0.0	6.9	15.0	24.9	4.4	0.0	7.6	15.0	24.4
1 300	4.4	0.0	6.5	15.0	24.0	4.4	0.0	7.1	15.0	23.5
1 200	4.4	0.0	6.1	15.0	23.2	4.4	0.0	6.6	15.0	22.7
1 100	4.4	0.0	5.7	15.0	22.4	4.4	0.0	6.2	15.0	22.0
1 000	4.4	0.0	5.4	15.0	21.7	4.4	0.0	5.8	15.0	21.4
900	4.4	0.0	5.0	15.1	21.1	4.4	0.0	5.5	15.0	20.8
800	4.4	0.0	4.7	15.1	20.5	4.4	0.0	5.1	15.1	20.2
700	4.4	0.0	4.5	15.2	20.0	4.4	0.0	4.8	15.1	19.7
600	4.4	0.0	4.2	15.3	19.6	4.4	0.0	4.5	15.2	19.3

表　12—10

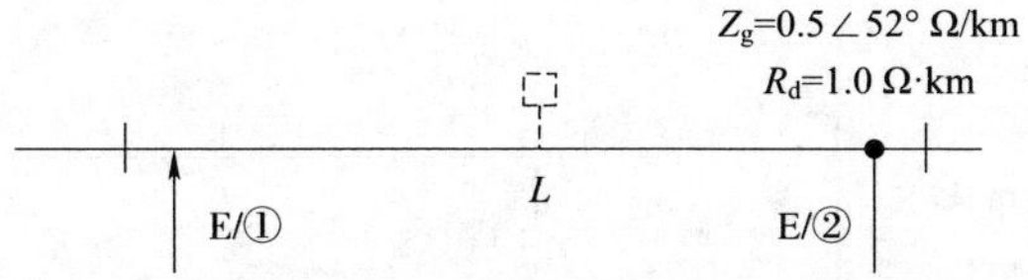

轨道电路长度 L m	无附加扼流					有附加扼流				
	R_x	R_S	U_B	U_{Jmin}	U_{Jmax}	R_x	R_S	U_B	U_{Jmin}	U_{Jmax}
500	4.4	0.0	4.0	15.4	19.1	4.4	0.0	4.3	15.3	18.9
400	4.4	0.0	3.7	15.5	18.8	4.4	0.0	4.0	15.4	18.5
300	4.4	0.0	3.5	15.6	18.4	4.4	0.0	3.8	15.5	18.2
200	4.4	0.0	3.3	15.8	18.1	4.4	0.0	3.6	15.6	17.9
100	4.4	0.0	3.1	15.9	17.9	4.4	0.0	3.4	15.8	17.7

表　12—11

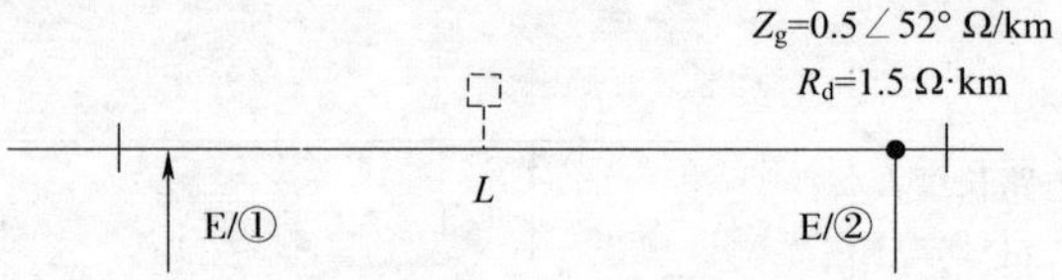

轨道电路长度 L m	无附加扼流					有附加扼流				
	R_x	R_S	U_B	U_{Jmin}	U_{Jmax}	R_x	R_S	U_B	U_{Jmin}	U_{Jmax}
2 200	4.4	0.0	9.5	15.3	27.5	4.4	0.0	10.5	15.3	27.0
2 100	4.4	0.0	9.0	15.2	26.6	4.4	0.0	9.9	15.3	26.1
2 000	4.4	0.0	8.5	15.1	25.8	4.4	0.0	9.4	15.2	25.3
1 900	4.4	0.0	8.0	15.1	25.0	4.4	0.0	8.8	15.2	24.6
1 800	4.4	0.0	7.6	15.1	24.3	4.4	0.0	8.3	15.1	23.9
1 700	4.4	0.0	7.2	15.0	23.6	4.4	0.0	7.9	15.1	23.2
1 600	4.4	0.0	6.8	15.0	23.0	4.4	0.0	7.5	15.0	22.6
1 500	4.4	0.0	6.4	15.0	22.4	4.4	0.0	7.1	15.0	22.0
1 400	4.4	0.0	6.1	15.0	21.8	4.4	0.0	6.7	15.0	21.5
1 300	4.4	0.0	5.8	15.0	21.3	4.4	0.0	6.3	15.0	21.0
1 200	4.4	0.0	5.5	15.0	20.8	4.4	0.0	6.0	15.0	20.5
1 100	4.4	0.0	5.2	15.1	20.4	4.4	0.0	5.7	15.0	20.1
1 000	4.4	0.0	4.9	15.1	20.0	4.4	0.0	5.4	15.0	19.7
900	4.4	0.0	4.7	15.1	19.6	4.4	0.0	5.1	15.1	19.4
800	4.4	0.0	4.4	15.2	19.3	4.4	0.0	4.8	15.1	19.0

表　12—12

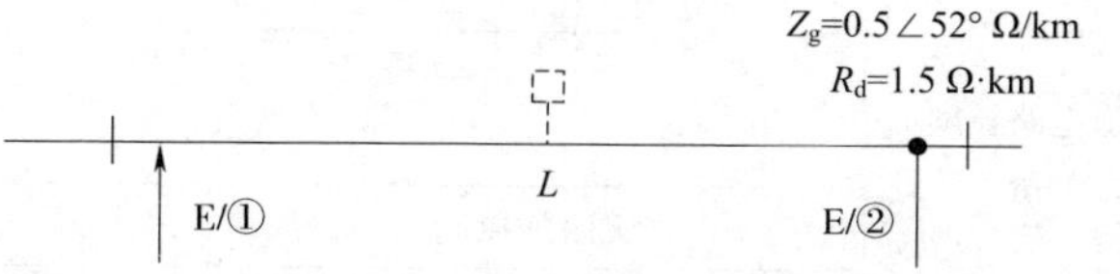

轨道电路长度 L m	无附加扼流					有附加扼流				
	R_x	R_S	U_B	U_{Jmin}	U_{Jmax}	R_x	R_S	U_B	U_{Jmin}	U_{Jmax}
700	4.4	0.0	4.2	15.3	19.0	4.4	0.0	4.6	15.2	18.7
600	4.4	0.0	4.0	15.3	18.7	4.4	0.0	4.3	15.3	18.5
500	4.4	0.0	3.8	15.4	18.5	4.4	0.0	4.1	15.3	18.2
400	4.4	0.0	3.6	15.5	18.2	4.4	0.0	3.9	15.4	18.0
300	4.4	0.0	3.4	15.7	18.1	4.4	0.0	3.7	15.5	17.9
200	4.4	0.0	3.3	15.8	17.9	4.4	0.0	3.5	15.7	17.7
100	4.4	0.0	3.1	16.0	17.8	4.4	0.0	3.3	15.8	17.6

表 12—13

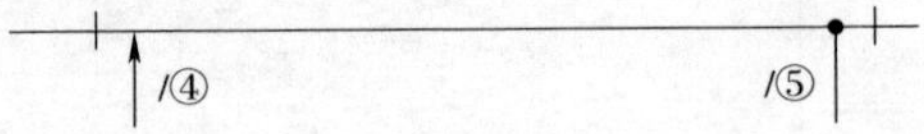

轨道电路长度 L m	无附加扼流					有附加扼流				
	R_x	R_S	U_B	U_{Jmin}	U_{Jmax}	R_x	R_S	U_B	U_{Jmin}	U_{Jmax}
1 500	0.9	0.0	6.0	16.9	49.9					
1 400	0.9	0.0	5.3	16.6	48.0					
1 300	0.9	0.0	4.8	16.4	45.3					
1 200	0.9	0.0	4.3	16.1	41.5					
1 100	0.9	0.0	3.9	15.9	38.1					
1 000	0.9	0.0	3.5	15.7	35.1					
900	0.9	0.0	3.1	15.6	32.4					
800	0.9	0.0	2.8	15.4	29.9					
700	0.9	0.0	2.6	15.3	27.6					
600	0.9	0.0	2.3	15.2	25.6					
500	0.9	0.0	2.1	15.1	23.8					
400	0.9	0.0	1.9	15.1	22.1					
300	0.9	0.0	1.7	15.0	20.5					
200	0.9	0.0	1.6	15.0	19.0					
100	0.9	0.0	1.4	15.0	17.7					

表　12—14

轨道电路长度 *L* m	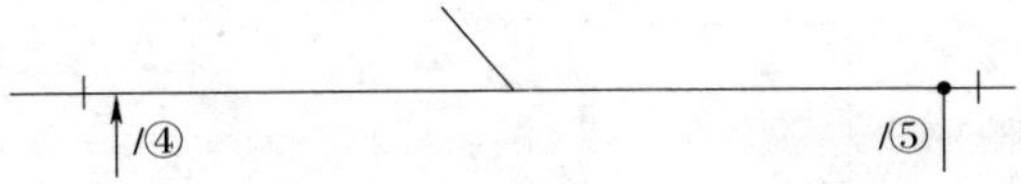									
	无附加扼流					有附加扼流				
	R_x	R_S	U_B	U_{Jmin}	U_{Jmax}	R_x	R_S	U_B	U_{Jmin}	U_{Jmax}
1 000	1.6	0.0	5.2	15.5	40.6					
900	1.6	0.0	4.7	15.4	37.3					
800	1.6	0.0	4.2	15.3	34.2					
700	1.6	0.0	3.8	15.2	31.5					
600	1.6	0.0	3.4	15.1	29.0					
500	1.6	0.0	3.1	15.1	26.7					
400	1.6	0.0	2.8	15.0	24.6					
300	1.6	0.0	2.5	15.0	22.6					
200	1.6	0.0	2.3	15.0	20.8					
100	1.6	0.0	2.0	15.0	19.1					

表 12—15

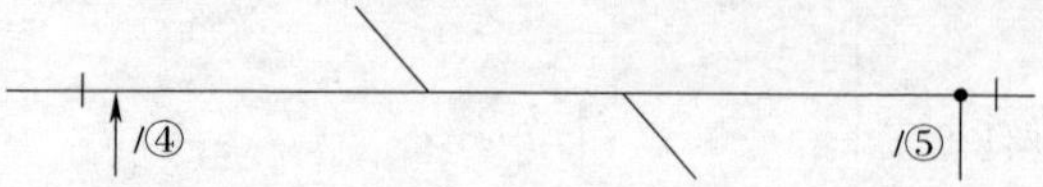

轨道电路长度 L m	无附加扼流					有附加扼流				
	R_x	R_S	U_B	U_{Jmin}	U_{Jmax}	R_x	R_S	U_B	U_{Jmin}	U_{Jmax}
900	1.6	0.0	4.9	15.5	38.8					
800	1.6	0.0	4.5	15.3	35.7					
700	1.6	0.0	4.0	15.2	32.9					
600	1.6	0.0	3.6	15.1	30.3					
500	1.6	0.0	3.3	15.1	27.9					
400	1.6	0.0	3.0	15.0	25.8					
300	1.6	0.0	2.7	15.0	23.8					
200	1.6	0.0	2.4	15.0	21.8					
100	1.6	0.0	2.2	15.0	20.1					

表　12—16

轨道电路长度 L m	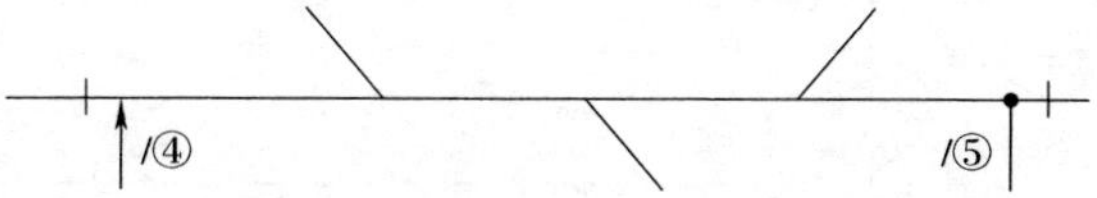									
	无附加扼流					有附加扼流				
	R_x	R_S	U_B	U_{Jmin}	U_{Jmax}	R_x	R_S	U_B	U_{Jmin}	U_{Jmax}
800	1.6	0.0	4.6	15.3	37.0					
700	1.6	0.0	4.2	15.2	34.1					
600	1.6	0.0	3.8	15.1	31.5					
500	1.6	0.0	3.4	15.1	29.1					
400	1.6	0.0	3.0	15.0	26.9					
300	1.6	0.0	2.8	15.0	24.8					
200	1.6	0.0	2.5	15.0	22.9					
100	1.6	0.0	2.3	15.0	21.1					

表　12—17

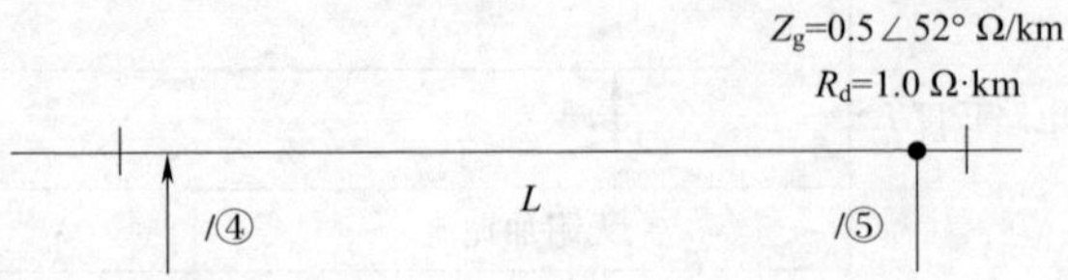

轨道电路长度 L m	无附加扼流					有附加扼流				
	R_x	R_S	U_B	U_{Jmin}	U_{Jmax}	R_x	R_S	U_B	U_{Jmin}	U_{Jmax}
2 000	0.9	0.0	5.2	17.7	47.4					
1 900	0.9	0.0	4.8	17.4	44.4					
1 800	0.9	0.0	4.4	17.1	41.7					
1 700	0.9	0.0	4.1	16.8	39.2					
1 600	0.9	0.0	3.8	16.6	36.9					
1 500	0.9	0.0	3.5	16.4	34.7					
1 400	0.9	0.0	3.2	16.1	32.8					
1 300	0.9	0.0	3.0	16.0	31.0					
1 200	0.9	0.0	2.8	15.8	29.3					
1 100	0.9	0.0	2.6	15.7	27.8					
1 000	0.9	0.0	2.4	15.5	26.4					
900	0.9	0.0	2.3	15.4	25.1					
800	0.9	0.0	2.1	15.3	23.8					
700	0.9	0.0	2.0	15.2	22.7					
600	0.9	0.0	1.9	15.2	21.7					

表　12—18

轨道电路长度 L m	Z_g=0.5∠52° Ω/km R_d=1.0 Ω·km 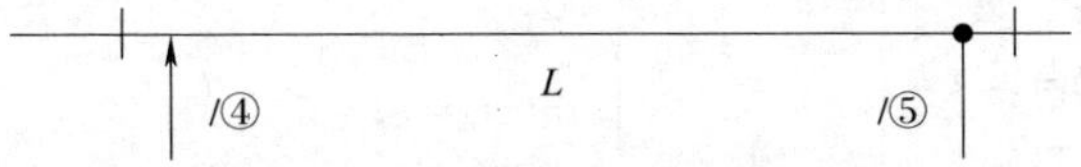 									
	无附加扼流					有附加扼流				
	R_x	R_S	U_B	U_{Jmin}	U_{Jmax}	R_x	R_S	U_B	U_{Jmin}	U_{Jmax}
500	0.9	0.0	1.7	15.1	20.6					
400	0.9	0.0	1.6	15.1	19.7					
300	0.9	0.0	1.5	15.0	18.8					
200	0.9	0.0	1.4	15.0	18.0					
100	0.9	0.0	1.3	15.0	17.2					

表　12—19

轨道电路长度 L m	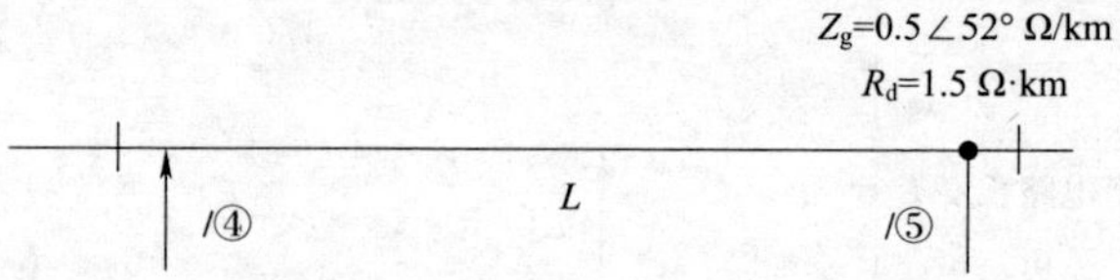									
	无附加扼流					有附加扼流				
	R_x	R_S	U_B	U_{Jmin}	U_{Jmax}	R_x	R_S	U_B	U_{Jmin}	U_{Jmax}
2 200	0.9	0.0	4.4	17.5	39.1					
2 100	0.9	0.0	4.1	17.2	37.2					
2 000	0.9	0.0	3.9	17.0	35.4					
1 900	0.9	0.0	3.6	16.7	33.8					
1 800	0.9	0.0	3.4	16.5	32.2					
1 700	0.9	0.0	3.2	16.3	30.8					
1 600	0.9	0.0	3.0	16.2	29.5					
1 500	0.9	0.0	2.8	16.0	28.2					
1 400	0.9	0.0	2.7	15.9	27.0					
1 300	0.9	0.0	2.5	15.8	25.9					
1 200	0.9	0.0	2.4	15.6	24.9					
1 100	0.9	0.0	2.2	15.5	23.9					
1 000	0.9	0.0	2.1	15.4	23.0					
900	0.9	0.0	2.0	15.3	22.2					
800	0.9	0.0	1.9	15.3	21.4					

表　12—20

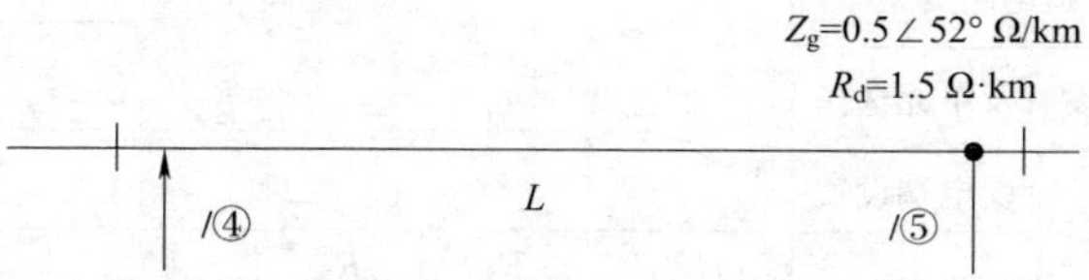

轨道电路长度 L m	无附加扼流					有附加扼流				
	R_x	R_S	U_B	U_{Jmin}	U_{Jmax}	R_x	R_S	U_B	U_{Jmin}	U_{Jmax}
700	0.9	0.0	1.8	15.2	20.6					
600	0.9	0.0	1.7	15.1	19.9					
500	0.9	0.0	1.6	15.1	19.2					
400	0.9	0.0	1.5	15.1	18.6					
300	0.9	0.0	1.5	15.0	18.0					
200	0.9	0.0	1.4	15.0	17.5					
100	0.9	0.0	1.3	15.0	17.0					

表　12—21

轨道电路类型 / 扼流设置及单元选择			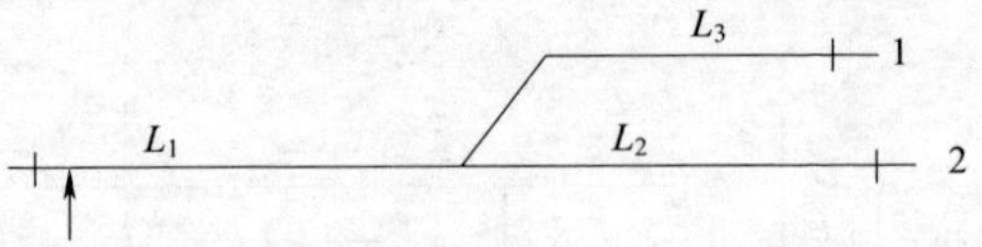					
送电端	受电端设置							
	1	2	L_1,L_2,L_3 m	R_x Ω	R_S Ω	U_B V	U_{Jmin} V	U_{Jmax} V
/④	/⑤	/⑤	≤200	1.6	0.0	2.9～4.3	15.1	16.5～22.8
E/①	E/②	E/②	≤200	4.4	0.0	4.4～6.4	15.5	18.0～20.2

表　12—22

轨道电路类型 / 扼流设置及单元选择					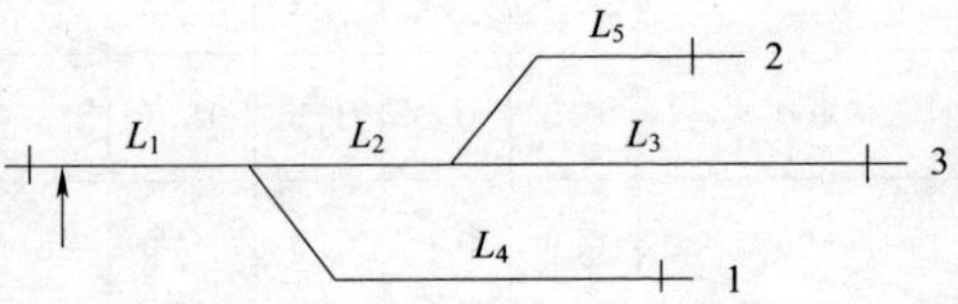					
送电端	受电端设置			无受电分支及附加扼流设置						
	1	2	3	1	2	L_1,L_2,L_3,L_4,L_5	R_x	R_S	U_B	U_{Jmin}	U_{Jmax}
/④	0	/⑤	/⑤	1	0	L_1～L_3，L_5≤200	1.6	0.0	3.0～5.3	15.1	17.1～26.8
/④	/⑤	0	/⑤	0	1	L_1～L_4≤200	1.6	0.0	3.0～5.4	15.1	17.1～26.7
E/①	E/③	0	E/③	0	1(E)	L_1～L_4≤120	4.4	4.4	4.7～9.2	16.3	18.1～21.1
E/①	E/③	0	E/③	0	1	L_1～L_4≤120	4.4	2.2	4.5～7.4	16.1	18.2～20.8
E/①	0	E/③	E/③	1(E)	0	L_1～L_3，L_5≤120	4.4	2.2	4.7～7.9	15.8	18.1～20.5
E/①	0	E/③	E/③	1	0	L_1～L_3，L_5≤120	4.4	1.1	4.5～6.8	15.7	18.2～20.4

说明：0 表示该处不设受电端和无受电分支；
1 表示该处设有无受电分支；
1(E)表示该处设有无受电分支，且在该分支末端设附加扼流；表中未标长度的分支均为65 m。

表　12—23

轨道电路类型								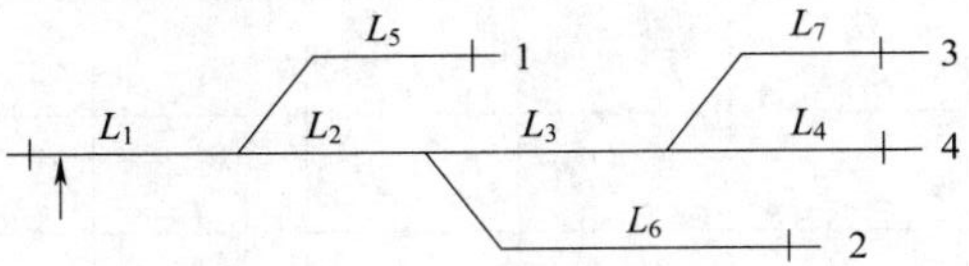					
扼流设置及单元选择													
送电端	受电端设置				无受电分支及附加扼流设置								
	1	2	3	4	1	2	3	$L_1 \sim L_7$	R_x	R_S	U_B	U_{Jmin}	U_{Jmax}
E/①	0	0	E/③	E/③	1(E)	1	0	$L_1 \sim L_4, L_7 \leqslant 120$	4.4	4.4	4.7～10.5	15.8	18.3～22.1
E/①	0	0	E/③	E/③	1	1(E)	0	$L_1 \sim L_4, L_7 \leqslant 120$	4.4	4.4	4.7～10.5	15.8	18.3～22.1
E/①	0	0	E/③	E/③	1	1	0	$L_1 \sim L_4, L_7 \leqslant 120$	4.4	1.1	4.5～7.7	15.5	18.5～21.5
E/①	E/③	0	0	E/③	0	1(E)	1	$L_1 \sim L_5 \leqslant 80$	4.4	4.4	6.9～9.0	16.5	19.5～21.1
E/①	E/③	0	0	E/③	0	1	1	$L_1 \sim L_5 \leqslant 120$	4.4	3.3	4.5～9.0	16.2	18.5～22.4
E/①	E/③	0	0	E/③	0	1	1(E)	$L_1 \sim L_5 \leqslant 80$	4.4	4.4	6.9～9.0	16.5	19.5～21.1
E/①	0	E/③	0	E/③	1(E)	0	1	$L_1 \sim L_4, L_6 \leqslant 80$	4.4	4.4	6.9～9.1	16.3	19.5～21.0
E/①	0	E/③	0	E/③	1	0	1	$L_1 \sim L_4, L_6 \leqslant 120$	4.4	3.3	4.5～9.1	15.9	18.5～22.2
E/①	0	E/③	0	E/③	1	0	1(E)	$L_1 \sim L_4, L_6 \leqslant 80$	4.4	4.4	6.9～9.1	16.3	19.5～21.0

表 12—24

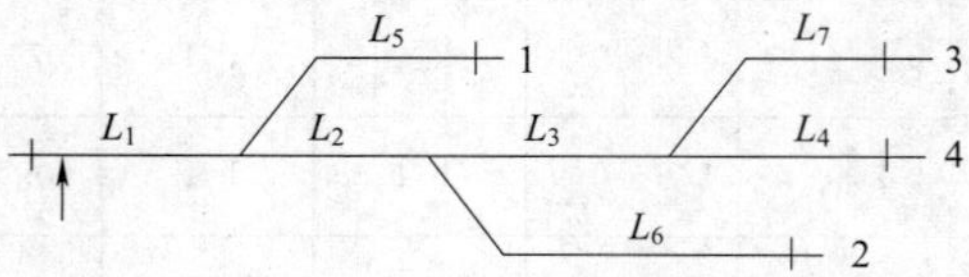

轨道电路类型														
扼流设置及单元选择														
送电端	受电端设置				无受电分支及附加扼流设置									
	1	2	3	4	1	2	3	$L_1 \sim L_7$	R_x	R_S	U_B	U_{Jmin}	U_{Jmax}
/④	0	0	/⑤	/⑤	1	1	0	$L_1 \sim L_4, L_7 \leqslant 120$	1.6	0.0	3.1~4.8	15.0	17.7~24.9
/④	/⑤	0	0	/⑤	0	1	1	$L_1 \sim L_5 \leqslant 120$	1.6	0.0	3.1~4.9	15.0	17.7~24.8
/④	0	/⑤	0	/⑤	1	0	1	$L_1 \sim L_4, L_6 \leqslant 120$	1.6	0.0	3.1~4.9	15.0	17.7~24.7

表 12—25

轨道电路类型						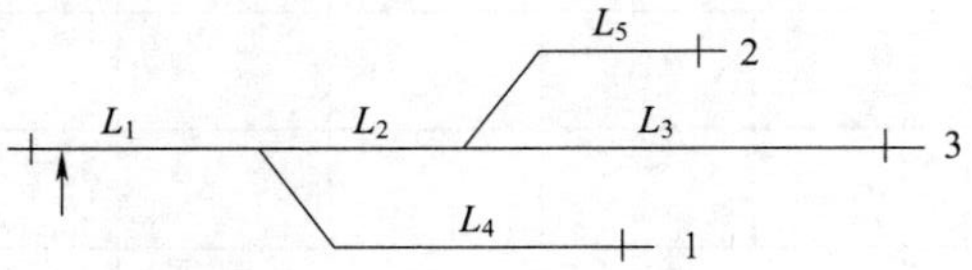					
扼流设置及单元选择											
送电端	受电端设置			无受电分支及附加扼流设置							
	1	2	3	1	2	L_1,L_2,L_3,L_4,L_5	R_x	R_S	U_B	U_{Jmin}	U_{Jmax}
/④	/⑤	/⑤	/⑤	0	0	$L_1 \sim L_5 \leqslant 80$	1.6	0.0	4.0～5.0	15.1	16.5～19.4
E/①	E/③	E/③	E/③	0	0	$L_1 \sim L_5 \leqslant 80$	4.4	2.2	5.9～8.9	16.3	18.2～19.8

表 12—26

轨道电路类型								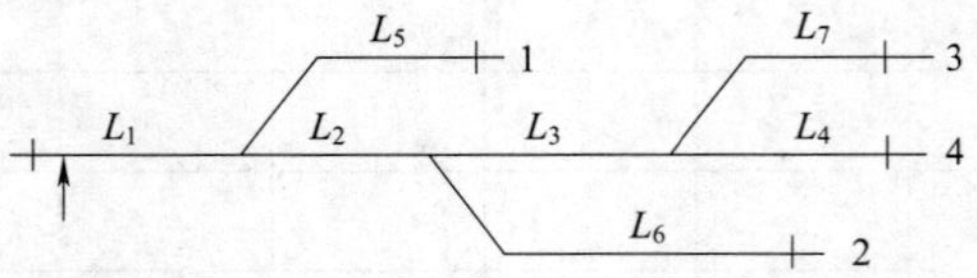					
扼流设置及单元选择													
送电端	受电端设置				无受电分支及附加扼流设置								
	1	2	3	4	1	2	3	$L_1 \sim L_7$	R_x	R_S	U_B	U_{Jmin}	U_{Jmax}
/④	0	/⑤	/⑤	/⑤	1	0	0	$L_1 \sim L_4, L_6, L_7 \leqslant 80$	1.6	0.0	4.2～5.5	15.0	16.9～20.7
/④	/⑤	0	/⑤	/⑤	0	1	0	$L_1 \sim L_5, L_7 \leqslant 80$	1.6	0.0	4.2～5.6	15.0	16.9～20.7
/④	/⑤	/⑤	0	/⑤	0	0	1	$L_1 \sim L_6 \leqslant 80$	1.6	0.0	4.2～5.6	15.0	16.9～20.7

第四节 轨道组合布置

一、轨道组合布置示意图(见图 12—12)

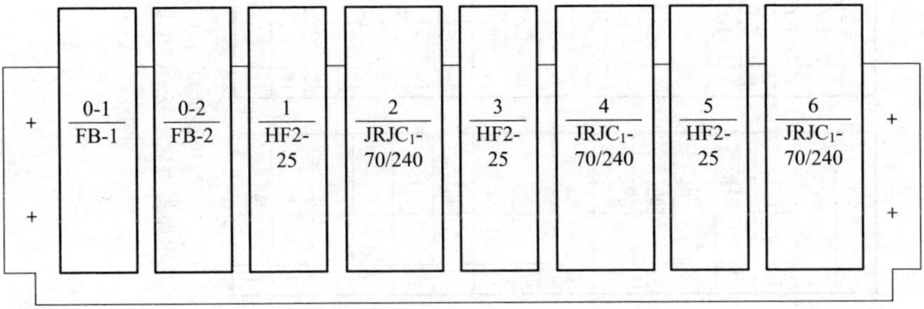

说明:

1. 本组合为继电器室内组合架上安装JRJC型继电器、防护盒和防雷补偿器用;
2. 本组合在零号板的位置安装有防雷补偿器用的安全型继电器插座板两块;
3. 防雷补偿器分两种类型,FB-1和FB-2,FB-1内设置两套防雷补偿单元,FB-2内设置一套防雷补偿单元。

图 12—12 轨道组合布置示意图

二、轨道组合内部配线表(见表 12—27)

表 12—27

2											
GJ							JRJC1-70/240				
1	01-5 0-1-31	11	01-9	12	01-10	32	01-14	31	01-13	3	01-7 1-1
2	01-6 0-1-41	21	01-11	23	01-12	43	01-16	41	01-15	4	01-8 1-3

4											
GJ							JRJC1-70/240				
1	02-5 01-1-71	11	02-9	12	02-10	32	02-14	31	02-13	3	02-7 3-1
2	02-6 0-1-81	21	02-11	23	02-12	43	02-16	41	02-15	4	02-8 3-3

6											
GJ							JRJC1-70/240				
1	03-5 0-2-31	11	03-9	12	03-10	32	03-14	31	03-13	3	03-7 5-1
2	03-6 0-2-41	21	03-11	23	03-12	43	03-16	41	03-15	4	03-8 5-3

1	
HF2-25	
1	0-1-11 2-3
3	0-1-21 2-4

3	
HF2-25	
1	0-1-51 4-3
3	0-1-61 4-4

5	
HF2-25	
1	0-2-11 6-3
3	0-2-21 6-4

0-2			
FB-2			
72		82	
71		81	
73		83	
52		62	
51		61	
53		63	
32		42	
31	6-1	41	6-2
33		43	
12		22	
11	5-1	21	5-3
13		23	
3		4	
1		2	

0-1			
FB-1			
72		82	
71	4-1	81	4-2
73		83	
52		62	
51	3-1	61	3-3
53		63	
32		42	
31	2-1	41	2-2
33		43	
12		22	
11	1-1	21	1-3
13		23	
3		4	
1		2	

03		02		01	
1	2 KZ	1		1	
2	1 KZ	2		2	
3	4 KF	3		3	
4	3 KF	4		4	
5	6-1	5	4-1	5	2-1
6	6-2	6	4-2	6	2-2
7	6-3	7	4-3	7	2-3
8	6-4	8	4-4	8	2-4
9	6-11	9	4-11	9	2-11
10	6-12	10	4-12	10	2-12
11	6-21	11	4-21	11	2-21
12	6-23	12	4-23	12	2-23
13	6-31	13	4-31	13	2-31
14	6-32	14	4-32	14	2-32
15	6-41	15	4-41	15	2-41
16	6-43	16	4-43	16	2-43
17		17		17	
18		18		18	

说明:①本组合为配合新型交流二元继电器及新型防护盒而设计。②新型交流二元继电器 $JRJC_1$-70/240 的鉴别销号为 11、22。
③GJ 第一组接点为轨道复示继电器 JWXC-H310 提供励磁条件,第三组接点为电码化电路提供轨道复示继电器的励磁条件;其后接点不能在信号电路中使用。

附录一　轨道电路通用技术条件

TB/T 2852—2015

1　范　　围

本标准规定了轨道电路的技术要求，是轨道电路研究、设计和制造的技术准则。

本标准适用于铁路区间及站内的轨道电路。

2　规范性引用文件

下列文件对于本文件的应用是必不可少的。凡是注日期的引用文件，仅注日期的版本适用于本文件。凡是不注日期的引用文件，其最新版本（包括所有的修改单）适用于本文件。

GB/T 21562—2008　轨道交通　可靠性、可用性、可维修性和安全性规范及示例（IEC 62278：2002，IDT）

GB/T 24338.5—2009　轨道交通　电磁兼容　第4部分：信号和通信设备的发射与抗扰度（IEC 62236-4：2003，IDT）

GB/T 28808—2012　轨道交通　通信信号和处理系统控制和防护系统软件（IEC 62279：2002，IDT）

GB/T 28809—2012　轨道交通　通信信号和处理系统信号用安全相关电子系统（IEC 62425：2007，IDT）

TB/T 1445　轨道电路参数

TB/T 2615　铁路信号故障—安全原则

TB/T 3074　铁路信号设备雷电电磁脉冲防护技术条件

TB/T 3177　铁路信号技术中采用电子元器件时应遵循的主要安全条件

3 术语和定义

下列术语和定义适用于本文件。

3.1 轨道电路

利用铁路线路的钢轨作为导体传递信息,实现区段空闲和占用检查的电路系统。

3.2 调整状态

轨道电路区段内,无轮对占用时的状态。

3.3 分路状态

轨道电路区段内,有轮对占用时的状态。

3.4 最不利条件

当轨道电路各电气参数在规定范围内,受电端所得电压在调整状态下为最低、分路状态下为最高,而发送的机车信号信息的钢轨短路电流为最小时,与之相应的供电电压和一次参数的总称。

3.5 一次调整

在最不利条件下,轨道电路区段内,可变环节的电气参数经首次调整后,能满足调整、分路状态和机车信号的要求,无需随外界参数的变化再次进行调整。

3.6 极限长度

当轨道电路能实现一次调整时,其所能达到的最大长度。

3.7 调整余量

在进行轨道电路计算时,为满足调整状态,送电端所需供出的最小电压 U_T,及在最不利地点分路时,所允许供出的最大电压 U_F 之间的相互关系称调整余量,调整余量系数以 k 表示。则

$$k=\frac{(U_F-U_T)}{(U_F+U_T)}\times 100\% \tag{1}$$

式中:

k——调整余量系数;

U_F——在最不利地点分路时,所允许供出的最大电压;

U_T——送电端所需供出的最小电压。

3.8 标准分路电阻

轨道电路分路的规定电阻。

3.9　横向连接

两条及以上线路钢轨间的等电位连接。

3.10　绝缘破损

轨道电路区段边界机械绝缘节两侧钢轨间短路。

4　环境条件

4.1　工作环境温度为：

a）室内：−5 ℃～+40 ℃；高寒地区的无温度控制场所：−25 ℃～+40 ℃；

b）室外：−40 ℃～+70 ℃。

4.2　相对湿度为：

a）室内：不大于85%（温度为30 ℃时）；

b）室外：不大于95%（温度为30 ℃时）。

4.3　大气压力为：

a）不低于70.1 kPa（常规型：海拔不超过3 000 m）；

b）不低于54.0 kPa（高原型：海拔不超过5 000 m）。

4.4　振动条件为：

a）室内：在10 Hz～150 Hz时应能承受加速度为5 m/s^2的正弦稳态振动；

b）室外：在10 Hz～500 Hz时应能承受加速度为10 m/s^2的正弦稳态振动。

4.5　周围无腐蚀性和无引起爆炸危险的有害气体。

5　技术要求

5.1　轨道电路应符合TB/T 2615的要求；采用电子元器件的轨道电路，还应符合TB/T 3177的要求。

5.2　为保证轨道电路能安全、可靠、正常的使用，应对轨道电路进行完整的理论分析和计算。

5.3　轨道电路应有可靠的安全系数。

5.4　轨道电路应明确动作时间、极限长度、标准分路电阻、横向连接和接地的最小间距等要求。

5.5 在最不利条件下：

5.5.1 调整状态时，应可靠表示为区段空闲。

5.5.2 分路状态时，应可靠表示为区段占用。

5.5.3 当提供机车信号信息时，钢轨短路电流值应满足车载设备接收的要求。

5.6 在最不利条件下，用标准分路电阻在轨道电路内的任何一处轨面分路时，轨道电路应至少有一个受电端的接收设备可靠表示为占用状态。

5.7 轨道电路在规定的技术性能范围内，应实现一次调整。

5.8 分路状态时，轨端绝缘破损、电路内任一元件故障，轨道电路不应失去分路检查。

5.9 适用于电力牵引区段的轨道电路，当不平衡电流在规定值以下时，轨道电路应正常工作。

5.10 对轨道电路实施电码化时，其送、受电端均应适应电码化的要求。

5.11 轨道电路调整时，送电端选择的供电电压应有一定的余量，以满足其电压调整余量系数 k 的要求，而 k 应符合公式(2)：

$$k \geqslant a \times n + 2.0\% \tag{2}$$

式中：

a——电源电压波动的百分数；

n——指给受电端接收器供电的方式；例如，单元电磁继电器的 $n=1$，二元感应式继电器的 $n=2$。

5.12 计算轨道电路时，轨道电路参数应按 TB/T 1445 执行。

5.13 计算轨道电路时，受电端接收器应符合以下要求：

a) 可靠工作值：

1) 连续式轨道电路采用的电磁继电器，取其工作值；采用的电子接收器，取其工作值的 110%；

2) 脉冲式轨道电路采用的电磁继电器，取其工作值的 120%。

b）　可靠不工作值：

1）连续式轨道电路采用的单元电磁继电器，取其释放值的60%；采用的二元感应式继电器和电子接收器，取其释放值的90%；

2）脉冲式轨道电路采用的电磁继电器，取其可靠不动作值。

5.14　轨道电路设备应能长期工作而不过载。

5.15　轨道电路不应存在影响行车和调车作业安全的死区段。

5.16　轨道电路的动作时间应考虑站内联锁和车载信号设备等需要。

5.17　轨道电路的可靠性、可用性、可维修性和安全性应符合 GB/T 21562—2008 的要求。

5.18　轨道电路的控制和防护系统软件应符合 GB/T 28808—2012 的要求。

5.19　轨道电路的信号用安全相关电子系统应符合 GB/T 28809—2012 的要求。

5.20　轨道电路的电磁兼容性能应符合 GB/T 24338.5—2009 的要求。

5.21　轨道电路的雷电电磁脉冲防护性能应符合 TB/T 3074 的要求。

附录二　轨道电路系统 25 Hz 相敏轨道电路

TB/T 2853—2018

1 范　围

本标准规定了 25 Hz 相敏轨道电路的技术要求，是 25 Hz 相敏轨道电路研究、设计和制造的技术准则。

本标准适用于铁路区间及站内的 25 Hz 相敏轨道电路，不适用于驼峰溜放区段。

2 规范性引用文件

下列文件对于本文件的应用是必不可少的。凡是注日期的引用文件，仅注日期的版本适用于本文件。凡是不注日期的引用文件，其最新版本（包括所有的修改单）适用于本文件。

GB/T 21562—2008　轨道交通　可靠性、可用性、可维修性和安全性规范及示例（IEC 62278:2002，IDT）

GB/T 24338.5—2009　轨道交通　电磁兼容　第 4 部分：信号和通信设备的发射与抗扰度（IEC 62236-4:2003，IDT）

GB/T 28808—2012　轨道交通　通信信号和处理系统控制和防护系统软件（IEC 62279:2002，IDT）

GB/T 28809—2012　轨道交通　通信信号和处理系统信号用安全相关电子系统（IEC 62425:2007，IDT）

TB/T 1445　轨道电路参数

TB/T 2465　铁路车站电码化技术条件

TB/T 2615　铁路信号故障—安全原则

TB/T 2852　轨道电路通用技术条件

TB/T 3074　铁路信号设备雷电电磁脉冲防护技术条件

TB/T 1869.4　铁路信号用变压器　第 4 部分:25 Hz 系列轨道变压器

TB/T 1869.7　铁路信号用变压器　第 7 部分:BE 系列扼流变压器

3　术语和定义

下列术语和定义适用于本文件。

3.1　集中调相

25 Hz 相敏轨道电路供电设备对轨道接收器的轨道电源与局部电源的相位进行集中调整。

3.2　轨道电源

供给 25 Hz 相敏轨道电路轨道端子的电源。

3.3　局部电源

供给受电端接收器局部端子的电源。

3.4　理想相位

局部电源电压相位超前轨道电源电压 90°。

3.5　失调角

轨道电源电压经传输后加在受电端接收器轨道端子上的电压与局部电源电压的相位,与理想相位的差值,用 β 表示。

3.6　有效电压

经传输后加在受电端接收器轨道端子上的电压为 U_G,失调角为 β 时,$U_G \times \cos\beta$ 的值。

3.7　等阻线

同一扼流变压器的两根钢轨引接线,其阻抗值相等。

3.8　空扼流

轨道电路区段内,不连接送、受电端轨道电路室内设备且只用于通过牵引电流的扼流变压器。

4　环境条件

4.1　工作环境温度为:

a)　室内:−5 ℃～+40 ℃;高寒地区的无温度控制场所:−25 ℃～+40 ℃;

b） 室外：−40 ℃～+70 ℃。

4.2 相对湿度为：

a） 室内：不大于 85%(温度为 30 ℃时)；

b） 室外：不大于 95%(温度为 30 ℃时)。

4.3 大气压力为：

a） 不低于 70.1 kPa(常规型：海拔不超过 3 000 m)；

b） 不低于 54.0 kPa(高原型：海拔不超过 5 000 m)。

4.4 振动条件为：

a） 室内：在 10 Hz～150 Hz 时应能承受加速度为 5 m/s^2 的正弦稳态振动；

b） 室外：在 10 Hz～500 Hz 时应能承受加速度为 10 m/s^2 的正弦稳态振动。

4.5 周围无腐蚀性和无引起爆炸危险的有害气体。

5 技术要求

5.1 应符合 TB/T 2852 的要求，故障—安全原则应遵循 TB/T 2615 的规定。

5.2 所适用的交流电力牵引区段，钢轨电流不平衡系数不应大于 10%，且不平衡牵引电流不应大于 100 A。不平衡电流的试验方法在附录 A 中给出。

5.3 非电气化区段可采用无扼流变压器的 25 Hz 相敏轨道电路。

5.4 标准分路电阻为 0.06 Ω。

5.5 在道砟电阻不小于 0.6 Ω·km、钢轨阻抗不大于 $0.62\angle 42^\circ$ Ω/km 时，极限长度范围内能可靠地满足调整和分路检查的要求，并实现一次调整。

5.6 计算 25 Hz 相敏轨道电路时，25 Hz 相敏轨道电路参数应符合 TB/T 1445 的要求。受电端接收器应符合以下要求：

a） 可靠工作值：

1）采用电磁继电器，取其工作值；

2）采用电子接收器，取其工作值的 110%。

b） 可靠不工作值：取其释放值的 90%。

5.7 轨道电源和局部电源应采用集中调相方式。在以下电源条件下，

25 Hz 相敏轨道电路应能正常工作：

a）频率为 25 Hz±0.3 Hz；

b）稳压精度绝对值应不大于 3%；

c）50 Hz 谐波分量电压应不大于 3%；

d）波形失真度应不大于 20%；

e）轨道电源为 220 V、局部电源为 110 V；

f）局部电源电压超前轨道电源电压角度应为 90°±5°。

5.8 在最不利条件下，受电端接收器轨道端子上的电压：

a）应不大于 50 V；

b）调整状态时，有效电压：

1）采用电磁继电器，应不小于 15 V；

2）采用电子接收器，应不小于 14.3 V。

c）分路状态时，有效电压：

1）采用电磁继电器，应不大于 7.4 V；

2）采用电子接收器，应不大于 9.7 V。

5.9 电压调整余量应不小于 8.0%。

5.10 一送一受双扼流和无扼流变压器的 25 Hz 相敏轨道电路，其极限长度应不小于 1 500 m。

5.11 交流电力牵引区段的扼流变压器钢轨引接线应采用等阻线。

5.12 实施电码化时，除满足 25 Hz 相敏轨道电路本身的要求，还应符合 TB/T 2465 的要求。

5.13 当 25 Hz 相敏轨道电路的轨道变压器兼作机车信号发码设备时，应满足机车信号入口电流的要求。

5.14 凡装有空扼流的 25 Hz 相敏轨道电路，对空扼流阻抗进行的补偿措施，在电码化区段应兼顾机车信号信息的传输需求。

5.15 可靠性、可用性、可维修性和安全性应符合 GB/T 21562—2008 的要求。

5.16 控制和防护系统软件应符合 GB/T 28808—2012 的要求。

5.17 信号用安全相关电子系统应符合 GB/T 28809—2012 的要求。

5.18 电磁兼容性能应符合 GB/T 24338.5—2009 的要求。

5.19 雷电电磁脉冲防护性能应符合 TB/T 3074 的要求。

附录 A （资料性附录）不平衡电流试验

A.1 试验电路

不平衡电流试验原理见图 A.1。

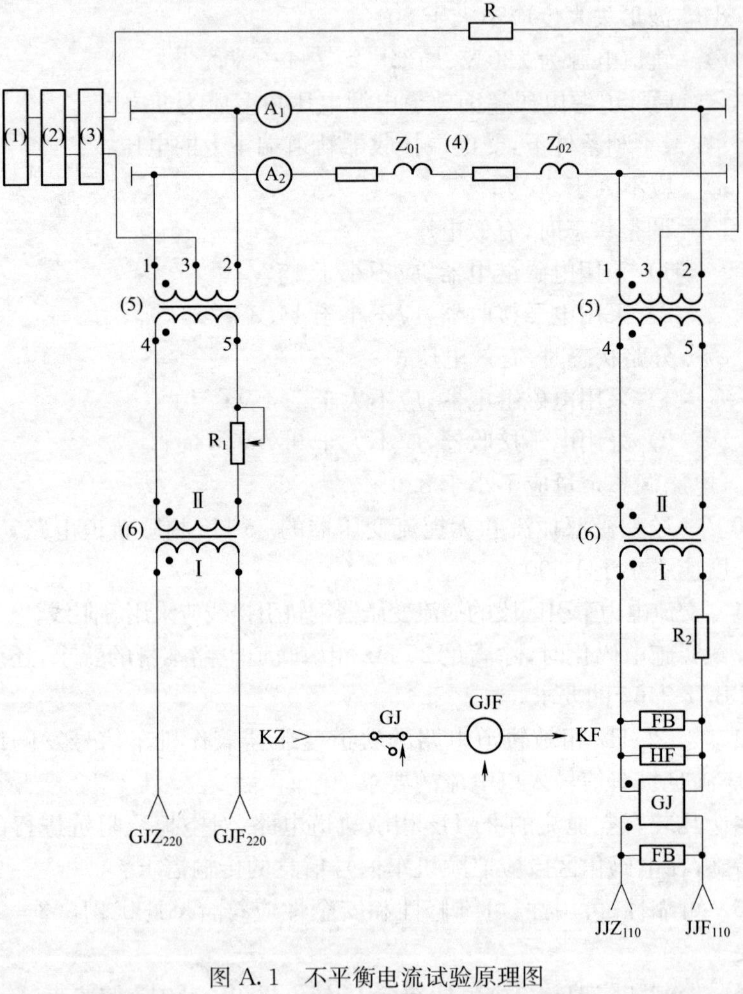

图 A.1 不平衡电流试验原理图

（1）—三相变压器；（2）—闸刀开关；（3）—三相变单相变压器；（4）—集中参数模拟 25 Hz 相敏轨道电路钢轨线路；（5）—BE 系列扼流变压器，在 TB/T 1869.7 中选取；（6）—25 Hz 系列轨道变压器，在 TB/T 1869.4 中选取；Z_{01}、Z_{02}—钢轨阻抗；GJ—轨道接收器；GJF—轨道复示继电器；R—电阻器，0.1 Ω；R_1—变阻器，4.4 Ω；R_2—电阻器，50 Ω；FB—防护补偿器；HF—25 Hz 防护盒；A_1、A_2—变流电流表，准确度不低于 0.5 级。

A. 2 试验步骤

调整图 A. 1 中(1)、(2)、(3),根据公式(A. 1)确定所测不平衡电流值,然后试验在连续和脉冲不平衡牵引电流干扰下,25 Hz 相敏轨道电路能正常工作。

$$A=|A_1-A_2| \tag{A.1}$$

式中:

A ——不平衡电流值;

A_1——A_1电流表所测电流值;

A_2——A_2电流表所测电流值。

附录三　铁路车站电码化技术条件

TB/T 2465—2010

1　范　　围

本标准规定了铁路车站电码化的基本原则，是电码化技术研究和工程设计的技术准则。

本标准适用于铁路车站及枢纽。

2　规范性引用文件

下列文件中的条款通过本标准的引用而成为本标准的条款。凡是注日期的引用文件，其随后所有的修改单（不包括勘误的内容）或修订版均不适用于本标准，然而，鼓励根据本标准达成协议的各方，研究是否可使用这些文件的最新版本。凡是不注日期的引用文件，其最新版本适用于本标准。

GB/T 20438—2006（所有部分）　电气/电子/可编程电子安全相关系统的功能安全[IEC 61508(所有部分)，IDT]

GB/T 21562—2008　轨道交通　可靠性、可用性、可维修性和安全性规范及示例（IEC 62278:2002，IDT）

TB/T 3073　铁道信号电器设备电磁兼容性试验及其限值

TB/T 3074　铁路信号设备雷电电磁脉冲防护技术条件

TB/T 3100.2　铁路数字信号电缆　第2部分：塑料护套铁路数字信号电缆

TB/T 3100.3　铁路数字信号电缆　第3部分：综合护套铁路数字信号电缆

TB/T 3100.4　铁路数字信号电缆　第4部分：铝护套铁路数字信号电缆

TB/T 3100.5　铁路数字信号电缆　第5部分:内屏蔽铁路数字信号电缆

3　术语和定义

下列术语和定义适用于本标准。

3.1　电码化

由轨道电路转发或叠加机车信号信息技术的总称。

3.2　车站股道电码化

车站内到发线的股道及正线实施的电码化。

3.3　车站接发车进路电码化

车站内按列车进路实施的电码化。

3.4　叠加电码化

列车进入本区段后实施的电码化。

3.5　预叠加电码化

列车进入本区段时,不仅本区段且其运行前方相邻区段也实施的电码化。

3.6　闭环电码化

具有闭环检查功能的电码化。

3.7　电码化轨道电路

具有轨道电路和电码化双重功能的轨道电路。

3.8　入口电流

机车第一轮对进入轨道区段时,钢轨内传输机车信号信息的电流。

3.9　出口电流

电码化发送端短路时,钢轨内传输机车信号信息的电流。

3.10　机车信号钢轨最小短路电流值

地面信号设备发送的机车信号信息被列车轮对短路时的最小电流值。

3.11　机车信号邻线干扰

相邻线路上的机车信号信息对本线机车信号设备的干扰。

3.12　机车信号信息

由地面向机车上传递反映线路空闲与进路状况的信息。

4 技术要求

4.1 实施范围

4.1.1 实施车站股道电码化的范围如下：

a） 列车占用的股道区段；

b） 经道岔直向的接车进路，为该进路中的所有区段；

c） 半自动闭塞区段，包括进站信号机的接近区段；

d） 自动站间闭塞区段，包括进站信号机的接近区段；

e） 自动闭塞区段，经道岔直向的发车进路，为该进路中的所有区段；

f） 色灯电锁器车站，一般在股道区段实施电码化。

4.1.2 实施车站预叠加电码化的范围如下：

a） 经道岔直向的接车进路，为该进路中的所有区段；

b） 半自动闭塞区段，包括进站信号机的接近区段；

c） 自动站间闭塞区段，包括进站信号机的接近区段；

d） 自动闭塞区段，经道岔直向的发车进路，为该进路中的所有区段。

4.1.3 实施车站闭环电码化的范围如下：

a） 列车占用的股道区段；

b） 经道岔直向的接车进路，为该进路中的所有区段；

c） 半自动闭塞区段，包括进站信号机的接近区段；

d） 自动站间闭塞区段，包括进站信号机的接近区段；

e） 自动闭塞区段，经道岔直向的发车进路，为该进路中的所有区段；经道岔侧向的发车进路，为该进路的最末一个区段。

4.1.4 实施车站接发车进路电码化的范围为车站内列车进路的所有区段。

4.2 基本要求

4.2.1 电码化系统应满足故障—安全的原则。

4.2.2 电码化不应降低原有轨道电路的基本技术性能。

4.2.3 列车冒进信号时，至少其内方第一区段发禁止码或不发码。

4.2.4 股道占用时，不终止发码。

4.2.5　有效电码中断的最长时间，不应大于机车信号允许中断的最短时间。

4.2.6　电码化设备是机车信号系统的地面设备，钢轨内应提供正确的机车信号信息。

4.2.7　已发码的区段，当区段空闲后，电码化轨道电路应能自动恢复到调整状态。

4.2.8　电码化发码设备及传输通道应加装检测装置。

4.2.9　电码化应采取机车信号邻线干扰防护措施。

4.2.10　与电码化轨道电路相邻的非电码化区段，应采取绝缘破损防护措施，当绝缘破损时使其不导向危险侧。

4.2.11　非交流计数电码化制式的车站正线应采用预叠加电码化，到发线的股道采用叠加电码化。

4.2.12　专用铁路与国铁车站接轨，进站防护信号机为调车信号机时，该信号机外方应设置不小于400 m的电码化区段。

4.2.13　4、8、12、18信息移频系列电码化，在最不利条件下，入口电流值应满足表1的规定。

表1　4、8、12、18信息移频入口电流

载频频率 Hz		550	650	750	850
入口电流 mA	非电气化区段	≥50	≥40	≥33	≥27
	电气化区段	≥150	≥120	≥92	≥66

4.2.14　ZPW-2000(UM)系列电码化，在最不利条件下，机车信号钢轨最小短路电流及入口电流值应满足表2的规定。

表2　ZPW-2000(UM)系列机车信号钢轨最小短路电流及入口电流

载频频率 Hz	1 700	2 000	2 300	2 600
机车信号钢轨最小短路电流值 mA	≥500	≥500	≥500	≥450
入口电流 mA	≤1 200	≤1 200	≤1 200	≤1 100

4.2.15 交流计数电码化,在最不利条件下,入口电流值应满足表 3 的规定。

表 3 交流计数入口电流

	50 Hz 轨道电路交流计数电码化	25 Hz 轨道电路交流计数电码化
入口电流 mA	≥1 200	≥1 400

4.2.16 在最不利条件下,出口电流不应损坏电码化轨道电路设备。

4.2.17 4、8、12、18 信息移频系列电码化,在最不利条件下,非电气化牵引区段出口电流值不应大于 3 A、电气化牵引区段出口电流值不应大于 6 A。

4.2.18 ZPW-2000(UM)系列电码化,在最不利条件下,出口电流值不应大于 6 A。

4.2.19 预叠加电码化、闭环电码化轨道电路机械绝缘节处应保证机车信号接收空间连续。当使用连接线交叉铺设满足机械绝缘节处空间连续时,连接线应采用绝缘护套防护,不应影响轨道电路的正常工作。

4.2.20 电码化设计应满足防雷要求,应采用具有劣化指示功能的防雷模块。

4.2.21 电码化设备安全相关系统的功能安全要求应符合 GB/T 20438 标准。

4.2.22 电码化设备的可靠性和安全性要求应符合 GB/T 21562 标准。

4.2.23 电码化设备应符合 TB/T 3073 电磁兼容标准。

4.2.24 电码化设备应符合 TB/T 3074 雷电电磁脉冲防护标准。

4.2.25 电码化发送设备和检测设备的平均故障间隔时间(MTBF)不应小于 1.5×10^5 h。

5 设计原则

5.1 基本原则

5.1.1 室内故障或室外电缆一处混线时,不应发送升级显示的信息和向其他区段发码。

5.1.2　电码化机车信号信息定义应符合相关规定。

5.1.3　电码化电缆和配线应采取防移频干扰措施。

5.1.4　预叠加和闭环电码化的发码设备应采用冗余设计。

5.1.5　电码化主机和备机均应设工作状态表示，并具有通信接口扩展功能。

5.1.6　电码化应采用双套电源，一套故障时另一套应保证系统正常工作。

5.1.7　在钢轨回流为 1 000 A、不平衡系数 10%的交流电力牵引区段，电码化设备应正常工作。对于其他特殊区段，抗电气化干扰的能力应根据实际要求确定。

5.2　电缆使用原则

5.2.1　4、8、12、18 信息移频系列：

a）550 Hz、750 Hz 视为同频；

b）650 Hz、850 Hz 视为同频。

5.2.2　ZPW-2000(UM)系列：

a）1 700 Hz、2 300 Hz 视为同频；

b）2 000 Hz、2 600 Hz 视为同频。

5.2.3　电码化发送、检测传输电缆(包括备用芯线)应采用符合 TB/T 3100.1、TB/T 3100.2、TB/T 3100.3、TB/T 3100.4 及 TB/T 3100.5 相关规定的铁路数字信号电缆。

a）电缆中有两个及以上同频的发送线对，或有两个及以上同频的检测线对时，该电缆应采用内屏蔽铁路数字信号电缆；

b）电缆中各发送线对、检测线对不同频时，可采用非内屏蔽铁路数字信号电缆，线对应按四线组对角线成对使用；

c）同频的发送线对和检测线对不得使用同一根电缆；

d）同频的发送线对或检测线对不得使用同一四线组。

5.3　ZPW-2000(UM)系列电码化轨道电路区段补偿电容的设置原则

5.3.1　电码化区段大于等于 300 m 时，应设置补偿电容；当入口电流不满足要求时，可增设补偿电容。

5.3.2　应按等间距设置补偿电容，补偿电容间距不小于 50 m。

参 考 文 献

[1] 板仓荣治. 信号轨道电路[M]. 交通部电务工程总队信号编译组译. 北京：人民交通出版社，1974.
[2] 阿·米·布列也夫. 轨道电路的分析与综合[M]. 孙铭甫译. 北京：中国铁道出版社，1981.
[3] 章名涛. 电机学[M]. 北京：科学出版社，1973.
[4] 毛俊杰. 高速铁路列车速度自动控制系统[M]. 北京：中国铁道出版社，1994.
[5] 北京全路通信信号研究设计院. 铁道部标准图 97 型 25 Hz 相敏轨道电路图册（通号〔99〕0047）[Z]. 1999.